Python

Programming
in Python

Second Edition

程序设计

第2版

黄　蔚　主编

熊福松　钱毅湘　副主编

清华大学出版社

北京

内 容 简 介

本书针对零编程基础的读者，以通俗易懂的语言和清晰的逻辑，从基础语法到高级应用，通过丰富的示例和案例，引导读者逐步掌握 Python 的核心知识和技能。本书强调实践操作，通过大量的实例和练习，帮助读者将理论知识应用于实际项目中，以提高编程能力和解决问题的能力。

全书共分 10 章。第 1 章介绍 Python 概况，包括如何下载和安装 Python 系统，在 Python 集成开发环境中运行程序；第 2 章介绍 Python 语言基础，如数据类型、变量、输入输出等；第 3 章介绍程序流程控制，主要介绍如何使用三种基本结构来控制程序的流程；第 4 章介绍组合数据类型，包括列表、元组、字典和集合等；第 5 章介绍字符串与正则表达式；第 6 章介绍函数与模块；第 7 章介绍面向对象程序设计；第 8 章介绍文件及目录操作；第 9 章介绍图形界面程序设计；第 10 章讲解一个综合应用案例——图形化界面的小测验游戏软件，读者可以进一步完善这个案例。

本书适合作为高等学校计算机相关专业的本科生"面向对象程序设计"课程的教材，又可作为非计算机专业学生的选修课教材，还可供 Python 编程爱好者自学参考。

图书在版编目（CIP）数据

Python 程序设计 / 黄蔚主编 . -- 2 版 . -- 北京：清华大学出版社，2025. 8.
ISBN 978-7-302-69936-1

Ⅰ . TP312.8

中国国家版本馆 CIP 数据核字第 2025FE4963 号

责任编辑：刘向威　张爱华
封面设计：文　静
责任校对：刘惠林
责任印制：丛怀宇

出版发行：清华大学出版社
　　　　网　　址：https://www.tup.com.cn，https://www.wqxuetang.com
　　　　地　　址：北京清华大学学研大厦 A 座　　　　邮　　编：100084
　　　　社 总 机：010-83470000　　　　　　　　　　邮　　购：010-62786544
　　　　投稿与读者服务：010-62776969, c-service@tup.tsinghua.edu.cn
　　　　质量反馈：010-62772015, zhiliang@tup.tsinghua.edu.cn
印 装 者：三河市人民印务有限公司
经　　销：全国新华书店
开　　本：185mm×260mm　　　　印　　张：19.75　　　字　　数：467 千字
版　　次：2020 年 5 月第 1 版　　2025 年 8 月第 2 版　　印　　次：2025 年 8 月第 1 次印刷
印　　数：1～1500
定　　价：69.00 元

产品编号：108729-01

前言

在当今数字化的时代，编程已经成为一项不可或缺的技能。无论是在数据分析、人工智能、网络开发，还是在自动化脚本编写等领域，编程都发挥着至关重要的作用。Python作为一门简洁、易读、功能强大的高级编程语言，以惊人的速度在编程世界中占据了主导地位。与其他编程语言相比，Python不需要过多关注复杂的语法规则和烦琐的底层实现细节，这让开发者能够将更多的精力集中在解决实际问题上。

本书的编写以简洁明了、循序渐进为原则，旨在为编程初学者提供全面且系统的Python程序设计知识。本书从Python的基础语法开始介绍，包括数据类型、变量、运算符、控制语句等，书中有大量的实例和详细的解释，帮助读者更好地理解和掌握Python编程的基本概念。随着讲解的深入，书中介绍了函数和模块的使用，它们是代码组织和复用的重要基础，有助于编写更加高效的程序。面向对象程序设计也是现代编程的重要范式，书中深入探讨了Python中的类、对象、继承、多态等面向对象程序设计的核心概念，可以帮助读者构建功能强大、可维护性高的应用程序，理解大型软件项目的设计和开发流程。除此之外，本书也介绍了文件处理、异常处理、图形化界面设计等，这些都是在实际项目开发中不可或缺的技能。

最后，本书通过一个综合案例，以面向对象程序设计和图形化界面方式，开发了一个小测验游戏软件，内容涉及Excel文件的操作、文本文件的读写、将Python程序转换为可执行程序等技巧，帮助读者更好地理解Python程序设计。

本书每章都配备了练习题，旨在强化读者对知识点的巩固，而实际项目案例则模拟真实的开发场景，让读者在实践中运用所学知识，提高解决问题的能力。书中带 * 的章节属于选学内容，可按具体学时和教学的实际情况取舍。

　　编程是一门实践性很强的学科，只有通过大量的编码练习、项目实践以及对代码的调试和优化，才能真正掌握 Python 程序设计的精髓。希望本书能够成为你在充满挑战与机遇的编程之路上的良师益友，引领你逐步成长为一名熟练的 Python 程序员。

作　者

2024 年 12 月

目录

第 1 章

Python 概述

1.1 程序设计语言

目前，计算机已经深入社会的各个领域，成为人们日常工作、生活、学习的必备工具。计算机的所有功能都是通过执行程序来实现的。程序是指把要做的工作写成指令序列，存储在计算机的存储器中，当人们给出工作指令后，计算机就按预设的指令序列自动执行相应操作来完成任务。程序设计语言是人和计算机之间的交流语言，逻辑上要求严谨、明晰。

机器语言是计算机可以直接识别和运行的语言，它是由指令系统决定的二进制代码语言。例如，某台计算机的指令 10110110 00000000 表示加法操作，指令 10110101 00000000 则表示减法操作。通常不同型号的计算机所使用的机器语言是不同的。

由于机器语言与人们日常生活中使用的语言差距过大，而且与具体硬件有关，因此用机器语言编写程序的难度很大。为了降低编写程序的难度，人们发明了一些更接近人类日常语言的高级程序设计语言。目前常见的高级程序设计语言有 C、Java、C++、C#、Python、PHP 等，并且还在不断涌现新的程序设计语言。

用某种程序设计语言编写的程序称为"源程序"。高级语言源程序不能直接被计算机识别和执行，必须翻译成机器语言指令才能被计算机执行，其翻译过程如图 1-1 所示。

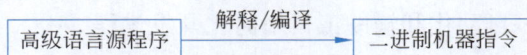

```
┌────────────────┐   解释/编译   ┌──────────────┐
│  高级语言源程序  │ ──────────→ │  二进制机器指令 │
└────────────────┘              └──────────────┘
```

图 1-1　程序的翻译过程

根据翻译方式的不同,高级语言源程序翻译成机器指令的过程分为编译和解释两种方式,区别在于是否生成目标程序。编译方式是由编译器一次性地将源程序翻译生成与源程序等价的二进制目标程序后，程序的执行过程不再需要源程序和编译程序的参与；而解释方式则始终需要解释器和源程序的参与，解释器对语句逐条边翻译边执行，不生成独立的目标程序。

1.2　Python 语言简介

1991 年，Python 的创始人 Guido 发布了第一个 Python 解释器，到今天 Python 已成为全球最受欢迎的编程语言之一。Python 语言以其简洁性、高效性和易读性成为数据科学、机器学习、网络编程等领域的首选语言。它有如下特点。

（1）简单。Python 的语法简单，易于入门。阅读一个良好的 Python 程序就像读英语一样，可以让程序员专注于解决问题而不必纠结于语法细节。

（2）开源。Python 是自由软件，可以自由发布这个软件的副本，还可以阅读它的源代码、对它做改动、把它的一部分用于新的软件中。

（3）高级语言。用 Python 编写程序时，无须考虑诸如如何管理程序使用的内存一类的底层细节。

（4）可移植性。如果小心地避免使用依赖系统的特性，Python 程序就可以不需要修改而在任何平台上运行。

（5）解释执行。Python 解释器把源代码转换为字节码的中间形式，再把它翻译成计算机使用的机器语言并运行。

（6）面向对象编程。Python 既支持面向过程的函数编程，又支持面向对象的抽象编程。与其他语言（如 C++ 和 Java）相比，Python 以一种强大而又简单的方式实现面向对象编程。

（7）可嵌入性。可以把部分程序用 C 或 C++ 编写，然后在 Python 程序中引用它们；也可以把 Python 嵌入 C 或 C++ 程序中，向程序用户提供脚本功能。

（8）丰富的库。Python 有众多的标准库和第三方库可以使用，包括正则表达式、文档生成、单元测试、数据库、FTP、电子邮件、XML、HTML、GUI（图形用户界面）等各类操作。

1.3 Python 开发环境

集成开发环境（integrated development environment，IDE）是用于开发、测试和调试软件的软件，通常集成了编辑器、编译器、调试器等工具，可以让程序员更容易地编写和管理代码，并提供了许多自动化和辅助工具来简化开发过程。

1.3.1 Python 系统的下载与安装

Python 语言官方网站上提供了不同版本的 Python 系统软件，用户根据需要下载即可。本书以 Python 3.8.10 版本为例介绍 Python 系统的安装。在浏览器中输入 Python 官方网站下载页面的地址 https://www.python.org/downloads/，在版本列表中找到 Python 3.8.10（见图 1-2），单击该条目上的 Download 按钮，出现 Python 3.8.10 版本的相关信息，找到如图 1-3 所示的下载文件清单，单击 Windows installer (64-bit) 下载安装 Python 3.8.10 的安装文件。

图 1-2　Python 的下载页面

图 1-3　Python 3.8.10 的下载文件清单

下载完毕后运行安装文件 Python-3.8.10-amd64.exe，注意务必勾选 Add Python 3.8 to PATH 复选框（见图 1-4），单击 Install Now 开始安装。安装成功后将显示如图 1-5 所示的界面。

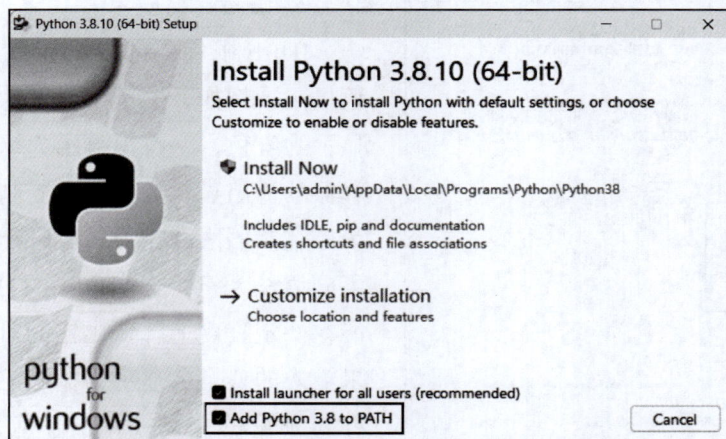

图 1-4　安装程序的启动界面

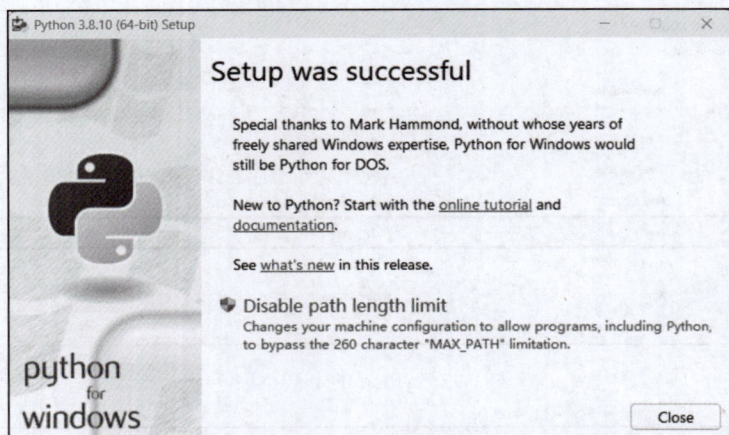

图 1-5　程序安装成功界面

1.3.2　IDLE

IDLE 是 Python 自带的一个 IDE，初学者可以利用它方便地创建、运行和测试 Python 程序。IDLE 具有许多如自动缩进、语法高亮显示、标识符快速输入及程序文件状态提示等有用的特性。

1. 自动缩进

根据语法规则自动缩进。例如，if 语句输入行末的冒号后按 Enter 键，IDLE 会自动对新行缩进，一般情况下 Python 代码缩进一级使用 4 个空格。如果想改变这个默认的缩进量，可以从 Options 菜单中选择 Configure IDLE 命令，在 Indentation Width 栏中进行修改，如图 1-6 所示。

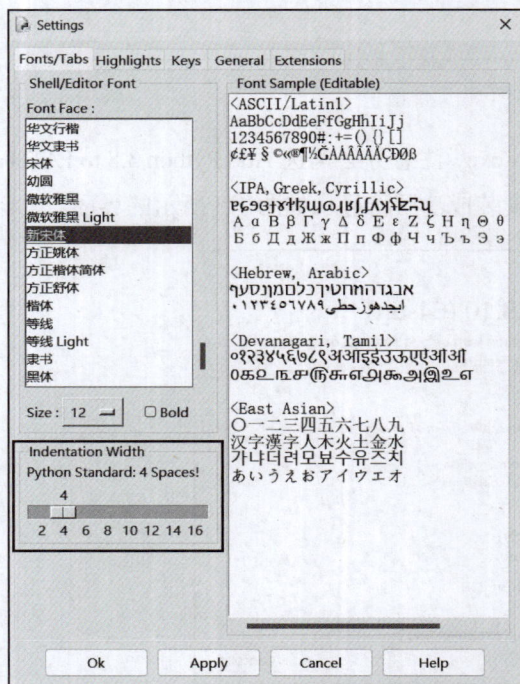

图 1-6　修改默认的缩进量

2. 语法高亮显示

IDLE 中代码的不同元素使用不同的颜色显示。例如，关键字显示为橘红色，注释显示为红色，字符串显示为绿色，定义和解释器的输出显示为蓝色，控制台输出则显示为棕色。语法高亮显示可以让用户容易区分不同语法元素，提高程序的可读性；同时还能在一定程度上降低出错的可能。例如，如果输入的变量名显示为橘红色，则表示该名称与预留的关键字冲突，应该给变量更改名字。

3. 标识符快速输入

当用户输入已有标识符单词的一部分后，从 Edit 菜单选择 Expand Word 命令，或者按 Alt+/ 快捷键就可以自动完成该单词的输入。例如，若已有语句 MynametestNewYear_008= 100，此后用户输入 My 再按 Alt+/ 快捷键，MynametestNewYear_008 就会全部出现。

4. 程序文件状态提示

新建一个程序文件，IDLE 的标题栏里会显示 Untitled，提示用户当前文件没有保存。如果用户正在修改某个原有文件，则标题栏中显示的是当前文件的文件名；如果文件中存在新修改且尚未存盘的内容，则标题栏的文件名前后会有 * 出现。

*1.3.3　PyCharm

IDLE 是一个功能简易的 IDE，专业的 Python 开发更多地采用 JetBrains 公司开发的 PyCharm，它具有一整套可以帮助用户提高 Python 开发效率的工具，如调试、语法高亮、项目管理、代码跳转、智能提示、自动完成、单元测试、版本控制等功能。此外，PyCharm 还提供了基于 Django 框架的专业 Web 开发等高级功能。

1. PyCharm 的安装

在浏览器中输入 PyCharm 的官方网站地址 https//www.jetbrains.com/pycharm/（见图 1-7），单击 Download 按钮进入下载页面。PyCharm 有 Professional（专业版）和 Community（社区版）两个版本，专业版适用于数据科学和网页开发，而社区版则用于纯 Python 开发。本书介绍的是社区版。

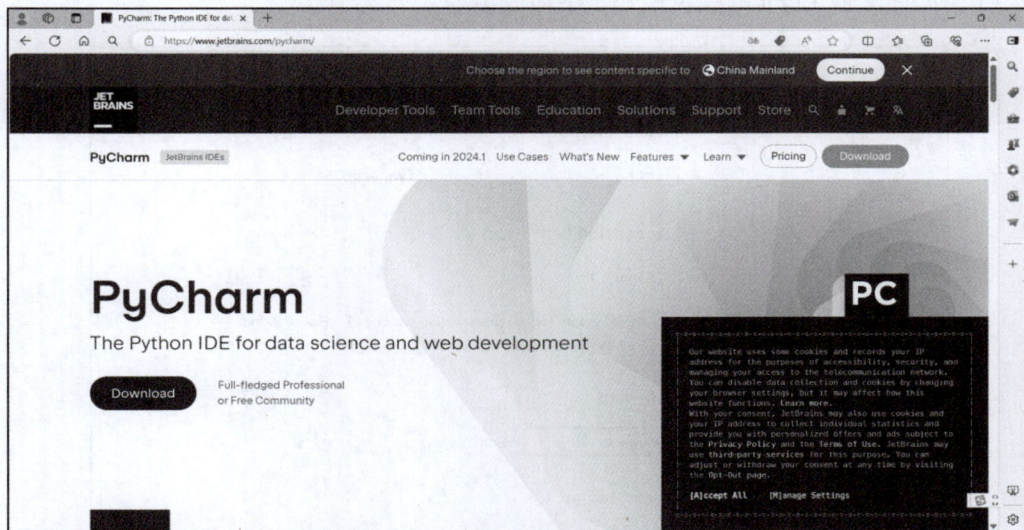

图 1-7　PyCharm 主页

作者撰写本书时 PyCharm 官方网站上的最新版本是 pycharm-community-2023.3.5，实际的网页内容可能会随着更新而有所不同。

　　双击已下载的文件 pycharm-community-2023.3.5.exe，按提示信息进行安装，安装过程中需要勾选图 1-8 中的复选框。

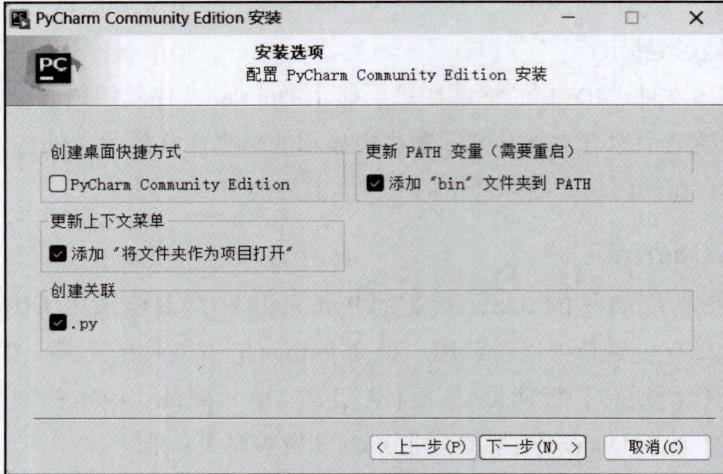

图 1-8　PyCharm 的安装选项

2. PyCharm 的配置

　　安装完 PyCharm 后首次运行，阅读并勾选接受 Agreement 的相关条例复选框后，单击 Continue 按钮即进入欢迎界面。单击左侧的 Customize 选项，可设置软件的界面风格（见图 1-9 ），如 Dark 或 Light 的颜色模式、字体大小等。

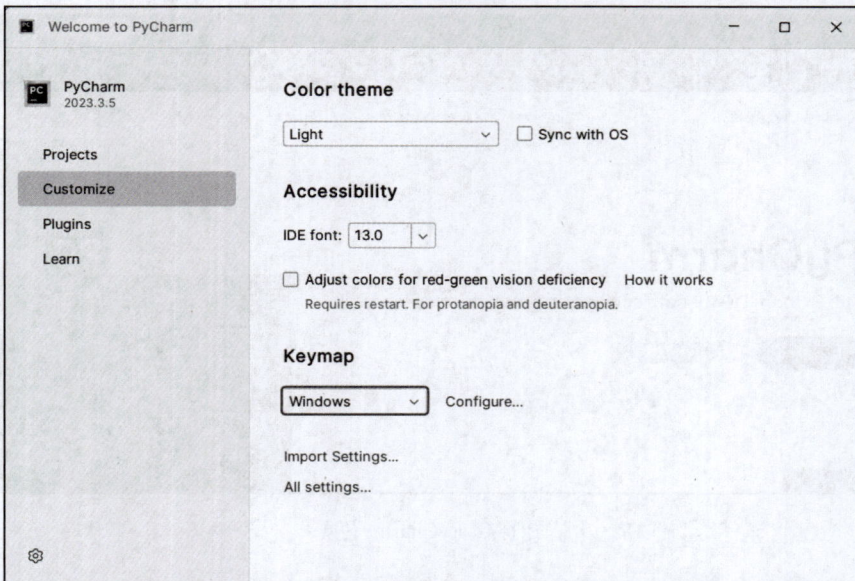

图 1-9　PyCharm 的欢迎界面

1.4 编写并运行 Python 程序

1.4.1 Python 代码的两种执行模式

执行 Python 代码有两种模式：交互执行模式和文件执行模式。

在交互执行模式下一次只能执行一条语句。当用户输入一条 Python 指令，例如 3+5，解释器就立即执行并反馈给用户执行结果 8。这种反馈机制就是解释器的回显（echo）。

而在文件执行模式下，所有的代码被保存在一个文件中，执行时按照程序的流程，依次执行文件中的代码。虽然文件中存在多条代码，但用户只能看到 print( ) 函数的输出结果，如果不刻意安排 print( ) 函数，用户就无法知晓 3+5 的运算结果。

1. 交互执行模式

在只安装了 Python 而未安装其他 IDE 的环境下，有两种方法可以按照交互模式执行 Python 代码。

方法一：在"开始"菜单中单击 Python 图标 Python 3.8 (64-bit)，打开 Python 命令行解释器（见图 1-10），在命令提示符 >>> 后输入 Python 指令，例如：

```
print("Hello World")
```

按 Enter 键后立即显示输出结果 Hello World。

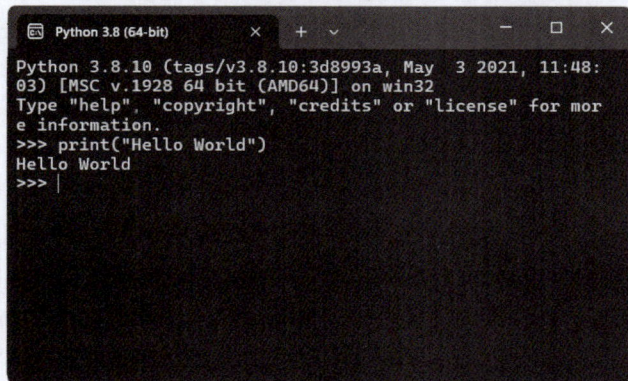

图 1-10 在 Python 命令行窗口中以交互模式执行 Python 代码

方法二：在"开始"菜单中单击图标 IDLE (Python 3.8 64-bit)，打开 Python 自带的 IDLE 窗口（见图 1-11），在命令提示符 >>> 后输入 Python 指令，例如：

```
print("Hello world")
```

按 Enter 键后也能立即显示输出结果 Hello World。

在命令提示符 >>> 后还可以使用 Alt+P 快捷键浏览历史命令中的上一条命令，或使用 Alt+N 快捷键浏览历史命令中的下一条命令。IDLE 中的常用快捷键如表 1-1 所示。

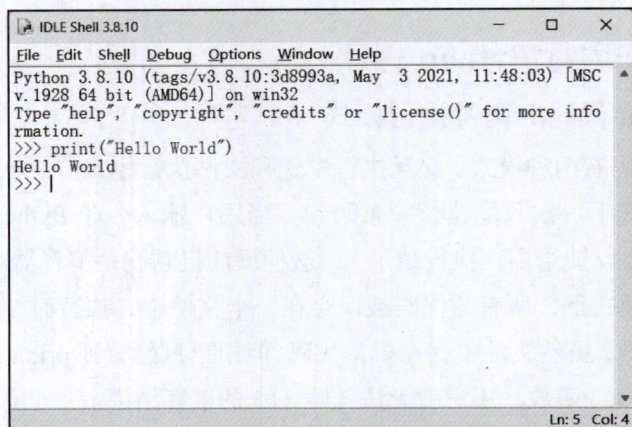

图 1-11　在 IDLE 中以交互模式执行 Python 代码

表 1-1　IDLE 中的常用快捷操作

快　捷　键	作　　用
Alt + /	自动补全代码（查找编辑器内已经输入过的代码来补全）
Ctrl+Shift + Space	补全代码提示
Ctrl+]	增加当前行代码的缩进
Ctrl+[	减少当前行代码的缩进
Alt+3	在当前行代码首字符前加注释标记 ##
Alt+4	减少在当前行代码首字符开始处的注释标记 ##
Ctrl+N	新建文件
Ctrl+S	保存文件
F5	运行文件

2. 文件执行模式

文件执行模式需要将执行的多条语句存放在 Python 源程序文件中。Python 的源代码文件以 .py 作为文件扩展名，由 Python 解释器解释执行。

文件执行模式也有两种方法来执行 Python 代码。

方法一：用任意编辑软件，例如 Windows 自带的记事本，将编写的程序保存为以 .py 为扩展名的文件。例如，将只有一行的 print("Hello World") 程序保存为 hello.py，存放在 D 盘的根目录下。

然后打开 Windows 的命令行窗口，输入 d: 并按 Enter 键，进入 D 盘根目录，输入命令 python hello.py 或 hello.py 后按 Enter 键即可运行 hello.py 程序，如图 1-12 所示。

方法二：打开 IDLE，在菜单中选择 File → New File 或按 Ctrl+N 快捷键，打开一个新窗口。在文本编辑区输入 print("Hello World")，并保存为 Hello.py 文件。然后在菜单中选择 Run → Run Module 或按 F5 快捷键，即可运行该文件，运行结果会显示在 IDLE Shell 3.8.10 窗口中，如图 1-13 所示。

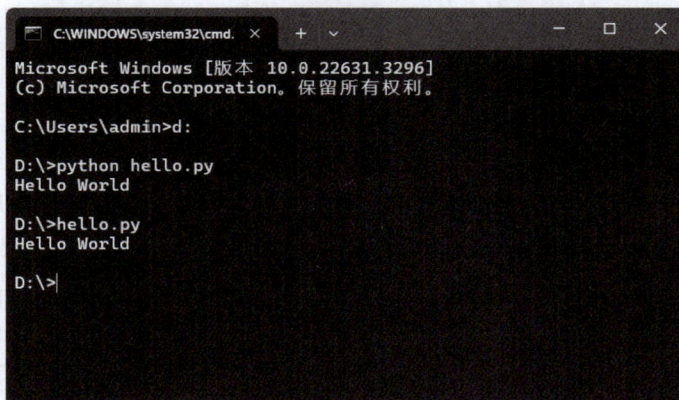

图 1-12　在 Windows 命令行窗口中运行 Python 程序文件

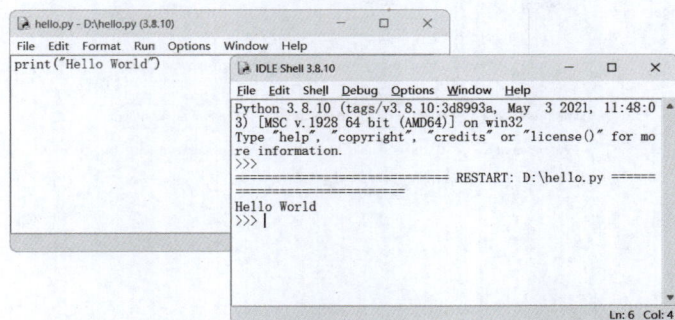

图 1-13　在 IDLE 窗口编辑程序并运行

1.4.2　使用 PyCharm 编写程序

启动 PyCharm 后，出现如图 1-14 所示的启动对话框，用户单击 New Project 图标可以

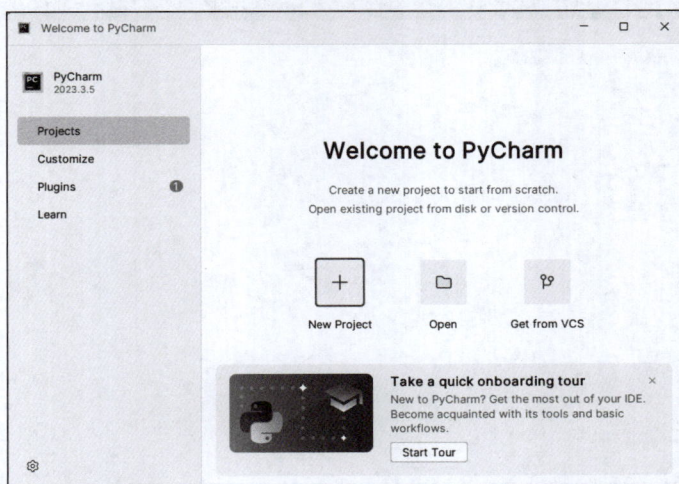

图 1-14　PyCharm 启动对话框

新建一个项目。PyCharm 中的一个项目对应一个文件夹，项目内的所有代码、文件和辅助资料都是这个项目的组成部分，通过项目文件来进行统一管理。

单击 New Project 后弹出如图 1-15 所示的 New Project 对话框，用于设置新建项目的相关参数。创建普通的 Python 程序一般是在左侧窗格中选择 Pure Python，然后在右侧窗格的 Name 和 Location 文本框中设置项目文件的名称和保存位置，也可以保持默认的文件夹不更改，单击 Create 按钮后进入新建的 Python 项目管理窗口，如图 1-16 所示。左侧窗格显示当前项目内容列表，右侧窗格显示正在编辑的项目内容，新建项目后当前项目内暂时没有任何内容。

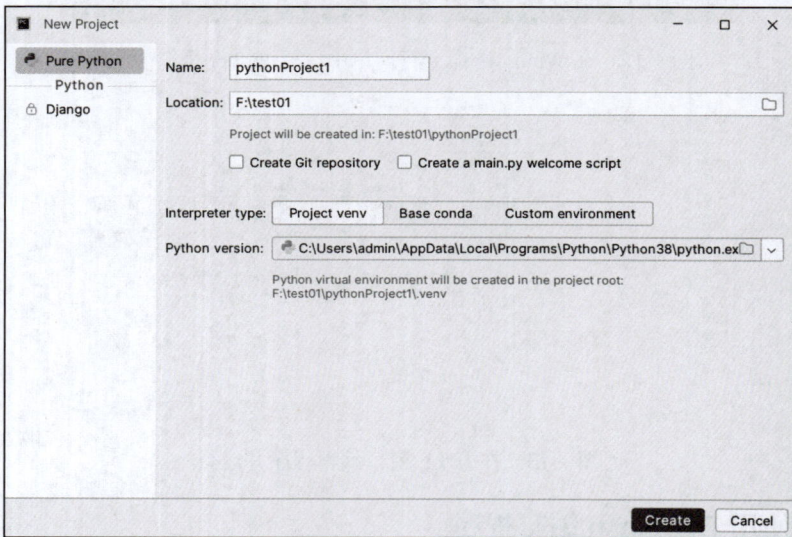

图 1-15　新建项目

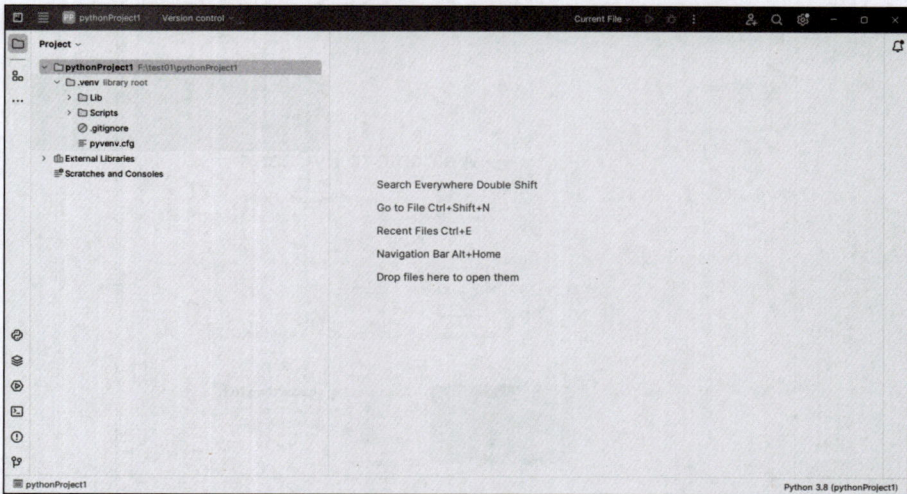

图 1-16　PyCharm 项目管理窗口

在左侧窗格中的项目文件名上右击，选择快捷菜单中的 New → Python File 命令（见图 1-17），在随后出现的 Name 文本框中输入文件名，例如 Py1-1main.py，按 Enter 键后即打开代码编辑窗口。在代码窗口中输入以下代码：

```
name=input(' 请输入你的姓名 :')
print(' 欢迎 %s 来到 Python 的世界 !'%name)
```

需要运行时，在左侧窗格的 Py1-1main.py 上右击，选择快捷菜单中的 Run 'Py1-1main' 命令（见图 1-18），在下方执行区域输入姓名，最终的运行结果如图 1-19 所示。

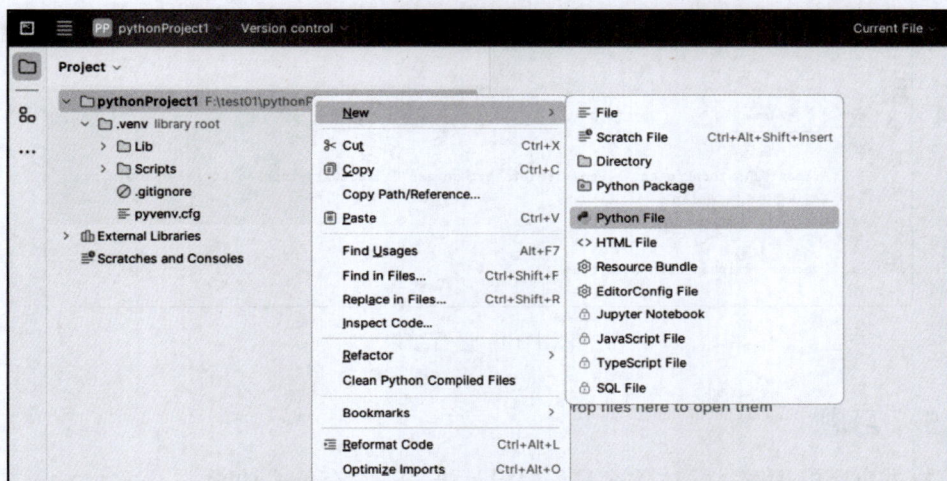

图 1-17　新建 Python 文件

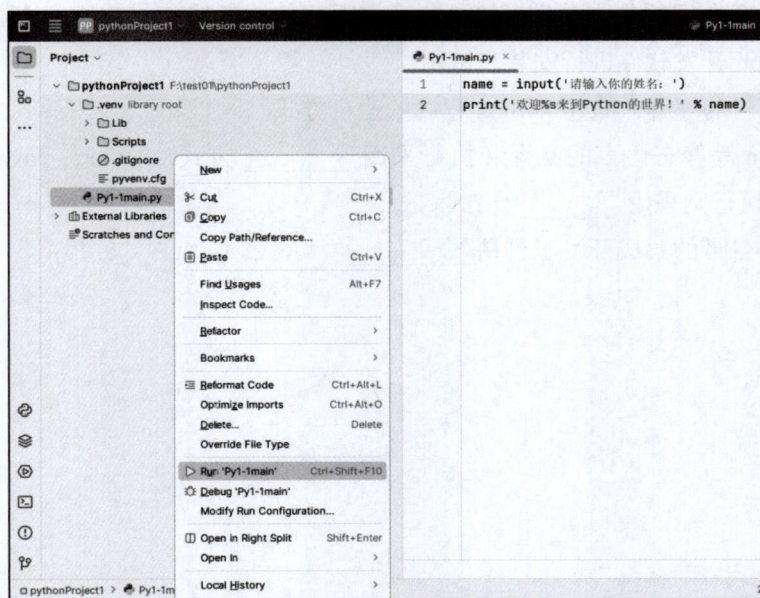

图 1-18　PyCharm 运行程序

11

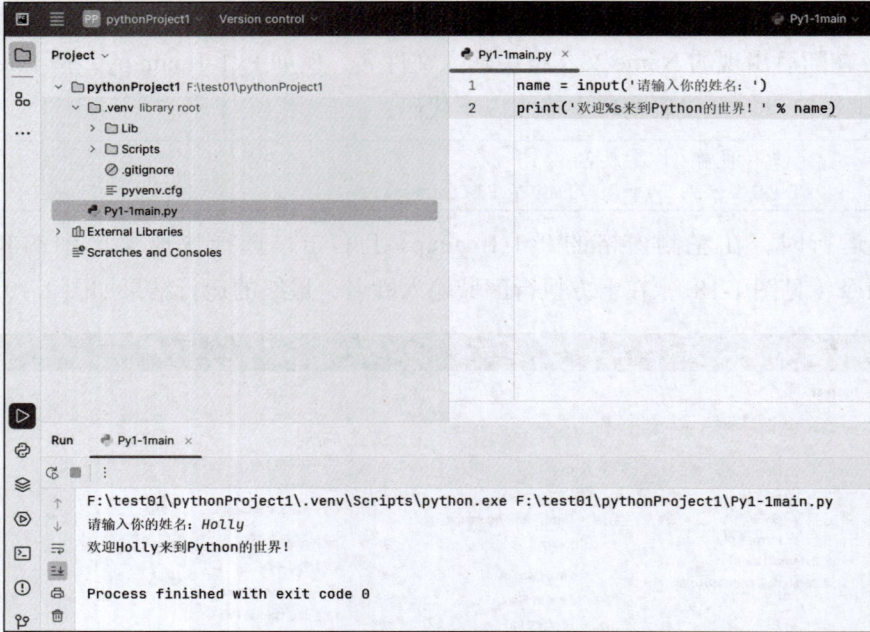

图 1-19　运行结果

1.5　习题

1. 根据自己的理解，简述什么是程序设计语言，它有什么功能。

2. 根据自己的理解，简述机器语言和高级语言各自有什么特点。

3. 除了本章介绍的集成开发环境外，还有哪些使用度较高的 Python 开发软件？选择一到两款 Python 开发软件进行安装和试用。

4. 根据自己的理解，简述 Python 程序的运行方式。

5. C、Java 等静态语言的翻译和执行采用 _____ 方式；Python、JavaScript 等脚本语言的翻译和执行则采用 _____ 方式。

6. Python 自带的集成开发工具是 _____。

第 2 章

Python 语言基础

用计算机解决实际问题时，必须先对该问题进行抽象，以恰当的方式来描述问题中的数据。程序中的数据涉及数据类型、各种类型数据的表示方法和运算规则。

2.1 Python 程序的编码规范

通常 Python 的一个程序由若干语句组成，这些语句包含了各种成分，如常量、变量、表达式、函数、流程控制等，用于完成一定的任务。Python 的程序书写有严格的语法和文法要求，用户录入时有一点点的违规，例如大小写错误、少了一个字符或符号、符号录入成全角字符等，Python 解释器都会报错。

下面用一个 Python 程序示例来展示 Python 程序的基本编码规范。程序涉及的具体语法元素将在后面各章陆续介绍，本节不一一详述。

【例 2-1】 一个 Python 程序示例。

```
#1   '''
#2   这是一朵太阳花
#3   使用turtle绘图工具绘制
#4   '''
#5   from turtle import *
#6   color('red','yellow')              # 设置红色轮廓和黄色填充
#7   begin_fill()
#8   #绘制太阳花的画笔轨迹
#9   while True:
#10      forward(200);    left(170)
#11      if abs(pos())<1:               # 判断位置是否回到原点
#12          break
#13  end_fill()
#14  done()
```

注意：以上行首 # 及随后的数字，仅仅是为了方便说明而添加的行号标志，它们不属于代码部分，读者在录入代码时无须录入此部分。书中后面还有部分程序示例也有类似的编号标注。

运行此程序，将看到一个缓慢绘制的图形，最终呈现一朵黄底红边的太阳花，如

图 2-1 所示。

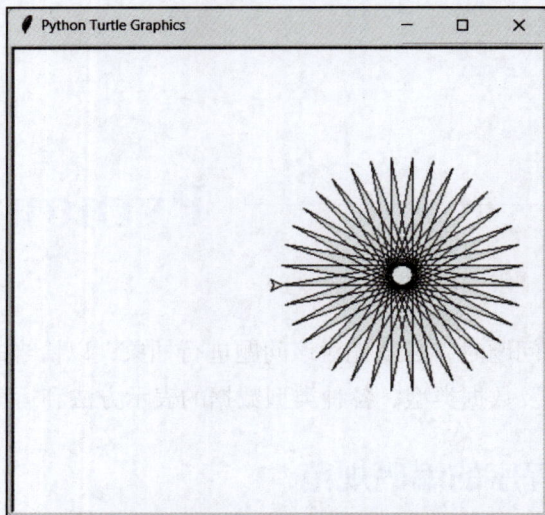

图 2-1　例 2-1 代码的运行结果

1. 注释

注释是对代码的解释与说明，虽然注释部分不影响程序功能，但在代码中增加适量的注释，可以提高程序的可读性。注释有以下两种方式。

（1）行末注释：在语句的行末增加 #，并在其后添加注释的内容。

（2）块注释：以三个单引号（'''）或三个双引号（"""）作为注释部分的开头和结尾。

例如，例 2-1 中的 #1~#4 行就是一个块注释，#6、#11 行是在已有语句的末端添加了注释，#8 行也属于行末注释，只是并未包含有效语句，这也是 # 注释合法的用法。

在 IDLE 窗口中按 Alt+3 快捷键可以将当前行和所选代码块变为行末注释，按 Alt+4 快捷键可以取消行末注释。

2. 缩进

Python 中用不同的缩进表明代码块之间的层级关系，例如例 2-1 中 #9~#12 行部分是一个完整的循环结构，其中，#10~#12 行相对 #9 行有一级缩进，并且 #12 行相对 #11 行又有一级缩进。一级缩进默认采用四个空格，也可以由用户自行指定，但需保持同级代码块前的空格数量相同。缩进也可以使用 Tab 制表符，但不能空格和 Tab 混用。

3. 语句续行与分隔

Python 程序中，通常每条语句写一行，但也可以将多条语句写在一行上，此时需要在语句之间加上分号（；）作为分隔符，行末无须添加分号。例如例 2-1 中的 #10 行就是一行中包含了两条语句。

当 Python 的一条语句太长时，也可以分成多行来写，只需在除最后一行外的每行末尾使用反斜杠（\）作为续行标志。例如：

```
if a==1 and b==2 and \
   c==3 and d==4 and e==5:    # 此处可添加注释，上一行的 \ 后不能添加行末注释
   print('OK')
```

若在语句的括号（包括 ( )、[]、{}）内部分行，则不需要使用换行符。三引号之间的内容也可以不加换行符，直接分多行书写即可。例如：

```
PCounts={'bcm':0,
         'family':0,
         'famcount':0,
         'Normal':0,
         'Error':0}
```

2.2 数据类型

Python 程序中的数据有多种不同的类型，大致分为基本数据类型和组合数据类型两大类。基本数据类型包括数值（number）、字符串（str）和布尔类型（bool）。组合数据类型包括列表（list）、元组（tuple）、字典（dict）和集合（set）。

2.2.1 数值类型

数值类型又可以细分为整数（int）、浮点数（float）和复数（complex）三种类型。

1. 整数

整数可正可负，没有小数点和小数部分，也没有分数。例如，9、−1234、0 都是整数。除常用的十进制整数外，Python 中也可以使用其他进制的整数。表示非十进制整数时需要加上前缀（数字 0 及其后的一个字母，大小写均可）以区分不同的进制。以下是不同进制表示的整数。

（1）十进制整数：就是日常生活中整数的表示方式，如 19、−4、12345 等。

（2）十六进制整数：以 0X 或 0x 开头，如 0X23、0xFF、−0x9CB2 等。

（3）八进制整数：以 0O 或 0o 开头，第 2 个符号是英文字母 O 或 o，如 0o7、−0O1735、0o735 等。

（4）二进制整数：以 0B 或 0b 开头，如 0B101、0b1111111、−0B101010 等。

同一个整数有多种不同的表示方式，例如 100 和 0x64、0X64、0o144、0O144、0b1100100、0B1100100 的写法是等价的。

另外，Python 中整数类型的数据没有位数限制，只受可用内存大小的限制。

2. 浮点数

浮点数是带小数的数值，可以是正数或负数。例如，9.03、−1073.201 都是浮点数。在 Python 中，浮点数也可以用科学记数法表示，例如，1073.201 可以表示为 1.073201E3，

这里的 E 或 e 表示 10 的幂，1.073201E3 代表 1.073201×10^3。

3. 复数

数学中把形如 $a+bi$ 的数称为复数，其中 a 为实部，b 为虚部，i 是虚数单位。Python 中也按照数学中的规则表示复数，但是虚数单位用 j 表示，例如：5+6j、−3.7−9.45j 都是复数。

2.2.2　字符串

字符串是一个由字符组成的序列。Python 中用单引号（ ' ）、双引号（ " ）或者三引号（ ''' 或 """，指连续的三个单引号或三个双引号）括起来的文本就是字符串。例如，'a'、"my"、"""hello"""、'''123''' 都是字符串。

本书将在第 5 章详细介绍字符串的相关知识，这里仅简单说明一下 Python 字符串表示的基本注意事项。

（1）字符串两端的单引号、双引号或三引号被称为字符串的定界符。定界符总是成对出现的，它们本身不是字符串的内容部分。

（2）一对定界符之间的字符可以是除本定界符之外的任意其他英文字符、数字字符、汉字、中英文标点符号等。如果字符串内容中含有与定界符相同的字符，那么就需要选择其他字符作为定界符，例如，"I'm OK" 中含有单引号，所以整个字符串就应该使用双引号作为定界符。例如：

```
>>> "I'm a student!"              # 字符串中有单引号，使用双引号定界符
"I'm a student!"
>>>'He said,"Hello World!"'       # 字符串中有双引号，使用单引号定界符
'He said,"Hello World!"'
>>>'''He said,"She told me 'Hurry!'"'''  # 字符串中单、双引号都有，使用三引号定界符
'He said,"She told me\'Hurry!\'"'
```

注意：显示最后一个字符串的值时，以单引号作为定界符，而字符串内部的单引号前则加了转义符标记 \。

（3）转义符。并非所有字符都可以很简单地输入并显示，例如制表符、换行符等，所以字符串中除了直接出现的普通字符外，Python 还允许使用一种以反斜杠 \ 开头的特殊形式的字符，称为转义符。例如，'*\n**\n***' 中的 \n 表示换行符。例如：

```
>>> print('*\n**\n***')     # print() 函数输出时有换行效果
*
**
***
>>>'*\n**\n***'             # 回显时无换行效果
'*\n**\n***'
```

注意区分字符串用 print( ) 函数输出与 IDLE 中回显的区别，可以看到 print( ) 函数输出 '*\n**\n***' 时能显示换行效果，但在 IDLE 中直接回显 '*\n**\n***' 的结果是仍以

转义符形式呈现。

每一个转义符都有其特殊含义，Python 中的常用转义符如表 2-1 所示。

表 2-1　Python 中的常用转义符

字 符 形 式	含　　义	ASCII 码
\n	换行，将当前位置移到下一行开头	10
\t	水平制表（跳到下一个 Tab 位置）	9
\v	垂直制表	11
\b	退格，将当前位置移到前一列	8
\r	回车，将当前位置移到本行开头	13
\f	换页，将当前位置移到下页开头	12
\a	响铃报警	7
\\	代表一个反斜杠字符 \	92
\'	代表一个单引号字符 '	39
\"	代表一个双引号字符 "	34
\ooo	代表三位八进制数对应的字符。如 \101 表示字符 A	
\xhh	代表两位十六进制数对应的字符。如 \x41 表示字符 A	
\uhhhh	代表四位十六进制数表示的 Unicode 字符	

（4）原始字符串。如果字符串中有引号或反斜杠 \ 等字符时，使用起来会有一定的麻烦。例如，要用字符串表示地址 c:\temp 时，必须表示为 'c:\\temp'，否则 \t 将被认为是制表符。Python 提供了一种原始字符串形式，这种形式的字符串以前缀 r 或 R 开头，所有字符保持原样，不做转义。例如：

```
>>> print(r'c:\temp')
c:\temp
>>> print('c:\temp')
c:	emp
```

（5）三引号内的字符串若直接按 Enter 键换行，会自动形成一个 \n 字符。单引号或双引号内的字符也可以换行，但必须在行末输入 \ 才能换下一行输入，此处的 \ 实为续行符，不会形成 \n 字符。例如：

```
>>>'''12
34
56'''
'12\n34\n56'
>>>'12\
34'
'1234'
>>>'12            # 输入 2 后按 Enter 键，会出现出错提示，缺少了第二个单引号 '
SyntaxError:EOL while scanning string literal
```

2.2.3 布尔类型

布尔值用来判断条件是否成立，只能是 True 和 False 中的一个，要么是 True，要么是 False。Python 是大小写敏感的，请读者注意 True 和 False 的大小写。

True 表示逻辑真，False 表示逻辑假。在 Python 中，None、任何数值类型的 0、空字符串 ""、空元组 ( )、空列表 [ ]、空字典 { }、空集合 set( ) 等都被当作 False。注意，是"被当作"而不是"等于"。其他值等价于 True。

2.2.4 组合数据类型

在程序处理的数据中，有些数据之间是相互联系或需要整体处理的，Python 提供了组合数据类型来批量处理这一类数据。常用的组合数据类型有列表、元组、字典和集合。

1. 列表

列表是写在方括号 [] 之间、用逗号分隔数据元素的序列。列表中数据元素的数据类型可以不同，也可以嵌套。列表是有序的，列表元素可以重复，也可以被修改。列表元素是通过序号引用的。例如：

```
>>> [25,'Hi',-9.34,3+4j]
[25,'Hi',-9.34,(3+4j)]
>>> x=[1,2,3]                    # 列表 x 中三个数据元素的编号是 0、1、2
>>> x[2]=-100                    # 修改下标为 2 的 x 列表中的数据元素的值
>>> x
[1,2,-100]
```

2. 元组

元组是写在圆括号 ( ) 之间、用逗号分隔的数据元素序列。元组与列表都是有序的对象集合，两者的不同点在于数据元素的值是否可变。列表是可变对象，而元组是不可变对象。任何一组用逗号分隔的数据，都会被系统默认为元组。例如：

```
>>> (10,20,30)
(10,20,30)
>>> 3+7,9 // 2,'Y',True
(10,4,'Y',True)
>>> workday=('周一','周二','周三','周四','周五')
>>> workday[3]='Thursday'                # 元组中的数据元素值不能修改
Traceback(most recent call last):
  File "<pyshell#45>",line 1,in <module>
    workday[3]='Thursday'
TypeError:'tuple' object does not support item assignment
```

3. 字典

字典是写在花括号 { } 之间、用逗号分隔的数据项集合。字典中的每个数据项都由一个"键值对"构成，键和值之间用冒号 : 连接。字典是无序的对象集合，通过关键字来访问值，因此关键字不可以重复，否则无法定位数据项，而值可以重复。例如：

```
>>> d={'name':'Mike',"age":12,'sal':5000}# 字典 d 中包含三个数据项
>>> d['age']                            # 显示字典 d 中关键字为 age 的值
12
>>> d['sal']=6000                       # 修改数据项
>>> d
{'name':'Mike','age':12,'sal':6000}
>>> d['bonus']=3000                     # 无 bonus 关键字，将增加一个新数据项
>>> d
{'name':'Mike','age':12,'sal':6000,'bonus':3000}
```

4. 集合

写在花括号之间、用逗号分隔的数据元素用集合表示。集合中的数据元素是无序的、不重复的，集合中的数据元素可以添加、删除。例如：

```
>>> s1={'Jim','Mike','Mary','Tom','Jim'   # 重复的 'Jim' 会自动去重
>>> s1
{'Jim','Tom','Mary','Mike'}
```

以上仅简单介绍这些组合数据类型的基本概念，具体用法、特点和作用等将在本书第 4 章中详细展开。

2.3　变量

2.3.1　标识符与关键字

变量是指值可以被改变的一种对象，不同的对象需要通过标识符来识别。标识符指标识某个变量、函数、类、模块或其他对象的名称。Python 中的标识符命名应遵循如下规则。

（1）标识符中可用的符号有英文字母、汉字、数字或下画线。

（2）第 1 个字符不能是数字。

（3）英文字母大写和小写是有区别的，即对大小写敏感。

（4）有些特殊单词具有特定含义和作用，不能用作变量名、函数名或类名。这些单词被称为关键字或保留字。查看 Python 具有哪些关键字的方法如下：

```
>>> import keyword
>>> print(keyword.kwlist)                # 查看所有 Python 关键字
['False','None','True','and','as','assert','async','await','break',
'class','continue','def','del','elif','else','except','finally','for','from',
'global','if','import','in','is','lambda','nonlocal','not','or','pass','raise',
'return','try','while','with','yield']
```

不同版本的 Python 所支持的关键字略有不同。

2.3.2　对象与变量

Python 是面向对象的程序设计语言，它全面支持面向对象的程序设计思想，甚至连传统的基本语法元素在 Python 中也对象化了。面向对象程序设计中的"类"是对具有相同

或相似性质的对象的抽象。对象的抽象是类，类的具体化就是对象。例如，3 和 −90 都是整数，整数就是一个类，而 3 和 −90 则是具体的整数对象。2.2 节介绍的各种数据类型就是不同的类。

Python 中的变量实际上是对对象内存空间的引用，可以看作从变量到对象的指针。数据对象是系统分配的一块内存空间，存放了数据和与之相关的操作。当代码中出现变量名时，系统沿着变量的引用指针找到数据，并使用该数据。可以把变量名理解为给数据对象取的别名。例如，执行以下代码：

```
>>> a=3.14
```

这行代码实则完成了三件事情（见图 2-2）：

（1）创建了一个 float 类型的对象 3.14；

（2）创建了一个名为 a 的变量；

（3）将变量 a 与 float 类型的对象 3.14 相连接（变量 a 引用 float 类型对象 3.14）。

也可以沿用传统编程语言的说法：a 被赋值为 3.14。代码中使用变量名就是使用被引用的数据，多数情况下可以直接理解为变量代表对应的数据。变量的引用是能改变的，即变量可变。

Python 内部对不可变数据类型和可变数据类型的管理方法是不同的。

1. 不可变数据类型

整数、实数、复数、字符串和元组等都是不可变数据类型。当变量赋值为不可变数据类型的值时，意味着变量与数据之间的引用关系发生了改变。例如，图 2-3 中左边方框中是执行的语句和显示结果，右边是变量引用的关系示意。

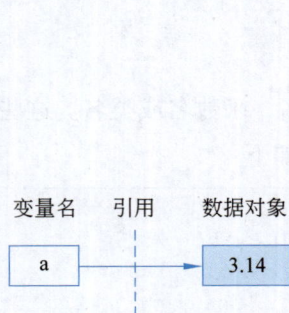

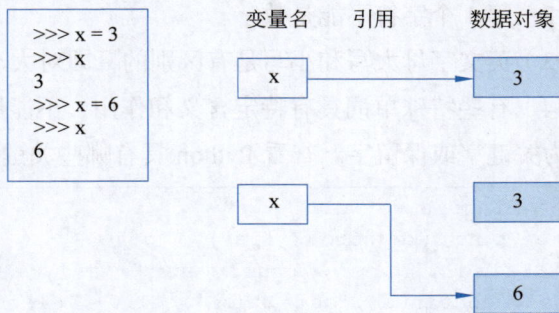

图 2-2　变量的赋值　　　　　图 2-3　变量通过赋值改变数据的示例

变量 x 第一次赋值后，指向并引用整型数据 3。第二次赋值后，指向并引用整型数据 6，原来 x 与 3 之间的引用关系消失了，但原来的 3 不一定消失。若没有别的对象引用整数 3，则 3 占用的存储空间就会等待系统回收。

2. 可变数据类型

列表、字典和集合都是可变数据类型。引用可变数据类型对象的操作有点复杂，有些操作会令引用数据的内存发生改变，而有些操作则是在此对象原有的内存空间上增加或减少，也就是它的内存地址会保持不变。具体管理方式将在第 4 章详细阐述。

由上述变量和数据的引用关系可知，变量是没有类型的，被变量引用的数据是有类型的。另外，单独的下画线（_）也是一个特殊变量，用于表示上一次运算的结果。例如：

```
>>> 100
100
>>> _+20
120
```

2.3.3　id( ) 函数

函数格式：

```
id(obj)
```

作用：返回 obj 对象的内存地址。例如：

```
>>> x=3
>>> id(x)
1618018832
>>> id(3)
1618018832
>>> x=6
>>> id(x)
1618018928
```

可以通过 id( ) 函数来理解变量和值之间的关系。

2.4　基本运算

Python 提供了丰富的运算符（operator）来完成各种运算功能。由运算符、操作对象构成的式子称为表达式（expression）。表达式的值是运算符对各种数据进行处理的结果。

Python 支持算术运算符、关系运算符、逻辑运算符、位运算符、成员运算符、身份运算符等。表达式中允许出现不同种类的运算，不同运算符的优先级是不同的。本节主要介绍算术运算和位运算，其他运算在后续章节中陆续介绍。

2.4.1　算术运算

Python 的基本算术运算符有 +、-、*、/、//、%、**。

1. +（正）、-（负）、+（加）、-（减）、*（乘）

这些运算符和数学中的使用方法基本相同。对于乘法，要注意在表示 a 与 b 相乘时不能写为 ab，而应该写作 a*b，即符号 * 不能省略。例如：

```
>>> b=100
>>> a=-b
```

```
>>> a
-100
>>> a=+b
>>> a
100
>>> a+b
200
>>> a-b
0
>>> a*2
200
```

2. /（实除）、//（整除）、%（求余）

这几个运算符都要进行除法运算，但是所得的结果有所不同。

• /：运算结果是一个浮点数，即使被除数和除数都是整数。例如：

```
>>> 4/7
0.5714285714285714
>>> 6.1/0.5,6/3
(12.2,2.0)
>>> 6/0.5,6.1/5
(12.0,1.22)
```

• //：获得除法运算结果中商的整数部分。两个操作数都可以是整数或实数。只有两个操作数都为整数时，运算结果才是整数，否则就是浮点数。例如：

```
>>> 4//7
0
>>> 6.1//0.5,6//3
(12.0,2)
>>> 6//0.5,6.1//5
(12.0,1.0)
```

• %：获得除法运算结果中商的余数部分。两个操作数都可以是整数或实数。例如：

```
>>> 4%7
4
>>> 6.1%0.5,6%3
(0.09999999999999964,0)
```

其中，6.1%0.5 的求余结果应该是 0.1，但是因为计算机内的数据是二进制存储的，转换为十进制后，会有误差产生。例如：

```
>>> 6%0.5,6.1%5
(0.0,1.0999999999999996)
>>> 6%5,-6%-5
(1,-1)
>>> -6%5,6%-5
(4,-4)
>>> 7.1%3,-7.1%-3
```

```
(1.0999999999999996,-1.0999999999999996)
>>> -7.1%3,7.1%-3
(1.9000000000000004,-1.9000000000000004)
```

求余运算的结果一定小于除数的绝对值，并与除数同号。

3. **（乘方）

** 运算符实现乘方运算，其优先级是最高的，仅次于圆括号。例如：

```
>>> -2**4
-16
>>> 2*3/3**2
0.6666666666666666
```

4. 浮点数的计算误差与相等判断

计算机内的所有数据是二进制形式存储的，在进行二进制和十进制相互转换后，可能会有微小的误差产生。例如：

```
>>> x=2.3
>>> x-1.3
0.9999999999999998
>>> x-1.3 ==1                    # 运算符 == 用于判断两个数是否相等
False
>>> -7.1%3
1.9000000000000004
```

运算符 == 用于判断两个数是否相等，因为进制转换会带来误差，直接用 == 判断两个实数是否相等可能会得出错误的结论。

在 Python 中，判断实数 a 和 b 是否相等的方法有：

（1）看 a−b 的绝对值是否小于一个极小值。例如：

```
>>> a=1.3
>>> b=2.3-1
>>> abs(a-b) < 1e-10             # 内置函数 abs( ) 用来求参数的绝对值
True
```

（2）使用 math 库中的 isclose( ) 函数。例如：

```
>>> import math
>>> 1.11+1
2.1100000000000003
>>> math.isclose(2.11,1.11+1)
True
```

*2.4.2 位运算

Python 的位运算符有 &、|、^、~、<<、>>。位运算只能针对整数进行，并且是对整数的二进制位逐位进行运算，运算结果也是一个整数。在开始介绍位运算前，先学习内置

函数 bin( )。

1. bin( ) 函数

bin( ) 函数可以查看整数的二进制码，其返回值是字符串形式的二进制码。实际计算机中的整数是用补码表示的，而用 bin( ) 函数查看到的二进制码则是带符号的整数绝对值的原码，对于正数不显示符号，负数则用符号 – 表示负值。例如：

```
>>> bin(17),bin(135),bin(-7),bin(-67)    #Python 不能显示负数的补码形态
('0b10001','0b10000111','-0b111','-0b1000011')
```

虽然 bin( ) 函数不能直接显示负数的补码，但是可以巧用全 1 的二进制数与负数按位与来查看负数的补码值。例如：

```
>>> c=-67                              #-67 的 16 位补码是 1111111110111101
>>> bin(c&0b1111111111111111)
'0b1111111110111101'
```

2. &（按位与）

对两个整数进行按位与运算，如果两数的二进制形式的相应位上都为 1，则该位的结果为 1，否则为 0。例如：

```
>>> a=17                               #17 的 8 位二进制码是 00010001
>>> bin(a)
'0b10001'
>>> b=135                              #135 的 8 位二进制码是 10000111
>>> bin(b)
'0b10000111'
>>> a&b                                #1 的 8 位二进制码是 00000001
1
>>> allone=0b11111111                  #255 的 8 位二进制码是 11111111
>>> a=-67                              #-67 的 8 位二进制码是 10111101
>>> bin(a&allone)
'0b10111101'
>>> b=97                               #97 的 8 位二进制码是 01100001
>>> bin(b)
'0b1100001'
>>> c=a&b                              #a&b 的 8 位二进制码是 00100001
>>> c
33
>>> bin(c&allone)
'0b100001'
```

3. |（按位或）

对两个整数进行按位或运算，如果两数二进制形式的相应位上至少有一个为 1，则该位的结果为 1，否则为 0。例如：

```
>>> a=-67                              #-67 的 8 位二进制码是 10111101
>>> b=97                               #97 的 8 位二进制码是 01100001
```

```
>>> c=a|b
>>> c                                    #-3 的 8 位二进制码是 11111101
-3
>>> allone=0b11111111
>>> bin(c&allone)
'0b11111101'
```

4. ^（按位异或）

对两个整数进行按位异或运算，如果两数的二进制形式的相应位上的两个二进制数相异，则该位的结果为 1，否则为 0。例如：

```
>>> a=-67                                #-67 的 8 位二进制码是 10111101
>>> b=97                                 #97 的 8 位二进制码是 01100001
>>> c=a^b
>>> c                                    #-36 的 8 位二进制码是 11111101
-36
>>> allone=0b11111111
>>> bin(c&allone)
'0b11011100'
```

5. ~（按位取反）

按位取反运算是对运算数的每个二进制数按位取反，即把 1 变为 0，把 0 变为 1。例如：

```
>>> a=-67                                #-67 的 8 位二进制码是 10111101
>>> c=~a
>>> c                                    #66 的 8 位二进制码是 01000010
66
>>> bin(c&allone)
'0b1000010'
```

6. <<（按位左移）

按位左移运算是将第一个运算数的全部二进制位左移若干位，移动的位数由 << 右边的数指定，低位则补 0。例如：

```
>>> a=17                                 #17 的 8 位二进制码是 00010001
>>> c=a<<2
>>> c                                    #68 的 8 位二进制码是 01000100
68
>>> bin(c&allone)
'0b1000100'
```

7. >>（按位右移）

按位右移运算是将第一个运算数的全部二进制位右移若干位，移动的位数由 >> 右边的数指定。移出到小数点右侧的二进制位丢弃，正数高位补 0，负数高位补 1。例如：

```
>>> a=17                                 #17 的 8 位二进制码是 00010001
>>> c=a>>2
>>> c                                    #4 的 8 位二进制码是 00000100
```

```
4
>>> bin(c&allone)
'0b100'
```

2.4.3　运算优先级

当一个表达式中包含多个运算时，运算的顺序不单纯是从左向右逐项计算的。例如，3+4+5 是按从左向右逐项计算，而 3+4*5 则是先计算 * 后计算 +。故运算符是有优先级的，优先级高的先计算，优先级低的后计算。圆括号的优先级最高，即先计算圆括号内的部分。例如，(3+4)*5 是先计算 + 后计算 *。Python 中运算符的优先级由高到低逐级递减，列在表 2-2 中。

表 2-2　Python 运算符的优先级

运　算　符	说　　　明
**	乘方（最高优先级）
~、+、-	按位取反、正、负（一元运算）
*、/、%、//	乘、实除、求余、整除
+、-	加、减
>>、<<	右移、左移
&	按位与
^	按位异或
|	按位或
is、is not、in、not in	身份运算、成员运算
<=、<、>、>=、==、!=	比较运算（与身份运算、成员运算同级）
not	逻辑非
and	逻辑与
or	逻辑或

2.5　赋值语句

2.5.1　赋值

1. 赋值的基本格式

赋值是建立起变量与数据、对象、函数之间的联系，赋值后就能通过变量来使用数据、对象和函数了。赋值语句的基本格式：

```
var=obj
```

var 是变量，等号的右侧可以是常量、变量、表达式、对象和函数等。例如：

```
>>> a=1
>>> b=a
>>> c=a+b**2
```

2. 复合赋值

复合赋值是指将其他运算与赋值结合在一起。复合赋值包括 +=、-=、*=、/=、//=、%=、**=、<<=、>>=、&=、|=、^= 等。例如：

```
>>> x=5
>>> x+=1                          # 等价于 x=x+1
>>> y=-1
>>> y*=x+0.5                      # 等价于 y=y*(x+0.5)
>>> x,y
(6,-6.5)
```

注意：进行复合赋值运算时，先计算等号右侧表达式的值，再与左侧变量进行运算，最后将结果存回左侧变量中。

3. 多变量赋值

1）链式赋值

格式：

```
var1=var2=var3=…=表达式
```

链式赋值用于将同一个值赋给多个变量。例如：

```
>>> a=b=c=100
>>> a,b,c
(100,100,100)
```

2）同步赋值

格式：

```
var1[,var2[,var3…]]=表达式1[,表达式2[,表达式3…]]
```

注意：等号左右两侧的变量数和表达式数要一致，并且按位置将表达式的值分别赋给变量。例如：

```
>>> a,b,c=-2.3,12,'ab'
>>> a
-2.3
>>> b
12
>>> c
'ab'
```

同步赋值时，先计算出右侧所有表达式的值，再分别按位置赋值给左侧的变量。

另外，Python 的同步赋值可以不借助第三个变量实现两个变量值的交换。例如，下面两种方法都可以实现 a、b 两个变量值的交换。

方法一：

```
>>> a,b=10,9.123
>>> t=a
```

```
>>> a=b
>>> b=t
>>> a
9.123
>>> b
10
```

方法二：

```
>>> a,b=10,9.123
>>> a,b=b,a
>>> a
9.123
>>> b
10
```

方法一是借助了第三个变量 t 的实现方法，方法二则采用同步赋值的方法，直接实现了两个数的交换。

*2.5.2　变量的共享引用

用赋值操作"="将一个变量赋值给另一个变量时，要注意两个变量的值的变化和它们所引用空间的共享现象。本节讨论共享引用的情况，不是为了把问题复杂化，而是Python 中改变变量的值时情况很复杂。只有编程者清楚改变变量的值会带来什么，程序才会有正确的运行结果。

1. 不可变数据的共享引用

当变量所赋的值为不可变数据类型，后面再将该变量的值赋给其他变量时，多个变量都会指向同一个数据。下面是各种不可变数据类型的共享引用示例。

1）数值、字符串的共享引用

整数 int 的共享引用示例：

```
>>> x=1
>>> y=x                          # y 引用 x 所引用的数据
>>> x,y
(1,1)
>>> id(x)==id(y)
True
>>> x is y                       # x 和 y 引用的对象相同
True
>>> x=90                         # x 转而引用 90，不再引用 1
>>> x,y
(90,1)
>>> id(x)==id(y)
False
```

y 在执行 y=x 后，引用了 x 所引用的数据，此时 y 和 x 是共享引用的。但是此后又执行 x=90，x 就不再引用原先的 1，而是改为引用 90，但是 y 并没有改变所引用的对象，仍然继续引用 1。

其他不可变数据类型的数据，例如实数、复数、字符串等也是同样的情况。但是元组的情况稍微复杂一点，要区分元组元素是不可变数据还是可变数据。

2）元组的共享引用

元组元素是不可变数据的示例：

```
>>> x=(1,2,3)                    # 元组元素 1,2,3 都是不可变数据
>>> y=x
>>> x,y
((1,2,3),(1,2,3))
>>> id(x)==id(y)
True
>>> x is y
True
>>> x=(6,7,8)
>>> x,y
((6,7,8),(1,2,3))
>>> x==y
False
>>> id(x)==id(y)
False
```

若元组中的元素是可变数据，则该元组元素的数据值是可变的，但变量指向的元组空间没有变化。这是因为 Python 在元组的存储空间中存放的是数据的引用而不是数据值本身。元组中的元素有可变数据的示例：

```
>>> x=(1,3,[10,11])              # 有元组元素是列表这种可变数据
>>> y=x                          # x 和 y 引用的是同一个元组
>>> x,y
((1,3,[10,11]),(1,3,[10,11]))
>>> x==y
True
>>> id(x)
1501033441536
>>> id(x)==id(y)
True
>>> x is y
True
>>> x[2][0]=99
>>> x,y
((1,3,[99,11]),(1,3,[99,11]))
>>> x==y
True
>>> id(x)==id(y)
True
>>> id(x)
```

```
1501033441536
>>> x is y
True
```

图 2-4 清晰地解释了元组元素是可变数据和不可变数据的两种情况。图 2-4（a）展示了元组元素是不可变数据的情况，图 2-4（b）展示了元组元素是可变数据的情况。其中，灰色的列表值"10 的地址"后面会变为"99 的地址"，从而引发显示元组时值的改变，但元组空间本身并没有改变，因此元组值的变化是通过间接引用引发的，元组本身仍然属于不可变数据类型。

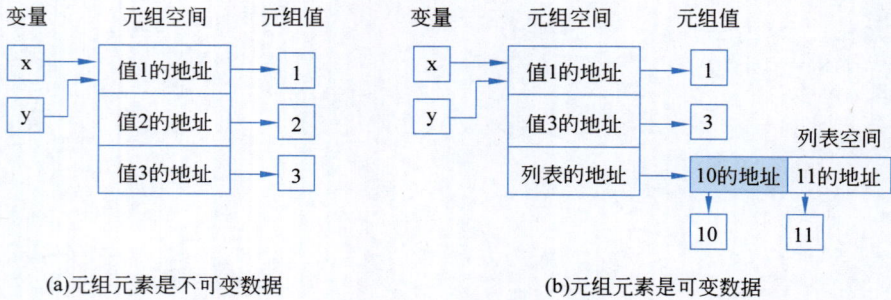

(a)元组元素是不可变数据　　　　　(b)元组元素是可变数据

图 2-4　元组的共享引用

2. 可变数据的共享引用

列表、字典、集合都是可变数据类型，其中的元素又分为不可变数据和可变数据两种情况。

1）元素是不可变数据

当元素是不可变数据时，改变某个元素值，整个数据存储空间的位置不变，仅数据值发生改变。

列表的共享引用示例：

```
>>> x=[1,2,3]
>>> y=x
>>> x,y
([1,2,3],[1,2,3])
>>> id(x),id(y)
(2349538144328,2349538144328)
>>> x[1]=100
>>> x,y
([1,100,3],[1,100,3])
>>> id(x),id(y)
(2349538144328,2349538144328)
>>> x is y
True
```

字典、集合的共享引用也与之类似。

2）元素是可变数据

当元素是可变数据，进行赋值操作或通过调用相关方法改变某个可变数据元素值时，值的变化也会各不相同。例如：

```
>>> x=[1,2,[9,10]]
>>> y=x
>>> id(x)
2349539132360
>>> id(y)
2349539132360
>>> x=x+[4]                              # 发生了浅复制
>>> x
[1,2,[9,10],4]
>>> y
[1,2,[9,10]]
>>> id(x)
2349539131656
>>> id(y)
2349539132360
>>> x[0]=100                             # 独立引用
>>> x
[100,2,[9,10],4]
>>> y
[1,2,[9,10]]
>>> y[2][0]=-1                           # 共享引用
>>> x
[100,2,[-1,10],4]
>>> y
[1,2,[-1,10]]
>>> id(x)
2349539131656
>>> id(y)
2349539132360
```

以上代码段发生了浅复制，图 2-5 所示的是语句 x=x+[4] 执行前的内存状态，当执行 x=x+[4] 时，Python 分配一个新的存储空间用于存储新的列表，并将原来 x 列表中的数据地址复制到新空间中，语句 x[0]=100 改变了新空间的引用值。图 2-6 中的"间接列表空间"

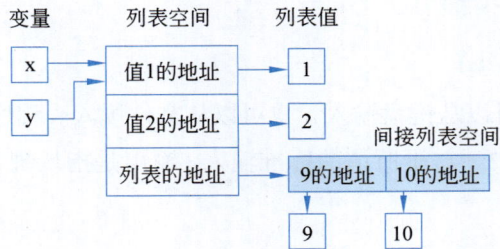

图 2-5 语句 x =x+[4] 执行前的内存状态

是由 x 和 y 共享的,语句 y[2][0]=−1 改变了"间接列表空间"中的引用值,因而在显示 x 时,其值发生了改变。语句 x=x+[4] 浅复制后的内存状态如图 2-6 所示。

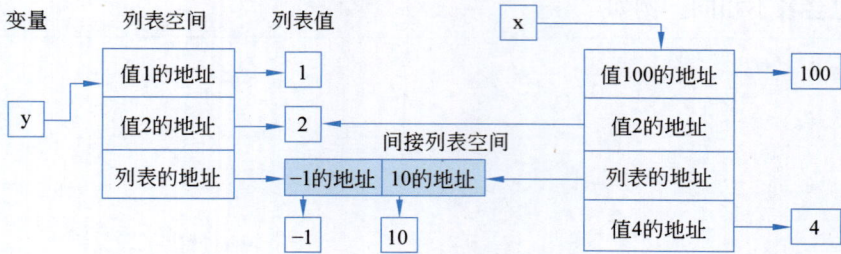

图 2-6　语句 x=x+[4] 浅复制后的内存状态

以下代码也发生了浅复制:

```
>>> x=[[1,2,3]]*3
[[1,2,3],[1,2,3],[1,2,3]]
>>> x[0][0]=10
>>> x
[[10,2,3],[10,2,3],[10,2,3]]
```

执行语句 x=[[1,2,3]]*3 后,新列表的三个数据元素都指向同一个列表空间,语句 x[0][0]=10 貌似只改变了一个元素值,但结果却引发了连锁反应。

与浅复制相对应的是深复制,例如:

```
>>> import copy
>>> names=[" 小明 "," 小红 "," 小黑 ",[" 粉色 "]," 小黄 "," 小白 "]
>>> deep_names=copy.deepcopy(names)
>>> names[3][0]="Pink"
>>> names
[' 小明 ',' 小红 ',' 小黑 ',['Pink'],' 小黄 ',' 小白 ']
>>> deep_names
[' 小明 ',' 小红 ',' 小黑 ',[' 粉色 '],' 小黄 ',' 小白 ']
```

上述代码调用 copy 模块中的 deepcopy( ) 函数将发生深复制,使两个变量的值各自独立,其中的细节,请读者另行查阅资料或自行研究。

2.6　数据的输入输出

2.6.1　标准输入输出

被程序处理的数据可以从键盘输入,也可以从文件读入。程序的处理结果则可以显示在屏幕上,或存入文件中。这里所谓的标准输入 / 输出是指从键盘输入和在屏幕上显示,又叫控制台输入输出。

1. 标准输入

Python 中的 input( ) 函数用于实现标准输入,其格式为:

```
input(prompt=None)
```

参数 prompt 是输入时的提示文字，属于可选项。input( ) 函数接收从键盘输入的一行信息，并返回一个字符串。返回的字符串是去除行末回车符后的输入内容。例如：

```
>>> input('Please input your name:')
Please input your name:Sam↙
'Sam'
```

上述示例中，第 2 行前面的文字是 input( ) 函数执行时的提示，Sam 是运行时通过键盘输入的内容。第 3 行是函数的返回值，两个单引号表示返回值是一个字符串。

如果输入的内容是整数或浮点数，则需要使用 int( ) 或 float( ) 函数进行转换。例如：

```
#1   >>> input('Please input your age:')
#2   Please input your age:19↙
#3   '19'
#4   >>> int(input('Please input your age:'))
#5   Please input your age:19↙
#6   19
#7   >>> float(input('Please input your score:'))
#8   Please input your score:75.5↙
#9   75.5
```

上述示例中 #6 行和 #9 行显示的返回值中无单引号，即其返回值分别为整数类型和浮点数类型。

2. 多数据同时输入并转换

单独使用 int( ) 或 float( ) 函数只能输入一个数据并进行数据类型转换，若想要一次输入多个数据并转换为整数或浮点数，则可以用以下几种方法。

1）利用 eval( ) 函数实现多数据同时输入

eval( ) 函数可以计算参数字符串中的表达式或通过 compile( ) 函数执行一个代码对象，其格式为：

```
eval(source,globals=None,locals=None)
```

参数 source 是一串待计算的表达式或待执行的代码。例如：

```
>>> eval('help(eval)')
Help on built-in function eval in module builtins:

eval(source,globals=None,locals=None,/)
    Evaluate the given source in the context of globals and locals.

    The source may be a string representing a Python expression
    or a code object as returned by compile().
    The globals must be a dictionary and locals can be any mapping,
    defaulting to the current globals and locals.
    If only globals is given,locals defaults to it.
```

通过 eval( ) 函数执行字符串 'help(eval)' 中的 help(eval) 函数，该 help( ) 函数返回 eval( ) 函数的帮助信息。例如：

```
>>> a=100
>>> b=eval('a / 2.0')
>>> b
50.0
```

上述代码中，b=eval('a / 2.0') 等价于 b=a / 2.0，所以 b 的值变为 50.0。

再如，可用如下代码同时给多个变量输入数据。例如：

```
#1   >>> a,b,c=eval(input('a,b,c='))
#2   a,b,c=1,2,3↙
#3   >>> a
#4   1
#5   >>> b
#6   2
#7   >>> c
#8   3
```

上述代码中，#2 行中输入的 1,2,3，使得 #1 的代码等价于执行 a,b,c=1,2,3。

2）利用字符串的分隔和 map( ) 函数实现多数据同时输入

字符串的分隔方法格式：

```
S.split(sep=None,maxsplit=-1)
```

S 是被处理的字符串，参数 sep 用于指定分隔符，maxsplit 用于指定最大分隔次数。返回值是一个包含分隔后子串的列表。若省略 sep，则分隔符是空白字符（包括空格、Tab 和换行符 \n),若省略 maxsplit,则不限制分隔次数，即遇到 sep 指定的字符都要分隔。例如：

```
>>>'1 2 3'.split('',1)           # '1 2 3' 的 1、2、3 之间有个空格，共分隔 1 次
['1','2 3']
>>>'1 2\t3\n4 5'.split()         # 字符串的 1、2 之间和 4、5 之间有个空格
['1','2','3','4','5']
>>>'1,2,3,4,5'.split(',')
['1','2','3','4','5']
>>> input('Please input 5 number:').split()
Please input 5 number:1 2 3 4 5↙
['1','2','3','4','5']
```

从上述示例代码中可以观察到通过字符串分隔方法可以将同时输入的整数或浮点数分离出来，但是分离出来的内容还是字符串，而不是整数或浮点数。而 int( ) 或 float( ) 函数只能转换一个数，如果要将多个字符串转换为同种数据类型结果，则可以使用 map( ) 函数。

map( ) 函数可以让单参数的函数作用到序列或可迭代对象上，返回一系列的处理结果。其格式为：

```
map(func,*iterables)
```

调用 map( ) 函数时，func 参数应设为单参数函数的函数名，参数 *iterables 为序列或可迭代对象，其作用是将每个元素传递给单参数处理，得到各项函数值，并以 map 对象返回。例如：

```
>>> x=input('Please input 5 number:')
Please input 5 number:1;2;3;4;5↙
>>> y=x.split(';')
>>> y
['1','2','3','4','5']
>>> z=map(int,y)
>>> z                          #map 对象是可迭代对象，不能直接显示其内部各元素值
<map object at 0x000001DE8A273438>
>>> w=list(z)
>>> w
[1,2,3,4,5]
```

以上代码是为了清晰地看到每一个函数或方法的运行效果，所以分为多行来写，实际可以合并为如下的一行代码。

```
>>> w=list(map(int,input('Please input 5 number:').split(';')))
Please input 5 number:1;2;3;4;5↙
>>> w
[1,2,3,4,5]
```

3. 标准输出

程序执行中产生的处理结果，需要以一定方式显示出来，其中最常用的方法是显示在屏幕上。Python 中的标准输出函数是 print( )，格式为：

```
print(value,…,sep='',end='\n',file=sys.stdout,flush=False)
```

其作用是将参数 value 显示到输出流或标准输出设备 sys.stdout（即屏幕）上。参数 file 用于指定输出流，若省略 file 则输出到屏幕。参数 sep 指定多输出项之间的分隔字符，若省略 sep 则以空格分隔。参数 end 指定显示完最后一项 value 后显示的字符，若省略 end 则显示 \n，即默认显示数据后会换行。例如：

```
>>> print(1,'OK',98.12,[1,2,3],None)
1 OK 98.12 [1,2,3] None
>>> print(1,'OK',98.12,[1,2,3],None,sep='!'); print('----')
1!OK!98.12![1,2,3]!None
----
>>> print(1,'OK',98.12,[1,2,3],None,sep='!',end='   '); print('----')
1!OK!98.12![1,2,3]!None   ----
```

2.6.2 格式化输出

很多应用中，对输出内容是有格式要求的。例如，很多实验数据需要保留指定位数的小数，而使用 print( ) 函数直接输出时，小数位数是 Python 内部自动控制的。例如：

```
>>> a=19/7
>>> a
2.7142857142857144
```

Python 中可以用以下方法控制输出内容的格式：

- 利用字符串格式运算符 %；
- 利用内置函数 format( )；
- 利用字符串的 format( ) 方法。

1. 字符串格式运算符 %

这是 Python 的早期版本提供的一种输出格式化方法。字符串格式运算符 % 的使用格式为：

```
格式字符串 % ( 数据项 1, [ 数据项 2, [ 数据项 3, …] ] )
```

格式字符串可以由普通字符和格式字符组成，普通字符按原样输出，一组格式字符与一个数据项对应，可以由以下内容组成：

```
% [-] [+] [0] [m] [.n] 数据类型说明符
```

格式字符串由 % 开始，数据类型说明符则根据数据项的数据类型来指定，如表 2-3 所示。

表 2-3   格式字符串中不同符号的含义

格 式 符 号	格式化结果
%%	字符百分号 %
%c	单个字符
%s	字符串，等价于 str() 函数的返回值
%r	字符串，等价于 repr() 函数的返回值
%d 或 %i	十进制整数
%o	八进制整数
%x 或 %X	十六进制整数，其中的字符用小写或大写由 x 的大小写决定
%e 或 %E	指数形式的浮点数，用 e 或 E 表示指数幂
%f 或 %F	小数形式的浮点数
%g 或 %G	浮点数，系统自动根据值的大小采用 %e、%E、%f 或 %F
-	左对齐输出
+	对正数加正号
0	空位用 0 填充
m	m 是数字，指定最小宽度
.n	n 是数字，指定精度，采用 %e、%E、%f、%F、%g 或 %G 时含义不同

下面的示例展示字符串格式运算符 % 的用法。

```
>>> print('%%\t%c\t%s\t%r'%('A','abc','abc'))
%   A    abc   'abc'
```

这里的 %% 将输出一个 %，后面紧跟着一个 \t，表示跳过一个制表位，接着 %c 对应第一个输出项 'A'，以单字符形式显示为 A，后面又是一个 \t，继续跳过一个制表位，接着 %s 对应的是第二个输出项 'abc'，以 %s 格式化字符串时不显示字符串的定界符，然后又跳过一个制表位后，%r 对应第三个输出项 'abc'，用 %r 格式化字符串时会显示字符串的定界符。

```
>>> print('%d, %i, %o, %x, %X'%(299,299,299,299,299))
299, 299, 453, 12b, 12B
```

这个示例中 5 个输出项分别对应了 299 的十进制、十进制、八进制、十六进制的小写形式和十六进制的大写形式。

```
>>> print("Name:%s Age:%d Height:%f"%("Aviad",25,1.83))
Name:Aviad Age:25 Height:1.830000
```

以上示例 3 个输出项都是根据各自的数据类型采用了 Python 默认的输出格式。又如：

```
>>> print("Name:%10s Age:%8d Height:%8.2f"%("Aviad",25,1.83))
Name:     Aviad Age:      25 Height:    1.83
```

则这里的输出项都指定了宽度，当指定的宽度大于数据长度时，将在前面补空格填满指定宽度。输出 1.83 时，还规定了小数点后保留 2 位，即 %8.2f 表示宽度为 8 位，精度为 2 位小数：

```
>>> print("Name:%-10s Age:%-8d Height:%-8.2f"%("Aviad",25,1.83))
Name:Aviad      Age:25       Height:1.83
```

以上示例格式字符串中的 - 代表左对齐，当指定宽度时，补的空格在数据的右边。

```
>>> print("Name:%010s Age:%08d Height:%08.2f"%("Aviad",25,1.83))
Name:     Aviad Age:00000025 Height:00001.83
```

以上示例格式字符串中含有 0，表示填充字符是 0，而不是空格，0 仅对数值类型有效。

```
>>> print("Name:%010s Age:%0+8d Height:%+08.2f"%("Aviad",25,1.83))
Name:     Aviad Age:+0000025 Height:+0001.83
```

以上示例格式字符串中含有 +，表示正数前面要有 +。

```
>>> print("Name:%(name)010s Age:%(age)0+8d Height:%(height)+08.2f"%\
        {'name':"Aviad",'height':1.83,'age':25})          # 输出字典数据时的用法
Name:     Aviad Age:+0000025 Height:+0001.83
```

以上示例格式字符串中出现在括号内的是字典的键，输出时会在括号处替换为与键对应的值。

```
>>>'%g'%12345.456789901234          # 自动根据数据大小选择小数形式或指数形式
'12345.5'
>>>'%f'%12345.456789901234          # 小数形式
'12345.456790'
>>>'%e'%12345.456789901234          # 指数形式
'1.234546e+04'
```

```
>>>'%14.5g'%12345.456789901234          # 自动形式中的精度指有效数字数
'         12345'
>>>'%14.5f'%12345.456789901234          # 小数形式中的精度指小数点后的位数
'   12345.45679'
>>>'%14.5e'%12345.456789901234          # 指数形式中的精度指前面数字的小数位数
'    1.23455e+04'
>>>'%-+0*.*f'%(16,2,100.93)             # 在运算符 % 后指定最小宽度和精度
'+100.93         '
```

上面最后一个示例比较特殊，里面出现了 *.*，这两个 * 分别对应的是括号中的前两项，即 16 和 2，相当于 16.2，所以虽然括号中有三个数字，但输出项只有最后的 100.93。

2. 内置函数 format( )

format( ) 函数用于将单项数据格式化，格式为：

```
format ( 输出项 [, 格式字符串 ] )
```

当省略第二个参数时，format( ) 函数等价于 str( ) 函数，即将输出项转换为字符串。格式字符串中的基本格式控制符如下。

• d、b、o、x、X 分别用十进制、二进制、八进制和十六进制输出整数。例如：

```
>>> print(format(95,'X'),format(95,'o'),format(95,'b'))
5F  137  1011111
```

• f 或 F、e 或 E、g 或 G 分别用小数形式、指数形式和自动判定来输出浮点数。例如：

```
>>> print(format(162.28193,'e'),format(162.28193,'g'),format(162.28193,'f'))
1.622819e+02   162.282   162.281930
```

• c 输出字符，根据参数的 ASCII 码决定。
• % 输出百分数，数值由输出项指定。
• 输出浮点数时，带千分位符。例如：

```
>>> print(format(31416.123,,,f'))
31,416.123000
```

注意：小数点后 123 与 000 之间是没有千分位符的，因为这里的 000 不是小数点后的有效位数，只是将空白区填满 0，真正的有效小数位数只有 3 位。

• 用形如 m.n 的格式来控制输出宽度和精度，m 和 n 都是数字。
• 输出整数或浮点数时，可以使用 + 表示正数带正号。
• 在指定输出宽度时，默认用空格填充空位，也可以在输出宽度前使用 0（用 0 填充空位）、<（左对齐）、>（右对齐）、^（居中对齐）来控制填充方式。

以上格式控制符根据数据类型的不同，可以部分同时使用。例如：

```
>>> print(format(2.11,'10'),format(2.11,'010'),format(2.11, '+10'))
      2.11 0000002.11       +2.11
```

这个示例中输出了三次 2.11，它们的宽度都是 10，第一个是左边补空格，第二个是左边补 0，第三个是 2.11 前要出现 +。

```
>>> print(format('aaa','<10'),'|',format('aaa','^10'),'|',format('aaa','>10'),'|')
aaa        |    aaa    |        aaa |
```

这个示例是左对齐、居中和右对齐的示例。

```
>>> print(format(3.1416,'8.3f'),'|',format(3.1416,'08.3f'),'|',format(3.1416,'+08.3f'))
   3.142|0003.142|+003.142
>>> print(format(3.1416,'<8.3f'),'|',format(3.1416,'<08.3f'),'|',format(3.1416,'<+08.3f'))
3.142   | 3.142000 |+3.14200
```

上面两个示例都是浮点数的输出示例，可以控制宽度和精度，也可以控制对齐方式。

3. 字符串的 format( ) 方法

Python 中的字符串类型有一个 format( ) 方法，利用该方法可以格式化字符串。字符串 format( ) 方法的调用格式为：

格式字符串 .format([键名 0=] 输出项 0,[键名 1=] 输出项 1,[键名 2=] 输出项 2,…)

格式字符串中可以包括普通字符和格式说明模板，可以有多个格式说明模板，普通字符原样输出。格式说明模板的格式为：

{[输出项序号 | 键名][: 格式说明符]}

其中，{ } 是输出模板的定界符，输出项序号为 0，1，2，…，分别对应输出项 0，输出项 1，输出项 2，…。格式说明模板中的键名与输出项前的键名匹配。省略输出项序号和键名时，多个格式说明模板与多个输出项按自然位置对应显示。除数字以外的格式说明符与内置函数 format( ) 中的格式说明符含义基本一致。例如：

```
>>> print('Name:{0} Age:{2} Height:{1}'.format("Aviad",1.83,25))
Name:Aviad Age:25 Height:1.83
```

这个示例中 { } 内的是序号，0 对应第一个输出项 "Aviad"，1 对应第二个输出项 1.83，2 对应第三个输出项 25。

```
>>> print('Name:{name} Age:{height} Height:{age}'.format(name="Aviad",
        height=1.83,age=25))
Name:Aviad Age:1.83 Height:25
```

这个示例中 { } 内的是字典的键，name 对应 "Aviad"，height 对应 1.83，age 对应 25。

```
>>> print('{0:010b}|{0:>10o}|{0:^10x}|{0:<10X}'.format(95))
0001011111|       137|    5f    |5F
>>> print('{0:018}|{0:>18}|{0:^18.2}|{0:<18.3}'.format(3.14159))
000000000003.14159|           3.14159|       3.1        |3.14
```

这两个示例都是同时规定序号和格式的例子。在 ":" 前面的是序号，本例中都是 0，对应的都是第一个输出项；在 ":" 后面的是格式控制。

```
>>>print('{:14}|{:>14}|{:<14}'.format('test','test','test'))
test          |          test|test
```

":" 前面的序号可以省略，当省略序号时，自动根据格式说明模板的顺序，与输出项按照自然顺序相对应。

```
>>> print('{0:*>18}|{0:?^18}|{0:-<18}'.format('test'))
**************test|???????test???????|test--------------
```

字符串类型的 format( ) 方法对于填充字符，若输出项是整数或浮点数，则填充字符只能是 0 或空格，默认为空格，若输出项是字符串则可以指定任意填充字符。

2.7 系统函数

2.7.1 函数类型

函数是预先定义的、可被多次重用的代码，可以实现某个特定功能。Python 提供了很多有用的函数供用户使用。根据是否需要提前导入相应模块，这些函数分为内置函数和库函数。内置函数包含在模块 builtins 中，每次启动 Python 解释器时该模块都会被自动加载，用户可直接调用内置函数，无须使用 import 命令导入库。还有一类函数必须在使用之前将相应库导入以后才能使用，这类函数称为库函数。

根据来源的不同，Python 内置的库称为标准库，其他库称为扩展库（或第三方库）。标准库在安装 Python 系统时就保存在用户计算机中了，只要用正确的步骤和方法就可以调用标准库中的函数。而扩展库则需要经过安装才出现在用户计算机中，才能在程序中被引用。

1. 安装扩展库

PyPI 是一个官方的、由 Python 社区维护的 Python 软件包仓库。它是 Python 程序员共享和发布 Python 软件包的主要平台。在 PyPI 上，可以找到几乎所有的 Python 包和库，这些包和库可以辅助完成各种任务，如数据科学、机器学习、网络编程、Web 开发等。

除了 PyPI，还有其他一些 Python 包管理平台，如 Anaconda、conda-forge、GitHub 等。但 PyPI 是最受欢迎、最广泛使用的 Python 包管理平台之一。

扩展库的安装主要有三种方法：pip 安装、集成安装、文件安装。

1）pip 安装

pip 是由 Python 官方组织提供并维护的一个包管理工具。若用户安装 Python 解释器时未勾选 "Add Python 3.8 to PATH" 复选框，则可能引起 pip 安装失败，需要重新运行安装程序来添加 pip。

pip 工具是在 Windows 的命令行窗口下使用，而非在 Python 解释器或 IDLE 中使用。打开 Windows 命令行窗口的方法：按 Win+R 快捷键打开 "运行" 对话框，如图 2-7 所示。

在"打开"输入框中输入 cmd 命令，单击"确定"按钮后，即可打开 Windows 命令行窗口，如图 2-8 所示。

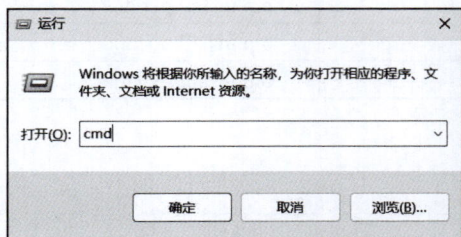

图 2-7　"运行"对话框

图 2-8　Windows 命令行窗口

在 Windows 命令行窗口中输入 pip，并按 Enter 键确认，会显示 pip 命令的参数和含义。pip 支持安装、下载、卸载、列表、查看、查找等一系列安装和维护子命令。

以下为使用 pip 工具进行扩展库管理的一些示例。

（1）查看已安装的扩展库。

```
pip list
```

（2）安装扩展库。

```
pip install <库名 1>[ <库名 2>…]
```

表 2-4 列出了一些常用的扩展库及安装命令。

表 2-4　Python 常用的扩展库及安装命令

库　　名	用　　途	pip 安装指令
NumPy	矩阵运算	pip install numpy
Matplotlib	产品级 2D（二维）图形绘制	pip install matplotlib
PIL	图像处理	pip install pillow
Sklearn	机器学习和数据挖掘	pip install sklearn
Requests	HTTP 访问	pip install requests
Jieba	中文分词	pip install jieba
Beautiful Soup 或 bs4	HTML 和 XML 解析	pip install beautifulsoup4
Wheel	Python 文件打包	pip install wheel
Pyinstaller	打包 Python 源文件为可执行文件	pip install pyinstaller
Django	Python 最流行的 Web 开发框架	pip install django
Flask	轻量级 Web 开发框架	pip install flask
WeRoBot	微信机器人开发框架	pip install werobot
Networkx	复杂网络和图结构的建模和分析	pip install networkx
SymPy	数学符号计算	pip install sympy
pandas	高效数据分析	pip install pandas
PyQt5	基于 Qt 的专业级 GUI 开发框架	pip install pyqt5
PyOpenGL	多平台 OpenCV 开发接口	pip install pyopengl

续表

库　　名	用　　途	pip 安装指令
PyPDF2	PDF 文件内容提取及处理	pip install pypdf2
Docopt	Python 命令行解析	pip install docopt
PyGame	简单小游戏开发框架	pip install pygame

（3）更新已安装库的版本。

```
pip install -U [库名]
```

其中，参数 -U 表示更新版本，库名是被更新扩展库的名称。

（4）查询已安装扩展库的详细信息。

```
pip show <库名>
```

（5）卸载已安装的扩展库。

```
pip uninstall <库名>
```

输入卸载命令后可能还需要用户再次确认卸载。

```
pip uninstall pygame
```

（6）下载扩展库但不安装。

```
pip download <库名>
```

pip 是扩展库最主要的安装方式，可以安装绝大部分扩展库。但是，因为一些历史、技术和政策等因素，有些扩展库无法用 pip 安装。此时就需要用其他方法安装了。

2）集成安装

集成安装方法适用于 pip 安装尚未登记或安装失败的扩展库。扩展库提供方一般都有主页用于维护扩展库的代码和文档。用户可以打开扩展库的维护主页，自行下载相关文档，并根据指示步骤安装。

3）文件安装

某些 Python 扩展库仅提供了源代码，使用 pip 下载后无法在 Windows 系统下编译安装。因此，美国加州大学的网页上，列出了一批在 pip 安装中可能会出现问题的扩展库，帮助用户获得 Windows 下可直接安装的扩展库文件。用户下载时可以根据已装 Python 的版本和计算机的字长（32 位或 64 位）下载适用的 .whl 文件。下载后可使用 pip 命令的安装子命令进行安装。格式如下：

```
pip install <文件名>
```

此处的文件名应包含 .whl 文件的存放路径及文件名。

2. 引用库

引用标准库或安装好的扩展库中内容之前，必须使用以下格式之一的语句导入库。

1）import 语句

import 语句的一般格式：

```
import 模块 1 [as 别名 1] [, 模块 2 [as 别名 2] [, …模块 N [as 别名 N]]]
```

此后，调用被引用模块中的函数时，引用格式如下：

```
模块名或别名 . 函数名（参数）
```

注意，当有别名时只能使用别名，原模块名不再可用。例如，引用标准模块 time 和 random，并调用函数的代码如下：

```
>>> import time,random as r          # random 有别名 r
>>> time.sleep(3)                     # 程序休眠 3 秒
>>> r.randint(1,10)                   # 生成一个 1~10 的随机整数
```

2）from-import 语句

from-import 语句的一般格式：

```
from 模块名 import 函数名 1 [as 别名 1] [, …函数名 N [as 别名 N]]
```

该命令只导入库中的指定函数，导入后可按以下格式直接调用函数：

```
函数名或别名（参数）
```

例如，上述调用模块 time 的 sleep( ) 函数和模块 random 的 randint( ) 函数也可写为：

```
>>> from time import sleep
>>> from random import randint as ri
>>> sleep(3)
>>> ri(1,10)
```

上述 from-import 语句一次只能导入一个指定的函数，如果需要导入一个模块中的多个不同函数，可以将函数名写为通配符 *，导入指定模块中的所有函数。例如：

```
>>> from time import *
>>> sleep(3)
```

2.7.2 常用内置函数

内置函数可以直接调用，不需要使用 import 命令引用库。这些内置函数可以分为以下类别。

1. 数学函数（见表 2-5）

表 2-5 内置的数学函数

函　　数	说　　明
abs(x)	返回 x 的绝对值
divmod(x,y)	返回一个包含商和余数的元组 (x // y,x%y)
pow(x,y,z=None)	返回 x ** y 或 x ** y%z
round(number [,ndigits])	返回浮点数 number 的 ndigits 位小数的四舍五入值，单参数时四舍五入为整数

2. 转换函数（见表 2-6）

表 2-6　内置的转换函数

函　　数	说　　明
ascii(obj)	返回一个表示对象 obj 的字符串，但是对于字符串中的非 ASCII 字符则返回通过 repr() 函数使用 \x、\u 或 \U 编码的字符
chr(x)	返回 Unicode 码值为 x 的字符，$0 \leqslant x \leqslant 0x10ffff$
bin(x)	将十进制整数 x 转换为二进制整数，返回结果为字符串
hex(x)	将十进制整数 x 转换为十六进制整数，返回结果为字符串
oct(x)	将十进制整数 x 转换为八进制整数，返回结果为字符串
complex(real[,imag])	返回值为 real+imag*j 的复数
float([x])	将整数或字符串 x 转换为浮点数，若无参则返回 0.0
int(x)	将数字字符串 x 转换为整数
bool([x])	将参数 x 转换为布尔类型，若无参则返回 False
dict([x])	将参数 x 转换为字典，若无参则创建空字典
list([x])	将参数 x 转换为列表，若无参则创建空列表
set([x])	将参数 x 转换为集合，若无参则创建空集合
str([x])	将参数 x 直接转换为字符串，若无参则创建空串
tuple([x])	将参数 x 转换为元组，若无参则创建空元组

3. 序列结构或可迭代数据的函数（见表 2-7）

表 2-7　内置的序列结构或可迭代数据的函数

函　　数	说　　明
all(x)	判断给定的序列或可迭代参数 x 中的所有元素的值是否都等价于 True，如果是则返回 True
any(x)	判断给定的序列或可迭代参数 x 中是否存在任意一个元素的值等价于 True，如果是则返回 True
enumerate(x [,start])	将序列或可迭代参数 x 中的所有元素的序号和元素值组合成若干元组，返回这些元组，其中元素序号从 0 或参数 start 开始
len(x)	返回给定序列或可迭代参数 x 的长度或元素个数
max(x)	返回给定序列或可迭代参数 x 中最大的元素值
min(x)	返回给定序列或可迭代参数 x 中最小的元素值
next(x)	返回可迭代参数 x 的下一个元素
range(stop)	返回 range 对象，其中所含元素值为 [0,step) 区间内的整数
range(start,stop[,step])	返回 range 对象，其中包含左闭右开区间 [start,stop) 内以 step 为步长的整数
reversed(x)	返回参数 x 逆序后的序列或可迭代对象
sorted(x,key=None,reverse=False)	返回排序后的列表，参数 x 可以为序列或可迭代对象
sum(x,start=0)	返回序列 x 中所有元素之和，若有 start，则返回 start+ 所有和
zip(iter1 [,iter2 [⋯]])	参数 iter1，iter2，⋯为序列值或可迭代对象，返回 zip 对象，zip 对象元素为 (iter1 [,iter2 [⋯]]) 的元组，结果中元素的个数取决于参数元素个数最少的值

续表

函　　数	说　　明
map(func,*iterables)	将单参数函数的函数名作为 func 参数，参数 *iterables 为序列或可迭代对象，将每个元素传递给单参数处理，得到各项函数值，并以 map 对象返回
filter(func or None,iterables)	将单参数函数的函数名作为 func 参数，参数 iterables 为序列或可迭代对象，作用是将每个元素传递给单参数处理，将返回函数值为 True 的原序列值或可迭代对象，若第一个参数为 None，则返回值等价于 True 的元素值

4. 其他函数（见表 2-8）

表 2-8　内置的其他函数

函　　数	说　　明
dir([object])	不带参数时，返回当前范围内的变量、方法和定义的类型列表；带参数时，返回参数的属性、方法列表
eval(s,g=None,l=None)	执行字符串 s 中的表达式或代码，并返回表达式的值
exit([n])	终止 Python 程序，参数 n 表示程序退出类型，通常情况下 0 表示程序正常退出
help(x)	用于查看函数或模块用途的详细说明
id(x)	获取对象 x 的标识（即内存地址）
input(prompt=None)	从标准输入设备读入一个字符串，返回结果是字符串类型
isinstance(x,class_or_tuple)	返回 x 是否为某数据类型，或 x 是否为类的实例，参数 class_or_tuple 可以是元组
open( )	用于打开一个文件，创建一个 file 对象
print( )	输出信息到屏幕或指定设备
type(object)	返回 object 的类型

2.7.3　常用库函数

1. math 库中的常量及常用函数

math 库是 Python 提供的数学类函数库，仅支持整数和浮点数运算，不支持复数类型。math 库一共提供了 4 个数学常量及一些数学函数，这些函数主要包括若干数值表示函数、幂对数函数、三角对数函数和高等特殊函数等（见表 2-9）。

表 2-9　math 库中的常量及常用函数

常量或函数	说　　明
math.pi	圆周率常量，值为 3.141 592 653 589 793
math.e	自然对数常量，值为 2.718 281 828 459 045
math.inf	正无穷大常量，负无穷大常量为 −math.inf
math.nan	非浮点数标记常量，NaN（Not a Number）
math.fabs(x)	返回 x 的绝对值

续表

常量或函数	说　明
math.fmod(x,y)	返回 x 与 y 的模
math.fsum([x,y,…])	浮点数精确求和
math.ceil(x)	向上取整，返回不小于 x 的最小整数
math.floor(x)	向下取整，返回不大于 x 的最大整数
math.factorial(x)	返回 x 的阶乘，如果 x 是小数或负数，则返回 ValueError 出错
math.gcd(a,b)	返回 a 与 b 的最大公约数
math.modf(x)	返回浮点数 x 的小数和整数部分
math.trunc(x)	返回浮点数 x 的整数部分
math.isclose(a,b)	比较 a 和 b 的相似性，返回 True 或 False
math.pow(x,y)	返回 x 的 y 次幂
math.exp(x)	返回 e 的 x 次幂，e 是自然对数
math.sqrt(x)	返回 x 的平方根
math.log(x[,base])	返回 x 的 base 对数值，默认的 base 为 e
math.log2(x)	返回 x 的 2 对数值
math.log10(x)	返回 x 的 10 对数值
math.sin(x)	返回 x 的正弦函数值，x 是弧度值
math.cos(x)	返回 x 的余弦函数值，x 是弧度值
math.tan(x)	返回 x 的正切函数值，x 是弧度值
math.asin(x)	返回 x 的反正弦函数值，x 是弧度值
math.acos(x)	返回 x 的反余弦函数值，x 是弧度值
math.atan(x)	返回 x 的反正切函数值，x 是弧度值

2. random 库中的常用函数

random 库用于生成随机数，实际上计算机无法产生真正的随机数，random 库生成的是一种采用梅森旋转算法生成的伪随机数。其中，最基本的两个随机函数是 seed( ) 和 random( ) 函数，由这两个函数又扩展出其他的随机函数（见表 2-10）。

表 2-10　random 库中的常用函数

函　数	说　明
seed(a=None)	初始化随机数种子，默认值为当前系统时间。如果参数 a 值固定，则随之产生的随机数也会是同一个值
random( )	生成一个 [0.0,1.0) 的随机小数
randint(a,b)	生成一个范围为 [a,b] 的随机整数
choice(seq)	从序列类型（例如列表）中随机返回一个元素
shuffle(seq)	将序列类型中的元素随机排列，返回打乱后的序列
sample(pop,k)	从序列类型 pop 中随机选取 k 个元素，以列表类型返回

3. time 库中的常用函数

time 库是 Python 中最基本的一个处理时间的库，提供获取系统时间并格式化输出的方法，主要包括三类函数：①时间获取：time( )、ctime( )、gmtime( )；②时间格式化：strftime( )、strptime( )；③程序计时：sleep( )、perf_counter( ) 等（见表 2-11）。

表 2-11　time 库中的常用函数

函　　数	说　　明
time.time( )	获取当前的时间戳，即计算机内部时间值，返回浮点数
time.ctime( )	获取当前的时间并以易读方式表示，返回字符串
time.gmtime([secs])	获取当前时间，表示为计算机可处理的时间格式，返回 struct_time 格式
time.strptime(str,tpl)	将一个时间字符串变成计算机内部可以操作的 struct_time，str 是字符串形式的时间值，tpl 是格式化模板字符串
time.strftime(tpl,ts)	将计算机内部时间变量转换为人类易读的时间形式的字符串，tpl 是格式化模板字符串，ts 是计算机内部时间变量类型
time.perf_counter( )	返回值 CPU 级别的精确时间计数值，单位为秒
time.sleep(secs)	推迟调用线程的运行，secs 指秒数

2.8　Python 的帮助系统

对初学者来说，Python 语言学习只靠一本书是不够的，善于利用 Python 的帮助系统就是一个快捷准确的途径。

2.8.1　dir( ) 和 help( ) 函数

获取 Python 帮助的一种方法是使用内置 dir( ) 和 help( ) 函数。这两个函数的一般使用格式为：

```
dir(对象名|模块名|函数名|…)
help(对象名|模块名|函数名|…)
```

读者可以输入以下代码，并观察 Python 给出的帮助信息。因帮助信息的内容很多，会占据大量篇幅，故此处不列出 Python 给出的帮助信息。

```
>>> import time
>>> dir(time)              # 以列表形式罗列 time 模块中的常量、函数、类等信息
>>> help(time)             # 获取 time 模块的整体帮助信息
>>> help(time.__eq__)
>>> help(time.sleep)       # 获取 time 模块中 sleep() 函数的帮助信息
>>> help(max)              # 获取内置函数 max() 的帮助信息
```

2.8.2　联机帮助环境

Python 还提供了联机帮助环境，以下是使用联机帮助的方法：

```
>>> help()                 # 必须是无参的 help() 函数
…                          # 此处省略 Python 系统给出的提示
help>                      # 出现该提示符，即表明已处在联机帮助环境中
help> math                 # 直接输入待查询的 math 模块
Help on built-in module math:  # 本行开始是 math 模块的整体帮助信息
```

```
...                              # 此处省略 Python 系统给出的大量帮助信息
help> quit                       # 退出联机帮助环境
```

联机帮助环境可以直接查阅所有本机已安装模块的帮助信息，不需要事先导入模块。

2.9 习题

1. 简述 Python 程序中缩进的作用。

2. 如何将多条 Python 语句写在同一行上？如何将一条 Python 语句写到多行上？

3. 请解释"Python 变量是没有数据类型的"这种说法。

4. 找出以下数据中不合法的 Python 数据，并分别指出合法数据的数据类型。

```
100              9.123           true                   'False'
-3+4i            e5              3.14E-3                0xFF
0b123            'I'm 9.\n'      '''He said,"…"eg.'''   "goo\"d"
"\x6D09"         '123'           '[1,2,3]'              ''
```

5. 下列标识符中，哪些是 Python 语言有效的标识符名称？

```
John             $123            _name                  3D64
ab_c             2abc            char                   a#3
```

6. 程序中需要计算 a^3，写出至少两种以上正确的 Python 表达式。

7. 如何判定两个实数类型的表达式是否相等？

8. 求以下表达式的值。

（1）设 a=7、x=2.1、y=4.5，求表达式 x+a%3*(x+y)%2 / 4 的值。

（2）设 a=2、b=3、x=3.6、y=2.5，求表达式 (a+b) / 2+x%y 的值。

（3）设 x=2.5、a=7、y=4.7，求表达式 x+a%3*(x+y)%2 // 4 的值。

9. 求值。

（1）已知 x=3、y=2，执行表达式 x *=y+8 后 x 的值。

（2）已知 x=10，执行表达式 x+=x 后 x 的值。

（3）执行表达式 y，z，x=4，16，32 后 x 的值。

10. 运行以下程序，输入"1，2，3"，写出运行结果。

```
i=input('Please input:')
a,b,c=eval(i)
m,n,r=i.split(',')
x,y,z=map(int,i.split(','))
print(a,b,c,m,n,r,x,y,z)
```

11. 运行以下程序，输入"123"，写出运行结果。

```
x=input('Please input:')
i,j,k=map(int,x)
print(i,j,k)
```

12. 写出下列程序的运行结果。

（1）

```
print('Hi,world',end='')
print("I'm …")
```

（2）

```
a='Hi,world'
b="I'm …"
print(a,b,a,b,a,b,sep='!\n')
print(b)
print('too tied!')
```

（3）

```
a='甲'
b='乙'
c='丙'
print('第一名:{},第二名:{},第三名:{}。'.format(a,b,c))
print('第一名:{2},第二名:{0},第三名:{1}。'.format(a,b,c))
print('第一名:{s2},第二名:{s1},第三名:{s3}。'.format(s1=a,s2=b,s3=c))
```

13. 从键盘输入字符串 s，按要求把 s 输出到屏幕，格式要求：宽度为 20 个字符，等号字符 = 填充，居中对齐。如果输入字符串超过 20 位，则全部输出。运行结果如下（第1行为输入，第2行为输出）。

测试一：

```
abcdef↙
=======abcdef=======
```

测试二：

```
1234567890abcdefghijklmn↙
1234567890abcdefghijklmn
```

14. 从键盘输入正整数 n，按要求把 n 输出到屏幕，格式要求：宽度为 25 个字符，等号字符（=）填充，右对齐，带千分位分隔符。如果输入正整数超过 25 位，则按照真实长度输出。运行结果如下（第1行为输入，第2行为输出）。

测试一：

```
1234↙
====================1,234
```

测试二：

```
1234512345123451234512345↙
1234512345123451234512345
```

15. 写出实现以下功能的 Python 表达式。

（1）将整数 k 转换为实数。

（2）分别取出实数 m 的整数部分和小数部分。

（3）求正整数 m 的每一位上的数字，例如 123 的每位数字是 1、2、3。

16. 给出下列数学公式对应的 Python 表达式。

（1） $\dfrac{e^2 + \ln 10}{\sqrt{x} + 3^x}$ （2） $10^{-5} \cos \dfrac{1}{2}(\alpha + \beta) \tan \dfrac{1}{2}(|\alpha - \beta|)$

17. 什么是标准库和第三方库？以下哪些是标准库，哪些是第三方库？并简述各库的作用。

Django	jieba	math	Matplotlib	NumPy
os	pandas	Pygame	Pyinstaller	PyQt
random	re	scrapy	time	timedate
tkinter	turtle	wordcloud		

18. 简述如何安装和管理扩展库。

第 3 章
程序流程控制

3.1 程序基本控制结构

流程控制是通过控制程序中各语句的执行顺序，将语句组合成能完成一定功能的小逻辑模块。这是结构化程序设计（structured programming）的一个重要思想。

结构化程序设计是一种程序的设计模式，一般采用自顶向下、逐步求精的设计方法，将程序按逻辑结构划分成若干功能模块，各模块之间通过"顺序、分支、循环"的流程控制结构进行连接，组合成一个完整的程序。各个模块可以单独编程，并且只有一个入口和一个出口。该方法思路清晰，做法规范，强调程序的结构性，使得程序易读、易懂，深受设计者的青睐。

流程控制的三种基本结构分别是顺序结构、分支结构、循环结构，代表了三种代码执行的流程，如图 3-1 所示。通过这三种流程控制结构就能完成所有的事情。

（1）顺序结构。按照代码出现的先后次序，从上到下依次执行代码。

（2）分支结构。根据条件，执行不同路径的代码，从而得到不同的结果。

（3）循环结构。根据条件，循环往复地执行某段代码。

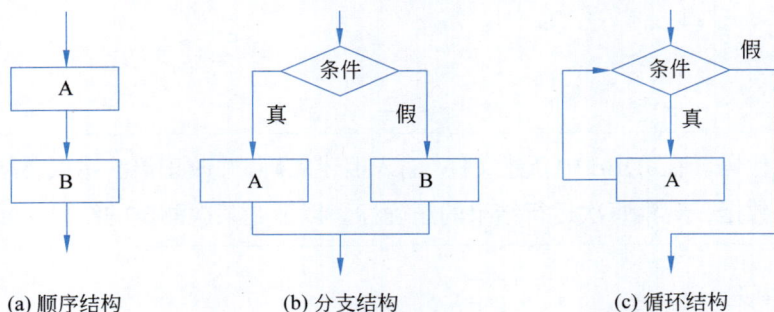

(a) 顺序结构　　　(b) 分支结构　　　(c) 循环结构

图 3-1　流程控制结构

3.2 顺序结构

顺序结构是程序中最简单、最基本的流程控制，没有特定的语法结构，是程序默认的执行结构。多数程序都有一个统一的架构模式，即数据输入→数据处理→数据输出。这种模式被称为 IPO（input process output）模式。

（1）输入（input）。输入指的是程序从外部获取数据的过程。输入可以来自键盘、文件、网络等。不同的输入方式需要使用不同的方法来获取和处理数据。

（2）处理（process）。处理指的是对输入数据进行计算、转换、操作等各种过程。处理的方式和方法取决于具体的需求和业务逻辑。这是 IPO 模式最关键的一步。

（3）输出（output）。输出指的是将处理过的数据结果呈现给用户的过程。输出可以采用不同的方式呈现，例如在终端打印、写入文件、显示在网页等。

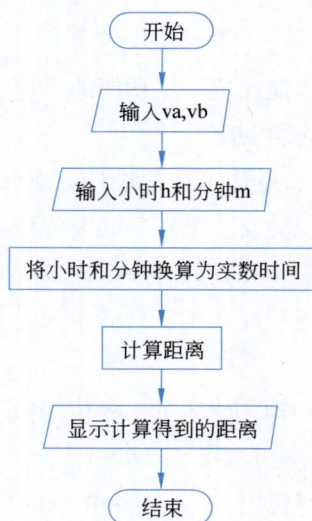

图 3-2　例 3-1 的流程图

以下是顺序结构的一些示例，通过它们可以对顺序结构、编程的一般步骤和程序的基本功能框架有一定的了解。

【例 3-1】　A 汽车以平均速度 va 千米 / 小时从甲地开往乙地，B 汽车以平均速度 vb 千米 / 小时从乙地开往甲地，两辆车行驶了 h 小时 m 分钟后相遇。编写程序，要求输入 A、B 的速度和行驶的时间，求甲乙两地相距多少千米。

以下是本例按编程的一般步骤给出的解题过程。

（1）分析问题。根据匀速直线运动原理，得到计算公式"距离 =（A 汽车的速度 +B 汽车的速度）* 行驶时间"。

（2）确定算法。按程序三步曲（输入、处理、输出）结合本问题的特点，确定算法的基本步骤如图 3-2 所示。

（3）编写代码。根据算法，将每个步骤落实为具体的代码。本题的程序代码如下：

```
va,vb=eval(input('输入 A 汽车和 B 汽车的速度 :'))
h,m=eval(input('输入行驶时间 :'))
time=h+m/60
s=time*(va+vb)
print('甲乙两地相距 {:.1f} 千米。'.format(s))
```

（4）测试代码。在 IDLE 中新建文件，输入上述代码，并改正语法错误、运行时错误后，输入若干测试数据，观察每次运行结果的正确性。以下是某次测试的结果：

```
输入 A 汽车和 B 汽车的速度 :45,53
输入行驶时间 :2,13
甲乙两地相距 217.2 千米。
```

如果发现运行结果不正确则程序必然存在逻辑错误，需要逐行分析代码或使用调试工具来找到错误点，并改正。若所有测试数据都有正确的运行结果，则可以提交并发布代码。

【例 3-2】　平面解析几何中，从点 (x,y) 到直线 $Ax+By+C=0$ 的距离公式是 $\dfrac{|Ax+By+C|}{\sqrt{A^2+B^2}}$，

52

编写程序，要求输入点的坐标 (x, y) 和直线方程的参数 A、B、C 的值，求点到直线的距离。

解题思路：距离公式中涉及的求绝对值、求平方和求开平方，可以使用内置函数 abs( ) 求绝对值，平方就是一个数乘以自身，开平方可以用乘方运算 ** 求解。

程序代码如下：

```
x,y=eval(input('x,y:'))
a,b,c=eval(input('方程系数 A,B,C:'))
s=abs(a*x+b*y+c) / (a*a+b*b) ** 0.5
print('点到直线的距离:{:.2f}'.format(s))
```

以下是某个测试结果：

```
x,y:0,1↙
方程系数 A,B,C:2,3,4↙
点到直线的距离:1.94
```

【例 3-3】 从键盘输入一个三位整数，计算该数中各位数字之和。例如，输入 392，各位数字之和是 3+9+2=14。

解题思路：本题的难点是如何将整数中的各位数字提取出来，以下是三种提取数字的方法。

方法一：

```
x=int(input('请输入一个三位整数:'))
a=x // 100                    # 获取百位数
b=x // 10%10                  # 获取十位数
c=x%10                        # 获取个位数
print(a+b+c)
```

方法二：

```
x=int(input('请输入一个三位整数:'))
a,t=divmod(x,100)            # a 得到百位数，t 得到后两位数
b,c=divmod(t,10)            # b 得到十位数，c 得到个位数
print(a+b+c)
```

方法三：

```
x=input('请输入一个三位整数:')
a,b,c=map(int,x)             # 采用 map() 函数依次得到百位数、十位数、个位数
print(a+b+c)
```

这三种方法都可以得到同样的结果。下面是某个测试结果：

```
请输入一个三位整数:392↙
14
```

【例 3-4】 从键盘输入一个三位整数，将该整数转换为英文表述。例如，输入 392，输出 three hundred and ninety two。

有人编写了如下代码：

```
x=input(' 请输入一个三位整数：')
a,b,c=map(int,x)
eng1=['','one','two','three','four','five','six','seven','eight','nine']
eng2=['','ten','twenty','thirty','forty','fifty','sixty','seventy','eigh
ty','ninety']
print('{} hundred and {}-{}'.format(eng1[a],eng2[b],eng1[c]))
```

上述代码的解题思路：列表 eng1 中存放单个数字对应的英文单词，eng2 中存放 10、20 等整十数的英文单词，a、b、c 是分离出来的各位数字，用 a、b、c 作为列表下标去获取数字对应的英文单词。

运行程序，输入如下数据测试代码：

```
请输入一个三位整数：392↙
three hundred and ninety-two
```

以上数据测试正确。但是，上述解法其实是有缺陷的，例如测试以下数据：

```
请输入一个三位整数：312↙
three hundred and ten-two
```

当末两位是 11~19 或末尾为 0 时结果是不正确的，解决这个问题就需要用到分支结构。

3.3　分支结构

分支结构又叫选择结构，需要根据条件选择执行不同路径的代码。Python 提供了 if-else 表达式和 if 语句两种形式的分支结构。if-else 表达式是最简单的一种分支结构，复杂一点的分支结构则只能通过 if 语句来实现。

3.3.1　条件表达式

在选择结构和循环结构中，程序的执行需要根据条件表达式的运算结果来选择下一步如何执行。Python 中条件表达式可以是单个常量、变量或合法的任意表达式。条件表达式中可以出现前面介绍过的所有运算，以及与条件判断相关度更高的关系运算、逻辑运算和测试运算。

条件表达式的计算结果对应布尔（bool）值 True 或 False。True 表示条件成立，False 表示条件不成立。条件表达式的结果不一定直接是布尔值，但是可以通过等价关系与 True 或 False 对应。None、任何数值类型中的 0（或 0.0、0j 等）、空字符串 ""、空元组 ()、空列表 []、空字典 {}、空集合和结果为空的迭代对象等都等价于 False，其他值则等价于 True。

1. 关系运算

关系运算用于比较两个操作数的大小关系。Python 提供了以下 6 种关系运算符。

<：小于。

<=：小于或等于。

>=：大于或等于。

>：大于。

==：等于。

!=：不等于。

关系运算中被比较的数据一般为相同类型的可比较数据，不同数据类型间比较会出错，但整数和浮点数之间可以进行比较。例如：

```
>>> print('abc'=='abcd')
False
>>> print(0<12.5)
True
>>> print(4>'abc')
Traceback(most recent call last):
  File "<pyshell#2>",line 1,in <module>
    4 >'abc'
TypeError:unorderable types:int() > str()
>>> print(10 > -3+5j)
Traceback(most recent call last):
  File "<pyshell#3>",line 1,in <module>
    10 > -3+5j
TypeError:unorderable types:int() > complex()
>>> print([1,2,3] > [1,2])
True
>>> print([1,2,3] < (2,3,4))
Traceback(most recent call last):
  File "<pyshell#5>",line 1,in <module>
    print([1,2,3] < (2,3,4))
TypeError:'<' not supported between instances of 'list' and 'tuple'
```

Python 允许在一个关系表达式中比较多个值，但大小关系不具有传递性，仅当表达式中多个关系运算的计算结果都为 True 时，才显示 True 的结果。例如：

```
>>> a,b,c=1,2,3
>>> print(a<b>c)                    # 判断是否 a<b 并且 b>c
False
>>> print(a<b<c)                    # 判断是否 a<b 并且 b<c
True
```

2. 逻辑运算

逻辑运算是对多个条件值进行运算，一般用于表达多个条件之间的相互关系。Python 提供了以下三种逻辑运算符。

not：非运算。

and：与运算。

or：或运算。

Python 中参与逻辑运算的操作数可以为非布尔型数据，逻辑运算的结果也可以为非布尔型数据。逻辑运算符的运算规则和注意事项如下。

（1）非运算 not：将 True 或等价于 True 的数据变为 False，False 或等价于 False 的数据则变为 True。例如：

```
>>> a=True
>>> not a
False
>>> print(not(9%3),not(9//3))
True False
```

（2）与运算 and：当第一个操作数的值等价于 False 时，能立马得出结果等价于 False 的结论，因此无须计算第二个操作数，运算结果直接就是第一个操作数的值。而当第一个操作数等价于 True 时，运算结果必须由第二个操作数决定。若第二个操作数等价于 True，则运算结果也等价于 True；若第二个操作数的值等价于 False，则运算结果同样等价于 False，因此运算结果直接就是第二个操作数的值。例如：

```
>>> 3 < 4 and 3+6        # 第一个操作数为 True，结果为第二个操作数的值
9
>>> list() and 3+2       # list() 函数返回一个空列表，等价于 False
[]
```

（3）或运算 or：当第一个操作数的值等价于 True 时，无须计算第二个操作数的值就能决定或运算的结果等价于 True，因此运算结果就是第一个操作数的值。当第一个操作数等价于 False 时，运算结果需要由第二个操作数决定。即运算结果就是第二个操作数的值。例如：

```
>>>'' or 6 / 7           # 第一个操作数等价于 False，结果为第二个操作数的值
0.8571428571428571
>>> print(9%3 or None)   # 9%3 等价于 True，结果为第一个操作数的值
True
```

3. 测试运算

1）成员运算

Python 中的序列或可迭代对象中包含若干数据，若用户需要测试某数据是否存在于序列或可迭代对象中，则可以使用成员运算来进行测试。Python 提供了两个成员运算符：in 和 not in。

a in b：在序列或可迭代对象 b 中找到值 a，就返回 True，否则返回 False。

a not in b：在序列或可迭代对象 b 中未找到值 a，就返回 True，否则返回 False。

例如：

```
>>> 8 not in [1,2,3,4,5]
True
```

```
>>> 100 in range(100)          # 生成范围为 [0,100) 的整数, 包括 0 但不包括 100
False
```

2）身份运算

身份运算用于比较两个操作数是否为同一个对象。Python 提供了两个身份运算符: is 和 is not。

a is b: 判断 a、b 是否引用了同一个对象, 如果是就返回 True, 否则返回 False。

a is not b: 判断 a、b 是否引用了不同的对象, 如果是就返回 True, 否则返回 False。

用户也可以通过内置函数 id( ) 查看被引用对象的内存地址是否相同来判断是否为同一个对象。例如:

```
>>> x=20
>>> id(x)
1707017264
>>> y=20
>>> id(y)
1707017264
>>> x is y
True
>>> a=list()                   #a 指向新生成的空列表
>>> id(a)
2271570384968
>>> b=list()                   #b 指向新生成的空列表
>>> id(b)
2271570367048
>>> a is not b
True
```

注意: 变量被赋予不可变数据和可变数据时, 是否引用同一个对象的情况比较复杂, 读者可以查阅本书 2.5.2 节的内容。

3.3.2　if-else 表达式

当程序控制仅仅只需要根据条件选择不同的计算结果时, 可以使用 if-else 表达式。Python 的 if-else 表达式的格式为:

```
表达式 1 if 条件表达式 else 表达式 2
```

执行时先计算条件表达式, 当条件计算结果为 True 时, 整个表达式的计算结果为表达式 1 的值; 当条件计算结果为 False 时, 则整个表达式的计算结果为表达式 2 的值。

【例 3-5】　输入三个数, 输出其中最大的数。

程序代码如下:

```
a,b,c=eval(input('a,b,c='))
max=a if a > b else b
max=max if max > c else c
```

```
print('Max=',max)
```

测试一的结果：

```
a,b,c=24,56,89✓
Max=89
```

测试二的结果：

```
a,b,c=50.3,32.9,21.3✓
Max=50.3
```

3.3.3　if 语句

Python 中的 if 语句可分为单分支、双分支和多分支三种格式，使用时可以进行 if 语句的嵌套。

1. 单分支结构

单分支结构的 if 语句格式：

```
if 条件表达式：
    语句块
```

当满足条件只需执行一条语句时，可以写成单行格式：

```
if 条件表达式：单语句
```

计算条件表达式时，若结果为 True 或等价于 True，则执行语句块或单语句；若结果为 False 或等价于 False，则执行单分支结构后面的后续语句。

注意：

（1）条件表达式多数为关系比较表达式或逻辑表达式，但也可以是其他计算结果的表达式。

（2）条件表达式后必须加冒号。

（3）相对于 if 所在行，语句块中的所有语句行都应向右缩进对齐，并保持一致的缩进方式。

【例 3-6】　输出三个整数中的最大数。

```
a,b,c=eval(input('Please input a,b,c:'))
max=a
if b > max:
    max=b
if c > max:
    max=c
print('max =',max)
```

测试一的结果：

```
Please input a,b,c:1,2,3✓
max=3
```

58

测试二的结果：

```
Please input a,b,c:2,3,1↙
max=3
```

【例 3-7】 输入两个整数，按从小到大的排序输出。

```
a,b=eval(input('Please input a,b:'))
if a > b:
    a,b=b,a
print(a,b)
```

测试结果：

```
Please input a,b:20,10↙
10 20
```

2. 双分支结构

双分支结构的 if 语句格式：

```
if 条件表达式：
    语句块 1
else：
    语句块 2
```

计算条件表达式时，若结果为 True 或等价于 True，则执行语句块 1；若结果为 False 或等价于 False，则执行语句块 2。

需注意的事项与单分支 if 语句一致，此外还要注意：

（1）else 后必须加冒号。

（2）语句块 1 和语句块 2 的缩进方式要保持一致。

【例 3-8】 使用双分支 if 语句改写例 3-7，输入两个整数，按从小到大的排序输出。

```
a,b=eval(input('Please input a,b:'))
if a < b:
    print(a,b)
else:
    print(b,a)
```

测试结果与例 3-7 相同。

【例 3-9】 使用双分支 if 语句改写例 3-6，求三个整数的最大值。

```
a,b,c=eval(input('Please input a,b,c:'))
if a > b:
    max=a
else:
    max=b
if max < c:
    print('max =',c)
else:
    print('max =',max)
```

测试结果与例 3-6 相同。

3. 多分支结构

多分支结构的 if 语句格式：

```
if 条件表达式 1:
    语句块 1
elif 条件表达式 2:
    语句块 2
        ⋮
else:
    语句块 n
```

首先计算条件表达式 1，若条件表达式 1 成立，则执行语句块 1，并结束多分支结构；若条件表达式 1 不成立，则计算条件表达式 2，若条件表达式 2 成立，则执行语句块 2，并结束多分支结构……若所有条件表达式都不成立，则执行 else 后的语句块 n，结束多分支结构。

注意事项与双分支 if 语句一致，另外还需要注意：

（1）每个 elif 后的表达式末尾必须加冒号。

（2）else 子句应书写在最后，并可省略。当省略 else 时，若所有条件表达式都不成立，则不执行任何语句。

（3）语句块 1，语句块 2，…，语句块 n 的缩进方式都应保持一致。

【例 3-10】 某大型超市为了促销，采取以下购物打折优惠措施：

（1）顾客一次购物 500 元及以上，按九五折优惠；

（2）顾客一次购物 1000 元及以上，按九折优惠；

（3）顾客一次购物 1500 元及以上，按八五折优惠；

（4）顾客一次购物 2000 元及以上，按八折优惠。

编写程序，计算所购商品优惠后的价格。

```
m=eval(input('总金额='))
if m < 500:
    d=1
elif m < 1000:
    d=0.95
elif m < 1500:
    d=0.9
elif m < 2000:
    d=0.85
else:
    d=0.8
amount=m*d
print('优惠价=',amount)
```

测试一的结果：

```
总金额 =300↙
优惠价 =300
```

测试二的结果：

```
总金额 =1200↙
优惠价 =1080.0
```

测试三的结果：

```
总金额 =3000↙
优惠价 =2400.0
```

3.3.4 控制结构的嵌套

控制结构的嵌套是指一个控制结构的内部有另一个控制结构。例如在一个 if 语句的内部包含另一个分支结构，如下所示：

```
#1   if 条件表达式 1：
#2       语句块 1
#3       if 条件表达式 2_1：
#4           语句块 2_1
#5       elif 条件表达式 2_2：        # 内层 if 语句
#6           语句块 2_2
#7       …
#8       else：
#9           语句块 2_n
#10      语句块 2
#11  elif 条件表达式 3：
#12      语句块 3
#13  …
#14  else：
#15      语句块 n
```

上述分支结构嵌套中，当条件表达式 1 成立时，要执行语句块 1、内层 if 语句和语句块 2，若不成立则继续执行外层 if 语句的其他部分（#11 行及其后的语句）。

被嵌套的控制结构可以是任意的三种基本控制结构，并且任何一个语句块中都可以再包含更内层的控制结构。在多层嵌套中，Python 通过缩进来区分代码间的层次关系，也增强了程序的可读性。

【例 3-11】 使用 if 嵌套改写例 3-6，求三个整数的最大值。

```
a,b,c=eval(input('Please input a,b,c:'))
if a > b and a > c:
    print('max =',a)
else:
    if b > c:
        print('max =',b)
    else:
        print('max =',c)
```

测试结果与例 3-6 相同。

3.4　循环结构

循环结构也是程序的一种基本结构。所谓循环，就是重复地执行某些操作。Python 中可以实现循环结构的语句有两种：while 语句和 for 语句。

3.4.1　while 循环结构

while 循环结构是根据条件来判断是否需要继续重复执行语句块，故可以称为条件循环。无论循环的次数是否预知，都可以使用 while 语句来循环执行语句块。while 语句包括基本 while 语句和扩展 while 语句两种形式。

1. 基本 while 语句

格式：

```
while 条件表达式 :
    语句块
```

while 语句的执行过程：先计算条件表达式的值，若条件值为 True，则执行语句块，并返回条件处，重新计算条件表达式的值后决定是否重复执行语句块；若条件值为 False，则结束循环，继续执行 while 语句之后的语句。其中的语句块被称为循环体。

注意：

（1）条件表达式多数为关系比较表达式或逻辑表达式，但也可以是其他计算结果的表达式。

（2）条件表达式后必须加冒号。

（3）相对于 while 所在行，循环体中的所有语句行都应向右缩进对齐，并保持一致的缩进方式。

（4）由于先计算条件表达式的值，再执行循环体，故循环体有可能一次也不执行。

（5）如果条件表达式的值永远为 True，则循环将无限执行下去（俗称死循环）。当正在执行的程序中包含死循环时，可以按 Ctrl+C 快捷键中断程序的执行。编写循环代码时应在循环体内改变条件表达式的值，使条件表达式的结果为 False，避免死循环的发生。

【例 3-12】　编写程序求 1+2+3+…+100 的值。

解题思路：用 i 表示被加数 1~100，sum 存放 1~100 的累加值。初始化变量，$i=1$，sum=0。判断 $i \leqslant 100$ 的值是否为真，若为真，将 i 累加到 sum，然后 i 加 1。重复上述步骤，直到 $i \leqslant 100$ 为假，退出循环。

代码如下：

```
i=1
sum=0
```

```
while i<=100:
    sum +=i
    i=i+1
print(sum)
```

运行程序，结果如下：

```
5050
```

【例3-13】 编写程序，求令 $1 \times 2 \times 3 \times \cdots \times n \geqslant 100\,000$ 成立的最小 n 值。

解题思路：与例3-12类似，用 i 表示被加数 $1 \sim 100$，r 存放 $1 \sim n$ 的乘积。区别是 r 的初始值应取 1，并且判断条件是 $r \leqslant 100\,000$ 时执行循环体。循环结束后输出最后的乘数 i 时应注意减去循环体内多加的 1。

代码如下：

```
i=1
r=1
while r <=100000:
    r *=i
    i=i+1
print(i-1)
```

运行程序，结果如下：

```
9
```

【例3-14】 输入一个整数，求它的各位数字之和。

```
n=int(input('请输入一个整数：'))
sum=0
while n:
    r=n%10
    n=n//10
    sum +=r
print('sum =',sum)
```

运行程序，结果如下：

```
请输入一个整数：293↙
sum=14
```

2. 扩展 while 语句

格式：

```
while 条件表达式：
    语句块 1
else:
    语句块 2
```

扩展 while 语句增加的 else 子句与将在 3.4.3 节中介绍的 break 语句有关。当 while 语句是因为条件表达式值为 False 而结束循环时，程序会执行 else 之后的语句块 2。而如果循环体语句块 1 中因为执行了 break 语句而结束循环时，就不会执行 else 后的语句块 2。

例 3-13 的代码也可以这么编写，运行结果是相同的。

```
i=1
r=1
while r<=100000:
    r*=i
    i=i+1
else:
    print(i-1)
```

3.4.2　for 循环结构

for 循环结构是通过对序列或可迭代对象中的元素逐一处理的方式进行循环控制的，故称为遍历循环。

for 循环结构适用的场景主要有：

（1）循环次数已知。

（2）需要遍历处理 Python 的序列结构或可迭代对象中的每个元素。

格式：

```
for 循环变量 in 遍历结构：
    语句块 1
[else:
    语句块 2]
```

for 循环的执行过程：从遍历结构中逐一提取元素，放入循环变量，循环次数就是元素的个数，每次循环中的循环变量值都是遍历结构中提取的当前元素值。

可选的 else 部分执行方式和 while 语句类似。如果全部元素被遍历后，则结束执行循环体，然后执行 else 后的语句块 2；若因在语句块 1 中执行了 break 语句而结束循环时，就不会执行 else 后的语句块 2。

注意：

（1）for 循环的循环次数等于序列结构或可迭代对象的元素个数。

（2）若需要按指定次数循环，可以使用 range( ) 函数产生的 range 对象来配合控制循环。

range( ) 函数的格式：

格式一：

```
range(stop)
```

格式二：

```
range(start,stop[,step])
```

格式一产生从 0 开始到 stop−1 的连续整数，例如 range(5) 产生的序列元素是 0,1,2,3,4。格式二产生 [start,stop) 的间隔为 step 的整数。例如 range(3,10,3) 产生的序列元素是 3,6,9。

函数的返回值是 range 序列对象。

（3）循环变量的取值是对序列结构或可迭代对象的当前元素值的复制，而不是元素值本身，故修改循环变量的值，不会改变序列结构和可迭代对象的值，因此循环次数仍保持不变。例如：

```
x=[1,2]
for i in x:
    print(i,end='')
    i=i-3
    print(i)
print(x)
```

运行结果如下：

```
1 -2
2 -1
[1,2]
```

（4）for 循环中，若控制用的序列结构的元素增加或减少，则循环的执行情况就比较复杂。下面列举了几种情况。

代码一：

```
#1   x=[1,2,3,4]
#2   for i in x:
#3       print(i,end='')
#4       print(x.pop())
#5       print(x)
#6   print('The loop end!')
#7   print(x)
```

运行结果如下：

```
1 4
[1,2,3]
2 3
[1,2]
The loop end!
[1,2]
```

上述代码的 #3 行输出的是从序列中依次取得的元素值，#4 行的 pop( ) 方法是弹出列表的最后一个元素，返回值就是弹出值。由于第二次循环执行后，列表中只剩下了两个元素，而遍历循环的执行次数只与序列的元素个数有关，因此执行两遍循环后就结束了。

代码二：

```
#1   x=[1,2]
#2   for i in x:
#3       print(i,end='')
#4       if i !=5: x.append(5)          # 列表原地增加元素
```

```
#5        print(x)
#6   print('The loop end!')
#7   print(x)
```

运行结果如下：

```
1 [1,2,5]
2 [1,2,5,5]
5 [1,2,5,5]
5 [1,2,5,5]
The loop end!
[1,2,5,5]
```

上述代码的 #3 行是输出从序列中依次取出的元素值，#4 行是当取出的值不为 5 时将在末尾增加一个 5。最初的列表共有两个不为 5 的元素，所以在执行前两次循环时，都会在末尾添加一个 5，最后共存在 4 个元素，所以循环共执行了 4 次。

代码三：

```
#1   x=[1,2]
#2   for i in x:
#3        print(i,end='')
#4        if i !=5: x=x+[5]                    # 列表非原地增加元素
#5        print(x)
#6   print('The loop end!')
#7   print(x)
```

运行结果如下：

```
1 [1,2,5]
2 [1,2,5,5]
The loop end!
[1,2,5,5]
```

上述代码与代码二的区别仅在于 #4 行的列表添加元素方式不同。代码二的列表添加元素是原地添加，将会影响原有的循环次数；而代码三中的列表添加元素是非原地添加，不会影响循环次数。

【例3-15】 用 for 语句求 1+2+3+⋯+99+100。

```
#1   sum=0
#2   for i in range(1,101):                    # range() 函数产生的数不包括 101
#3        sum +=i
#4   print(sum)
```

运行程序，结果如下：

```
5050
```

注意：#2 行中 range() 函数的第 2 个参数是 101，而不是 100，因为 range() 函数的范围有"左闭右开"的特点。

【例 3-16】 用 for 语句求一个整数的各位数字之和。

```
n=input("请输入一个整数：")
sum=0
for i in n:
    sum +=int(i)
print(sum)
```

运行程序，结果如下：

```
请输入一个整数:382↙
13
```

注意：字符串也是序列结构，for 循环会遍历字符串中的每个字符，再利用 int( ) 函数转换每个字符即可获得各位上的数字。

【例 3-17】 编写程序找出所有三位水仙花数。所谓水仙花数是指其各位数字的立方和等于该数本身。例如，$153=1^3+5^3+3^3$，所以 153 是水仙花数。

```
for i in range(100,1000):
    a,temp=divmod(i,100)
    b,c=divmod(temp,10)
    if a**3+b**3+c**3 ==i:
        print(i)
```

运行程序，结果如下：

```
153
370
371
407
```

3.4.3 循环控制语句

与循环结构相关的语句还有 break、continue 和 pass 语句，它们可以改变循环执行的流程。其中，break 和 continue 语句只能用于循环体内，pass 语句还可以用于其他控制结构。

1. break 语句

循环体中使用 break 语句，可以跳出包含 break 语句的那层循环，从而提前结束该循环。跳出循环后，继续执行当前层循环的后续语句。break 语句经常和 if 语句、循环的 else 子句结合使用。

【例 3-18】 输入一个正整数 n，判断它是否为素数。素数就是只能被 1 和自身整除的数。

解题思路：判断 n 是否为素数，可以按素数的定义进行判断，用 n 依次除以 $2\sim n-1$ 的所有数，只要发现有一个数能够被 n 整除，结束循环，判定 n 不是素数。如果没有一个能够被 n 整除的数，则 n 为素数。

```
n=int(input('请输入一个正整数：'))
```

```
for i in range(2,n):
    if n%i == 0:
        print(n,'不是素数')
        break
else:
    print(n,'是素数')
```

测试一的结果：

```
请输入一个正整数:13✓
13 是素数
```

测试二的结果：

```
请输入一个正整数:24✓
24 不是素数
```

2. continue 语句

循环体中使用 continue 语句，可以提前结束本次循环体代码的执行，不再执行本语句后循环体中的其他语句，跳回到循环结构首行，重新判断循环条件，并根据重判结果决定是否继续循环。

continue 语句只是结束本次循环，而不是终止整个循环的执行；break 语句则是使整个循环提前终止。与 break 语句类似，continue 语句一般也是和 if 语句结合使用。

【例 3-19】 改用 continue 语句找所有三位水仙花数。

```
#1    for i in range(100,1000):
#2        a,temp=divmod(i,100)
#3        b,c=divmod(temp,10)
#4        if a**3+b**3+c**3 !=i:
#5            continue
#6        print(i)
```

运行程序，结果如下：

```
153
370
371
407
```

程序中 #4 行的条件成立时，就会执行 #5 行中的 continue 语句，并让程序转回到循环结构的开始，即 #6 行的代码被跳过了。而当 #4 行中的条件不成立时，#6 行的 print( ) 函数会被执行，即输出水仙花数。

3. pass 语句

pass 语句又称空语句，执行 pass 语句时不做任何操作。需要使用 pass 语句的情况如下。

- 用 pass 语句保证控制结构的完整性。在某些情况下，代码的某处必须要有至少一个语句，但是实际无事可做，这时就可以使用 pass 语句，相当于一个占位语句。

- 模块化设计时，用 pass 语句占位。模块化设计时，用户可以先建立程序的主模块确定框架，子模块代码的细化则需要逐步完成，初期用户可以先在各模块中用 pass 语句占位，然后逐个模块细化代码。

3.4.4　多重循环

一个循环体内的语句中包含另一个循环结构，就构成循环的嵌套。根据包含关系中所处的位置，循环分为外层循环和内层循环。内层循环还可以继续嵌套循环，即构成多重循环。较常用的循环嵌套是双重循环和三重循环。

使用循环嵌套时应注意以下问题：

（1）外循环每执行一次，内循环都会执行一个完整的循环；

（2）可以使用不同的循环语句相互嵌套，以解决复杂问题；

（3）执行 break 语句只能跳出 break 语句所在层的循环，而不是跳出整个多重循环中的所有层循环；

（4）不同循环层应使用不同的缩进，否则错误的缩进会使语句的从属关系产生错误。

【例 3-20】　编制程序，打印如下九九乘法表。

```
1*1=1
1*2=2 2*2=4
1*3=3 2*3=6  3*3=9
1*4=4 2*4=8  3*4=12 4*4=16
1*5=5 2*5=10 3*5=15 4*5=20 5*5=25
1*6=6 2*6=12 3*6=18 4*6=24 5*6=30 6*6=36
1*7=7 2*7=14 3*7=21 4*7=28 5*7=35 6*7=42 7*7=49
1*8=8 2*8=16 3*8=24 4*8=32 5*8=40 6*8=48 7*8=56 8*8=64
1*9=9 2*9=18 3*9=27 4*9=36 5*9=45 6*9=54 7*9=63 8*9=72 9*9=81
```

解题思路：程序使用双重循环，外循环的循环变量 i 控制打印九九乘法表的行数，内循环的循环变量 j 控制九九乘法表每行打印的内容。

```
#1  for i in range(1,10):
#2      for j in range(1,i+1):
#3          print('{}*{}={:<2d}'.format(j,i,i*j),end='')
#4      print()
```

请仔细体会一下为什么 #3 行要把 j 放在 i 的前面。

【例 3-21】　求 100 以内的全部素数，并将找到的素数按每行 5 个的形式输出在屏幕上。

解题思路：程序使用双重循环，外循环使用循环变量 i 控制要判断的数的范围，即依次判断 2～99 是否为素数，内循环用循环变量 j 来判断是否为 i 的因子。

```
n=0
for i in range(2,100):
    for j in range(2,i):
        if i%j == 0:
```

```
            break
    else:
        print(i,end='\t')
        n += 1                          # n 用来统计找到的素数个数
        if n%5 == 0:                    # 若 n 值为 5 的倍数，则需要换行
            print()
```

运行程序，结果如下：

```
2    3    5    7    11
13   17   19   23   29
31   37   41   43   47
53   59   61   67   71
73   79   83   89   97
```

3.5　错误及异常处理

编写程序时经常会出现这样或那样的错误，使程序无法运行或得不到正确的结果。异常指的是程序运行中那些使程序无法继续执行的错误或意外情况。引发异常的原因有很多，如除数为 0、下标越界、文件不存在、数据类型错误、命名错误、内存空间不够、用户操作不当等。

3.5.1　程序的错误

程序中的错误通常分为语法错误、运行时错误和逻辑错误。

1. 语法错误

语法错误是代码中存在不符合 Python 语法规则的地方，例如，缺少符号、英文符号错输成中文符号、括号不配对、关键字拼写错误等。

程序完成输入后，可以选择 Run 菜单中的 Check Module 命令或按 Alt+X 快捷键进行语法检查。若存在语法错误则会弹出类似图 3-3 所示的出错提示，其中第一个有语法错误的行会突出显示。运行程序前,解释器也会进行语法错误检查,没有语法错误才会执行程序。

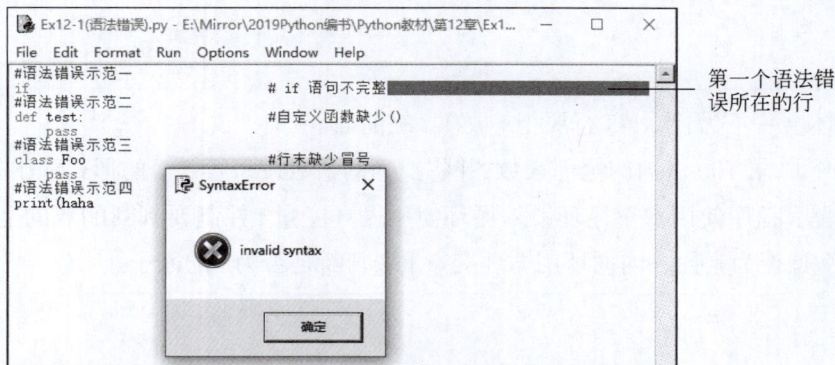

图 3-3　语法出错提示

2. 运行时错误

运行时错误往往是一些不可预料或可预料但无法避免的错误。例如，两数相除，当出现除数为 0 的情况时，会报 division by zero 的出错提示（见图 3-4），并中止程序的执行。

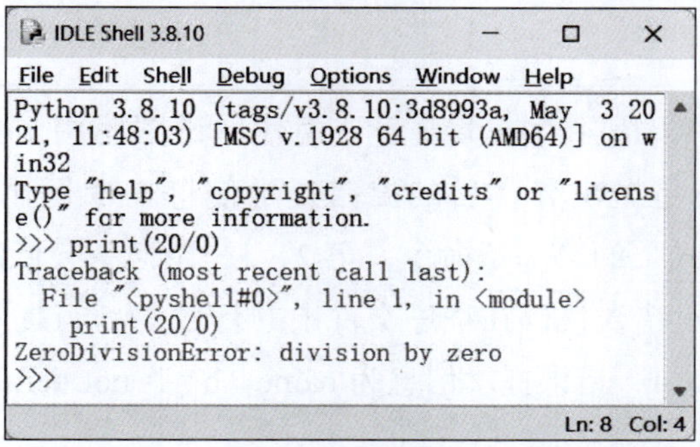

图 3-4 运行时错误的出错提示

常见的运行时错误有除数为 0、内存空间不够、文件打开失败、用户输入不合理的数据等。在出错提示中会有出错的行号、出错语句和出错原因。一般是在出错行上改正错误，但也有一些错误需要在出错行之前的代码中修改。

3. 逻辑错误

有些程序是能够执行并能得到运行结果的，但是该运行结果是错误的，或者不是编程者预期的结果，这一类错误就是逻辑错误。发生逻辑错误的原因有很多，例如，算法不正确使得程序不能得到正确结果；程序语句使用不合适，使得程序无法完成预期功能；对程序语句的语法规则理解不正确，即编程者的意图与语句的执行结果不相符……

发生逻辑错误的程序是没有错误提示的，因此修改难度较大，需要仔细阅读程序并逐条分析语句，或重新检查算法的正确性、算法是否存在错误或漏洞等。

检查逻辑错误可以利用一些调试工具，通过调试手段，观察和跟踪程序运行过程中变量的变化情况和语句的执行情况，从而发现引发错误的原因。IDLE 的调试方法参见 3.5.3 节。

3.5.2 异常处理

一个好的程序应具备较强的容错能力，也就是说，除了在正常情况下能够完成预想的功能外，在遇到各种异常情况时也能够做出恰当的处理。对各种异常情况给予适当处理的技术就是异常处理。

Python 提供了一套异常处理方法，一定程度上可以提高程序的健壮性，即程序在发生不可预见的错误时，仍能正常运行。同时，Python 还能将晦涩难懂的异常错误信息转换为友好的提示呈现给用户。

1. 异常概述

发生异常时，Python 系统默认的异常处理办法是用回溯（traceback）来终止程序运行并抛出异常，即生成异常对象，并给出出错提示信息。例如：

```
#1   >>> a=b+3
#2   Traceback(most recent call last):
#3     File "<pyshell#0>",line 1,in <module>
#4       a=b+3
#5   NameError:name 'b' is not defined
```

上述 #1 行的代码中，因不存在 b 变量，而代码试图使用 b 变量值进行计算时，发生了错误，#2 行~#5 行是抛出异常后的出错提示信息。#3 行显示了错误发生的位置，pyshell#0 表示是交互模式下的第 1 条命令，第 2、3…条命令会依次显示 #1、#2…如果在程序文件模式下，会显示错误代码在程序文件中的行号。#5 行提示 Python 捕获到此次的错误属于异常类 NameError，错误提示信息为 name 'b' is not defined。Python 中常见的异常类如表 3-1 所示。

表 3-1　Python 中常见的异常类

异 常 类 名	说　　明
AttributeError	尝试访问未知的对象属性时引发
IOError	试图打开不存在的文件时引发
IndexError	使用序列中不存在的索引时引发
KeyError	使用字典中不存在的关键字时引发
NameError	找不到变量名时引发
SyntaxError	语法错误时引发
TypeError	传递给函数的参数类型不正确时引发
ValueError	函数应用于正确类型的对象，但是该对象使用不适合的值时引发
ZeroDivisionError	在做除法或模运算中除数为 0 时引发
EOFError	发现一个不期望的文件或输入结束时引发
KeyboardInterrupt	用户中断执行（通常是按 Ctrl+C 快捷键）时引发
ImportError	导入模块或对象失败时引发
IndentationError	缩进错误时引发

2. try-except 语句

当 Python 程序发生错误时，可以使用 try-except 语句捕获异常。try-except 语句可以识别异常类，并根据不同的异常设定不同的异常处理代码。若不使用 try-except 语句，程序将终止执行。

1）最简形式的异常处理

try-except 语句最简单的形式如下：

```
try:
    被检测的语句块
except:
    异常处理语句块
```

try-except 语句中，"被检测的语句块"是程序中原有的潜在可能发生错误的语句，为了增加程序的健壮性，可以使用 try 来检测语句块中是否有错。"异常处理语句块"是当被检测语句块抛出异常后执行的语句。这种用法中，任何类型的异常出现，都会执行 except 后的语句块。

【例 3-22】 利用 try 语句判断输入数据的类型。

```
import sys
x=input(' 请输入一个整数：')
try:
    y=int(x)
except:
    print(' 输入的内容无法转换为整数！ ')
    sys.exit(0)
print(y)
```

测试一的结果：

```
请输入一个整数：34✓
34
```

测试二的结果：

```
请输入一个整数：abc✓
输入的内容无法转换为整数！
```

2）分类的异常处理

当被检测语句潜在的错误不止一种，且不同的错误需分类处理时，就要在 try-except 语句中使用多个 except 子句，还可以增加一个 else 子句。其格式如下：

```
try:
    被检测的语句块
except 异常类型 1[ as 错误描述 1]:
    异常处理语句块 1
except 异常类型 2[ as 错误描述 2]:
    异常处理语句块 2
except（异常类型 3,异常类型 4,…）[ as 错误描述 3]:
    异常处理语句块 3
…
except:
    异常处理语句块 n
else:
    语句块
```

此结构的 try-except 语句中，异常类型是 Python 异常类的类名，当与 except 后罗列的异常类名匹配成功时，执行相应的异常处理语句块。元组（异常类型 3,异常类型 4,…）表示只要出现的是元组中的某个异常，即执行其后的异常处理语句块 3。最后一个无参数项的 except 是异常与之前所罗列的异常类型都不匹配时，执行异常处理语句块 n。当无异常发生时，则执行 else 子句后的语句块。"错误描述"一般设为某个变量，异常匹配成功后，变量会被赋予系统返回的错误提示信息。

【例 3-23】 对除法运算的分类异常处理。

```
#1    a=12
#2    # b=0                                    # 会引发第一个 except 子句
#3    # b='abc'                                # 会引发第二个 except 子句
#4    # b=2                                    # 会引发 else 子句
#5    try:
#6        c=a/b
#7    except(NameError,ZeroDivisionError) as e:
#8        print(111,e)
#9    except:
#10       print(22)
#11   else:
#12       print(3)
```

运行程序，结果如下：

```
111 name 'b' is not defined
```

因 #2~#4 行都是注释语句，故 b 变量未被定义即出现在了 #6 行的除法表达式中，因此抛出 NameError 的异常，与 #7 行的 except 子句匹配成功，将显示 111 和变量 e 的值。变量 e 的值是与异常对应的错误提示信息，即系统将错误提示信息的内容存入变量 e 中供编程者使用。

若将例 3-23 中的 #2 行改为：

```
b=0                                            # 会引发第一个 except 子句
```

则程序的运行结果为：

```
111 division by zero
```

此时因变量 b 的值为 0，发生了除数为 0 的错误，即引发异常类 ZeroDivisionError，仍然是与 #7 行的 except 子句匹配成功，显示 111 和变量 e 的值。

若将例 3-23 中的 #3 行改为：

```
b='abc'                                        # 会引发第二个 except 子句
```

则程序的运行结果为：

```
22
```

此时因变量 b 的值为字符串 'abc'，字符串无法进行除法运算，系统抛出的异常既非 NameError 也非 ZeroDivisionError，故与 #9 行的 except 子句匹配，执行 #10 行的语句，显示 22。

若将例 3-23 中的 #4 行改为：

```
    b=2                                                    # 会引发 else 子句
```

则程序的运行结果为：

```
    3
```

此时，变量 b 的值为整数 2，#6 行的 c=a/b 语句能够正确执行，无异常抛出，则触发 try-except 语句的 else 子句，即执行 #12 行的语句，显示 3。

3）finally 子句

带 finally 子句的 try 语句格式：

```
try:
    被检测的语句块
finally:
    语句块
```

try-finally 语句中，无论被检测的语句块是否发生异常都将执行 finally 后的语句块。

【例 3-24】 修改例 3-23，增加 finally 子句。

```
#1    a=12
#2    # 确实 b 的赋值语句
#3    # b=0                                     # 会引发第一个 except 子句
#4    # b='abc'                                 # 会引发第一个 except 子句
#5    # b=2                                     # 会引发第二个 except 子句
#6    try:                                      # 会引发 else 子句
#7        c=a/b
#8    except (NameError,ZeroDivisionError) as e:
#9        print(111,e)
#10   except:
#11       print(22)
#12   else:
#13       print(3)
#14   finally:
#15       print("I'm here forever!")
```

本例中，无论是否修改 #2~#5 行中的任意一行，都会在原有的输出结果后增加一行显示内容。例如，将 #4 行修改为：

```
    b='abc'                                     # 会引发第二个 except 子句
```

程序的运行结果如下：

```
    22
    I'm here forever!
```

3. 主动引发异常

前面提及的异常都是自动引发的，Python 也可以使用 raise 语句主动引发异常，一旦执行了 raise 语句，程序就会终止执行并报错。raise 语句的格式：

```
raise 异常类型 [( 提示信息 )]
```

例如：

```
#1  >>> raise Exception('bad test!')
#2  Traceback (most recent call last):
#3    File "<pyshell#3>",line 1,in <module>
#4      raise Exception('bad test!')
#5  Exception:bad test!
```

上述代码与普通的程序出错提示是类似的，但与自动生成的异常不同的是，#5 行中 Exception 的异常类名是由 #1 行中的 raise 语句指定的，而 #5 行中的 bad test! 是由 #1 行中的 raise 语句括号中的内容指定的。

raise 主动引发的异常也可以被 try-except 语句捕获并处理。

3.5.3　调试工具 debugger

调试是排查程序中到底出现了什么问题，这是编程中非常重要的一环。最简单的调试方法是在代码中添加 print 语句，通过输出中间过程涉及的各个变量值，进行分析与反推，从而找到错误点。这种方式虽然可以找到并解决问题，但是随后需要删除多余的 print 语句。更高效的方式是利用调试工具来排查错误。

Python 提供了一个调试工具 debugger，另外也有一些第三方调试工具，这些调试工具都大同小异，熟悉了其中一种，其他的也就无师自通了。

要在 IDLE 中调试一个程序，可以先选择 IDLE 中 Run 菜单下的 Python Shell 命令，打开 IDLE Shell 窗口，在其 Debug 菜单中选择 Debugger 菜单项，打开 Debug Control 窗口，如图 3-5 所示。同时 IDLE Shell 窗口中会输出 [DEBUG ON]，表示已经启动了 IDLE 的交互式调试器，用户可以在 Debug Control 窗口查看局部变量和全局变量的值等相关内容。

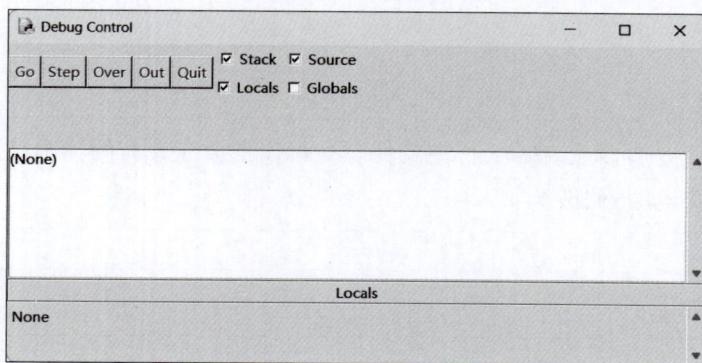

图 3-5　Debug Control 窗口

注意：请务必勾选图 3-5 中的 Source 复选框，这样代码窗口中待执行的代码行将以灰色底纹标记，方便用户了解当前执行的代码所在位置。勾选 Locals 和 Globals 复选框将在窗口下方区域中分别显示局部和全局变量的值。

未运行程序时，Debug Control 窗口中调试工具栏上的按钮都是灰色不可用状态。当从 IDLE 的 Run 菜单中选择 Run Module 命令或按 F5 快捷键后，调试工具按钮就转为可用状态。各个按钮的作用如表 3-2 所示。

表 3-2　Debug Control 窗口中的调试按钮

按　　钮	功　　能
Go	执行至断点处
Step	单步执行（进入要执行的函数内部）
Over	单步执行（不进入调用的函数）
Out	跳出所在函数
Quit	结束调试

调试的常见操作有添加断点和执行代码。

（1）添加断点。所谓断点就是调试程序时需要停顿的位置，一般在函数的入口、参数有变化的行上添加。右击要添加断点的行，选择 Set Breakpoint 快捷菜单，添加了断点的行会以黄色底纹标记。删除断点则只要在快捷菜单中选择 Clear Breakpoint 菜单项即可。

（2）执行代码。根据需要分别采用 Go、Step、Over 方式执行代码。通常对于不可能出错的代码，使用 Go 快速执行到下一个断点处。对于不确定的代码，需要单步执行，并同时观察 Locals 或 Globals 中的各个变量变化情况，如图 3-6 所示。一般来说如果执行的代码要调用系统函数，则建议使用 Over 方式；如果调用的是自定义函数，则建议使用 Step 方式。

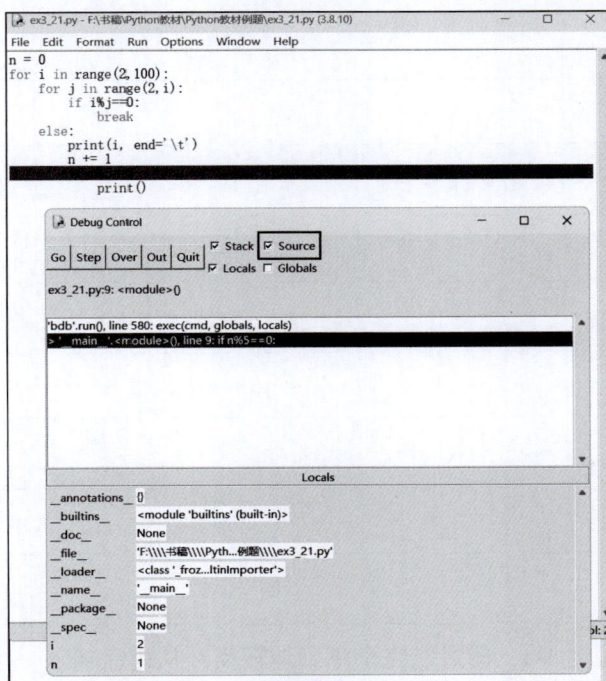

图 3-6　执行代码过程中的变量

如果执行时需要跳出函数，可以单击 Debug Control 窗口的 Out 按钮。全部代码执行完后，调试工具栏上的按钮重新变为不可用状态。程序修改正确后可以关闭 Debug Control 窗口，此时 IDLE Shell 窗口将显示 [DEBUG OFF]，表示已经结束调试。巧用调试工具，可以帮助用户找出程序中的逻辑错误。

3.6 应用举例

【例 3-25】 编写程序,输入一个百分制的成绩,要求根据不同分数输出成绩等级 A、B、C、D、E。[90，100] 为 A，[80，90) 为 B，[70，80) 为 C，[60，70) 为 D，[0，60) 为 E。

程序代码如下：

```
s=eval(input('Please input score='))
if s > 100 or s< 0:
    print('Input Error!')
else:
    if s>=90:
        g='A'
    elif s>=80:
        g='B'
    elif s>=70:
        g='C'
    elif s>=60:
        g='D'
    else:
        g='E'
    print('Grade is',g)
```

测试一的结果：

```
Please input score=-1
Input Error!
```

测试二的结果：

```
Please input score=200
Input Error!
```

测试三的结果：

```
Please input score=40
Grade is E
```

测试四的结果：

```
Please input score=83
Grade is B
```

【例 3-26】 改写例 3-4,使之能完全正确地转换。从键盘输入一个三位整数,将该整数转换为英文表达。例如，输入 392，输出 three hundred and ninety-two。

程序代码如下：

```
eng1=['','one','two','three','four','five','six','seven','eight','nine']
eng2=['','ten','twenty','thirty','forty','fifty','sixty','seventy','eighty','ninety']
eng3=['ten','eleven','twelve','thirteen','fourteen','fifteen','sixteen','seventeen','eighteen','nineteen']
x=input('请输入一个三位整数：')
if len(x) !=3:
    print('Input Error!')
else:
    a,b,c=map(int,x)
    s=''                               # 结果字符串初始为空
    # 直接转换百位，百位不会为 0
    s=eng1[a]+'hundred'
    if b !=0 or c !=0:                 # 不是整百的数字
        s+='and'
        if b==0:                       # 十位数为 0 的数字
            s+=eng1[c]
        elif b==1:                     # 十位数为 1 的数字
            s+=eng3[c]
        else:
            s+=eng2[b]
            if c!=0:                   # 个位数为非 0 的数字
                s+='-'+eng1[c]
    print(s)
```

测试一的结果：

```
请输入一个三位整数：392↙
three hundred and ninety-two
```

测试二的结果：

```
请输入一个三位整数：512↙
five hundred and twelve
```

【例 3-27】 采用欧几里得算法编写求两个自然数的最大公约数的程序。

欧几里得算法又叫辗转相除法，求最大公约数的原理如下：假设用 $gcd(m,n)$ 表示 m 和 n 的最大公约数，则 $gcd(m,n)$ 必定等于 $gcd(n,m\%n)$。因为 $m\%n$ 的结果必定小于 n，则求最大公约数的等价数对 $(n,m\%n)$ 会越来越小，直到 $m\%n$ 的结果为 0。这意味着 n 就是最初两个数的最大公约数。例如：

$$gcd(14,35) \rightarrow gcd(35,14) \rightarrow gcd(14,7) \rightarrow gcd(7,0)$$

$$\uparrow \qquad\qquad \uparrow \qquad\qquad \uparrow$$

$$14\%35 \qquad 35\%14 \qquad 14\%7$$

程序代码如下：

```
m,n=eval(input("请输入一对整数m,n:"))
```

```
while n:
    m,n=n,m%n
print(m)
```

测试一的结果：

```
请输入一对整数 m,n:14,35✓
7
```

测试二的结果：

```
请输入一对整数 m,n:32,15✓
1
```

【例 3-28】 猜数游戏。随机生成 20 以内的整数，用户输入整数并猜测该数，程序提示输入数是偏大、偏小，还是正确。

解题思路：本题要用到随机生成数，需要先导入模块 random，并利用其中的 randint( ) 函数生成指定范围的随机整数。

程序代码如下：

```
import random
goal=random.randint(1,20)
x=int(input(' 你猜：'))
n=1
while x !=goal:
    n +=1
    if x > goal:
        x=int(input(' 偏大! 再猜：'))
    elif x < goal:
        x=int(input(' 偏小! 再猜：'))
print(' 恭喜你，猜对了! 共猜了 {} 次 '.format(n))
```

程序的一次运行结果如下：

```
你猜:10✓
偏大! 再猜:5✓
偏小! 再猜:8✓
偏小! 再猜:9✓
恭喜你，猜对了! 共猜了 4 次
```

【例 3-29】 A、B、C、D 四支球队比赛，产生第 1~4 名。球迷甲预测：A 队第一，B 队第三；乙预测：B 队第三,C 队第二；丙预测：C 队第三,A 队第二；丁预测：D 队第三,C 队第一。最后结果是每人都对了一半。求比赛结果。

解题思路：在不考虑并列名次的情况下，四支球队的名次之和一定是 1+2+3+4，即总和为 10。如果用循环变量 a、b、c、d 分别代表四支球队的名次，那么 a、b、c 可以在 1~4 中遍历测试，而 d 则一定等于 $10-a-b-c$。球迷的猜测只对了一半，说明两个预测只能是一真一假，这可以用异或运算进行判断。

程序代码如下：

```
for a in range(1,5):
    for b in range(1,5):
        for c in range(1,5):
            if a!=b and b!=c and c!=a:          # 确保球队名次各不相同
                d=10-a-b-c
                if (a==1)^(b==3):               # 甲的预测
                    if (b==3)^(c==2):           # 乙的预测
                        if (c==3)^(a==2):       # 丙的预测
                            if (d==3)^(c==1):   # 丁的预测
                                print('A:{}\nB:{}\nC:{}\nD:{}'. \
                                format(a,b,c,d))
```

程序的运行结果如下：

```
A:2
B:3
C:1
D:4
```

3.7　习题

1. Python 有哪些循环控制语句？简述各自的执行过程。

2. 简述 break 语句和 continue 语句的作用。

3. 程序出错包括哪几种情况？简述各自的特点。

4. 什么是异常和异常捕获？如何进行异常捕获？

5. 已知 x=3，y=4，z=5，求下列表达式的值。

（1）(x+y)+z−1 and y+z / 2

（2）not (x+y)+z−1 and y+z / 2

（3）x < y and y−1

6. 已知 x=21，y=4，z=8，c='A'，d='H'，求下列表达式的值。

（1）x+y >=z

（2）y ==x−2*z−1

（3）6*x !=x

（4）c > d

（5）2*c > d

7. 已知 x=11，y=6，z=1，c='k'，d='y'，求下列表达式的值。

（1）x > 9 and y !=3

（2）x ==5 or y !=3

（3）not (x > 14)

（4）not (x > 9 and y !=23)

（5）x <=1 and y ==6 or z < 4

（6）'a' <=c <'z'

（7）c >='A' and c <='Z'

（8）c !=d and c != '\n'

（9）5 and y !=8 or 0

（10）y !=8 and 5 or 0

8. 编写程序，实现从键盘输入学生的平时成绩、期中成绩、期末成绩，计算学生的学期总成绩。学生的学期总成绩 = 平时成绩 *15%+ 期中成绩 *25%+ 期末成绩 *60%，保留小数点后 1 位小数。运行结果如下（第 1 行为输入，第 2 行为输出）。

测试：

```
平时成绩，期中成绩，期末成绩 :92,80,95↙
90.8
```

9. 编写程序，从键盘输入一个三位整数，计算该数的逆序数。运行结果如下（第 1 行为输入，第 2 行为输出）。

测试：

```
请输入三位整数 :392↙
293
```

10. 编写程序，判断输入的正整数是否为平方数。例如，144 是平方数，因为 144=12^2，123 则不是平方数。运行结果如下（第 1 行为输入，第 2 行为输出）。

测试一：

```
请输入正整数 :144↙
YES
```

测试二：

```
请输入正整数 :123↙
NO
```

11. 对于一元二次方程 $ax^2+bx+c=0$，输入其三个系数 a、b、c，输出方程的根。注：Python 支持复数类型。运行结果如下（第 1 行为输入，第 2 行为输出）。

测试一：

```
a,b,c:0,0,0↙
任意值
```

测试二：

```
a,b,c:0,0,2↙
无解
```

测试三：

```
a,b,c:0,3,7↙
x=2.3333333333333335
```

测试四：

```
a,b,c:0,3,7↙
x=2.3333333333333335
```

测试五：

```
a,b,c:1,2,3↙
x1=(-0.9999999999999999+1.4142135623730951j),x2=(-1-
1.4142135623730951j)
```

测试六：

```
a,b,c:2,6,3↙
x1=-0.6339745962155614,x2=-2.3660254037844384
```

12. 编写程序，接收用户输入的年份和月份，输出该月天数。要求使用 if 语句实现。运行结果如下（第 1 行为输入，第 2 行为输出）。

测试一：

```
请输入年 – 月 :2008-2↙
29
```

13. 输入三角形的三条边 a，b，c，编程判断是否能构成三角形。若可以构成三角形，则求出三角形面积并判断三角形类型（等边三角形、等腰三角形、一般三角形）。运行结果如下（第 1 行为输入，第 2 行为输出）。

测试一：

```
a,b,c:1,1,1↙
等边三角形
```

测试二：

```
a,b,c:1,2,3↙
不是三角形
```

测试三：

```
a,b,c:2,3,4↙
一般三角形
```

测试四：

```
a,b,c:2,3,3↙
等腰三角形
```

14. 假设 abcd 是一个四位整数，将它分成两段，即 ab 和 cd，使之相加求和后再平方后的值等于原数 abcd。编写程序，找出满足该关系的所有 4 位整数。运行结果如下（数据项之间的分隔符是一个空格）。

```
2025 3025 9801
```

15. 一个球从某个高度 h 米处落下，每次落地反弹回原来高度的一半，再落下。编写程序，输入球的初始高度，求第 10 次落地时，共经过了多少米，第 10 次反弹高度是多少米。要求保留小数点后 4 位。运行结果如下（第 1 行为输入，第 2 行为输出）。

```
高度:100↙
共经过299.6094米，反弹到0.0977米
```

16. 现有某路口连续 1 小时内的 60 个监测数据，每个监测数据是 1 分钟内通过路口的车辆数。假定 1 分钟内的车辆数超过（含）30 辆视为繁忙，低于 30 辆视为空闲。现编程统计，这 1 小时内该路口的空闲状态最长持续了多少分钟。注：用列表存储随机数来模拟检测数据。运行结果如下（第 1 行输出检测数据，第 2 行输出最长空闲时间）。

```
[33,38,12,21,10,13,32,4,32,23,10,7,21,38,10,35,37,1,36,9,34,10,29,29,
27,14,23,26,39,39,20,4,4,6,26,28,37,5,19,28,15,28,26,20,32,15,2,0,22,22,4,28,
28,13,30,35,35,8,16,9]
最长空闲:9
```

17. 对于任意整数 a 和 b，求 a/b 转换为小数后，小数点后第 n 位的数字是多少。编写程序，输入 a、b 和 n 后，输出第 n 位的数字。运行结果如下（第 1、2 行为输入，第 3 行为输出）。

测试：

```
a,b:9,7↙
n:3↙
5
```

18. 输出所有满足以下条件的三位整数：该数是素数，该数的个位数和十位数之和被 10 除，所得余数正好就是该数的百位数。例如，293 是素数并且（3+9）被 10 除的余数是 2，所以 293 是满足条件的三位数整数。运行结果如下（数据项之间的分隔符是一个空格）。

```
101 211 239 257 293 349 367 431 523 541 569 587 743 761 853
```

19. 编写程序，计算并输出裴波那契数列的前 n 项之和。裴波那契数列：前两项均为 1，后面每项是其前两项的和。例如，1,1,2,3,5,8,13,…运行结果如下（第 1 行为输入，第 2 行为输出）。

测试：

```
n:6↙
20
```

20. 编写程序，要求用户输入一个分数（分子、分母均为正整数），然后将其约分为

最简分式（提示：为了把分数约分为最简分式，首先计算分子和分母的最大公约数，然后分子和分母都除以最大公约数即可得到最简分式）。运行结果如下（第 1 行为输入，第 2 行为输出）。

测试一：

```
6/12↙
1/2
```

测试二：

```
12/6↙
2
```

第 4 章

组合数据类型

4.1 组合数据类型概述

4.1.1 组合数据类型的概念

在 2.2 节已详细介绍了 Python 语言中的基本数据类型。但基本数据类型仅描述了事物某一方面的特性，而事物往往具有多方面的属性，例如一个学生有学号、姓名、性别、年龄等属性。在解决一些复杂问题时，基本数据类型就显得效率不高，所以大部分的程序设计语言都支持组合数据类型。组合数据类型的本质是利用基本数据类型去组合构造出适合解决具体问题的数据类型。数据类型也和数据结构相关，数据结构是个抽象概念，是计算机存储、组织数据的方式，而数据类型是数据结构在程序中的实现。

Python 内置的组合数据类型主要是以下几种，字符串也可以看成由字符组合而成的一种特殊组合数据类型，此部分内容将在第 5 章专门介绍。

列表（list）：可修改的由任意类型数据组成的序列对象，例如，[1,2,3]。

元组（tuple）：不可修改的由任意类型数据组成的序列对象，例如，(1,2,3)。

字典（dict）：可修改的由若干"键：值"对元素组成的无序对象，例如，{'a':1, 'b':2, 'c':3}。

集合（set）：可修改的由不重复数据组成的无序对象，例如，{1,2,3}。

字符串（str）：不可修改的由 Unicode 字符组成的序列对象，例如，"Python"。

从是否可变来分，Python 的组合数据类型可以分为可变对象和不可变对象两大类。其中，列表、字典和集合属于可变对象，而元组和字符串则属于不可变对象。从是否有序来分，Python 的组合数据类型可以分为有序对象和无序对象两类。其中，列表、元组和字符串属于有序对象，而字典和集合则属于无序对象。组合数据类型的分类如图 4-1 所示。

4.1.2 相关的常用函数

在 2.7 节中介绍过的很多函数经常在组合数据类型中使用，下面用具体示例进行说明。

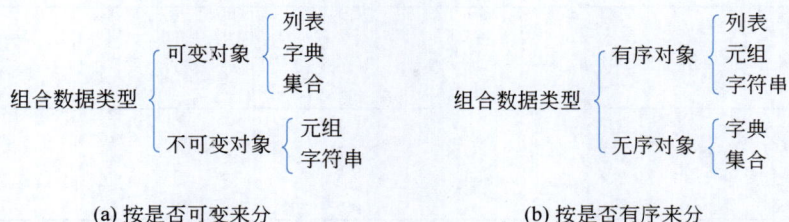

图 4-1　组合数据类型的分类

1. len( )

格式：

```
len(obj)
```

功能：返回组合数据类型 obj 中的元素个数。该函数适用于列表、元组、字典、集合和字符串、可迭代对象等。例如：

```
>>> len([1,2,3,4,5])
5
>>> len({2,3,4,3,2})                # 集合会自动去重，重复出现的 2、3 只保留一个
3
```

2. max( )、min( )

格式：

```
max(iterable)、min(iterable)
```

功能：max( ) 函数返回组合数据类型 iterable 中的最大元素，min( ) 函数返回组合数据类型 iterable 中的最小元素。iterable 可以是列表、元组、字典、集合和字符串、可迭代对象等，但要求 iterable 中的所有元素之间是可比较大小的。

对于字典，用 max( ) 和 min( ) 函数（包括后面介绍的 sum( )、sorted( )、zip( )、enumerate( ) 函数）默认是对字典的键进行计算，这点在后面介绍字典时会再次强调。

对于单个英文字符，是按字符的 ASCII 码值的大小比较。对于字符串，逐个字符比较大小，当被比较的两个字符能区分大小时，结束比较；当一直不能区分大小，且字符个数相等时，结果为相等，否则，字符个数多的字符串大，字符个数少的字符串则小。示例如下：

```
>>> max((1,2,3,4,5))                # 求元组中的最大元素值
5
>>> min({2,3,4,3,2})
2
>>> max('Python')
'y'
>>> min('Python')
'P'
>>> min(['you','your','hello'])
```

```
'hello'
>>> max(['you','your','hello'])
'your'
```

3. sum( )

格式：

```
sum(iterable)
```

功能：返回组合数据类型 iterable 中的元素之和，前提是 iterable 的元素都为数值型，非数值型元素则会出错。iterable 可以是列表、元组、字典、集合、可迭代对象等。例如：

```
>>> sum([1,2,3,4,5])
15
>>> sum({'a':1,'b':2,'c':3})              # 对字典的键操作，非数值型值求和会出错
Traceback(most recent call last):
  File "<pyshell#12>",line 1,in <module>
    sum({'a':1,'b':2,'c':3})
TypeError:unsupported operand type(s) for +:'int' and 'str'
>>> sum({'a':1,'b':2,'c':3}.values())   # 字典的 values() 方法是获取字典的值
6
```

4. sorted( )

格式：

```
sorted(iterable,key=None,reverse=False)
```

功能：返回组合数据类型 iterable 排序后的新列表，sorted 是非原地操作，即源 iterable 和结果列表是不一样的。iterable 可以是列表、元组、字典、集合、字符串、可迭代对象等。reverse 参数可以指定按升序或降序对数据元素重新排列，默认是升序，即按元素值从小到大排列，如果需要降序排序，则使用参数 reverse=True。参数 key 可以指定排序的依据，而结果列表中的每个数据仍然是 iterable 中原来的元素值。

例如：

```
>>> list4=[3,5,1,2,8,7]
>>> sorted(list4)                    # 默认升序
[1,2,3,5,7,8]
>>> list4                            # sorted() 排序并不改变原来列表内容
[3,5,1,2,8,7]
>>> sorted(list4,reverse=True)       # reverse=True 表示降序
[8,7,5,3,2,1]
>>> set4={2,3,4,3,2}
>>> sorted(set4)
[2,3,4]
>>> dict4={'a':1,'b':2,'c':3}
>>> sorted(dict4,reverse=True)
['c','b','a']
>>> str4='Python'
```

```
>>> sorted(str4)
['P','h','n','o','t','y']
>>> tuple4=('John','Alice','Edward','Leo')
>>> sorted(tuple4,reverse=True)          # 对字符串中的逐个字符比较大小
['Leo','John','Edward','Alice']
>>> sorted(tuple4,key=len)               # 按字符串的字符个数排序
['Leo','John','Alice','Edward']
>>> sorted(tuple4,key=lambda x:x[1])     # 根据每个字符串下标为 1 的字符排序
['Edward','Leo','Alice','John']
>>> list5=[23,21,345,6,98,110]
>>> sorted(list5,key=str)                # 按列表元素转换为字符串后的大小排序
[110,21,23,345,6,98]
```

5. reversed( )

格式：

```
reversed(sequence)
```

功能：返回 sequence 逆序后的迭代器 reversed 对象。sequence 可以是列表、元组和字符串等有序序列。例如：

```
>>> list5=[1,2,3,4]
>>> reversed(list5)
<list_reverseiterator object at 0x00000295250362C8>
>>> list(reversed(list5))          # 将 reversed() 函数得到的迭代器对象转换为列表
[4,3,2,1]
>>> str5='Python'
>>> list(reversed(str5))           # 逆序后的结果是多个独立的字符构成的迭代器
['n','o','h','t','y','P']
>>>''.join(reversed(str5))         # 字符串的 join() 方法将多个字符连接成字符串
'nohtyP'
```

注意：排序函数 sorted( ) 的结果一定是个列表，而逆序函数 reversed( ) 的结果是一个 reversed 对象。

6. zip( )

格式：

```
zip(组合数据类型 1,组合数据类型 2,…)
```

功能：将多个组合数据类型中对应位置的元素拉链式组合成元组，并返回 zip 对象。该函数适用于列表、元组、字典、集合和字符串、可迭代对象等。例如：

```
>>> list_a=[1,2,3]
>>> list_b=['a','b','c']
>>> list6=zip(list_a,list_b)  # zip() 函数返回的是 zip 对象，其中的元素值不直接可见
>>> list6
<zip object at ox0000000000A24AC8>
>>> list(list6)                 # 使用 list() 方法将 zip 对象转换为列表
[(1,'a'),(2,'b'),(3,'c')]
```

```
>>> list(zip((33,99,12),{231,91243,52}))          # 元组是有序的，集合是无序的
[(33,91243),(99,52),(12,231)]
>>> list(zip('hello',{9:'a',7:'b'}))
[('h',9),('e',7)]
>>> list(zip([1,2,3],[5,6]))                       #zip 后的结果个数取决于元素个数少的对象
[(1,5),(2,6)]
```

7. enumerate( )

格式：

```
enumerate(iterable,start=0)
```

功能：返回包含若干由下标和值组合成二元组的 enumerate 对象。该函数适用于列表、元组、字典、集合和字符串、可迭代对象等。例如：

```
>>> list7=[1,2,3,4,5]
>>> enumerate(list7)              # enumerate() 返回的是 enumerate 对象，不直接可见
<enumerate object at ox0000000000A29120>
>>> list(enumerate(list7))    # 使用 list() 方法将 enumerate 对象转换为列表
[(0,1),(1,2),(2,3),(3,4),(4,5)]
>>> list(enumerate('hello'))
[(0,'h'),(1,'e'),(2,'l'),(3,'l'),(4,'o')]
```

8. all( )、any( )

格式：

```
all(iterable)、any(iterable)
```

功能：all( ) 函数用来测试组合数据类型 iterable 中是否所有的元素都等价于 True，any( ) 函数用来测试组合数据类型 iterable 中是否有元素等价于 True，这两个函数都返回一个 bool 型的值。例如：

```
>>> all([1,2,3,4,5,0])                  # 元素 0 等价于 False，所以返回值为 False
False
>>> any('hello')
True
>>> all({'a':1,'b':2,'c':False})        # 默认对字典元素的键进行判断
True
```

4.1.3 切片操作

Python 的有序组合数据类型包括列表、元组和字符串。切片操作只针对有序组合数据类型，但也适用于 range 对象。切片操作分两种情况：第一种是从组合数据类型中获取部分或所有的数据，形成新的列表、元组和字符串，这种是非原地操作；第二种只适用于列表，可以实现列表元素的添加、修改、删除，这种是原地操作。

1. 有序对象元素的引用

引用有序组合数据类型对象元素的格式：

组合数据类型对象 [索引]

其中，索引是一个整数，表示所引用的元素在有序组合数据类型对象中的位置。索引从 0 开始，第 1 个元素的索引为 0，第 2 个元素的索引为 1……第 n 个元素的索引为 $n-1$，以此类推。除了正向引用外，Python 还支持反向引用元素，即最后 1 个元素的索引为 -1，倒数第 2 个元素的索引为 -2，以此类推。例如：

```
>>> list1=[1,2,3,4,5]
>>> list1[0]                    # 索引为 0 的元素是 list1 的第 1 个元素
1
>>> list1[2]                    # 索引为 2 的元素是 list1 的第 3 个元素
3
>>> list1[-3]                   # 反向引用，索引为 -3 的元素是 list1 的倒数第 3 个元素
3
>>> list1[1]=0                  # 列表是可变数据类型，可以修改列表元素的值
>>> list1
[1,0,3,4,5]
>>> tuple1=(1,2,3,4,5)
>>> tuple1[4]
5
>>> tuple1[4]=-99               # 元组是不可变数据类型，不能修改元素的值
Traceback (most recent call last):
  File "<pyshell#12>",line 1,in <module>
    tuple1[4]=-99
TypeError:'tuple' object does not support item assignment
>>> x='Python'
>>> x[2]='S'                    # 字符串是不可变数据类型，不能修改元素的值
Traceback (most recent call last):
  File "<pyshell#10>",line 1,in <module>
    x[2]='S'
TypeError:'str' object does not support item assignment
```

需要注意的是，不管是正向还是反向引用序列对象的元素，其索引都不能越界，否则将出现 "... index out of range" 的错误。例如：

```
>>> list2=[1,3,5,5,7,9]
>>> list2[6]                    # 下标越界，会抛出异常
Traceback (most recent call last):
  File "<pyshell#1>",line 2,in <module>
    list2[6]
IndexError:list index out of range
>>> list2[-7]                   # 下标越界，会抛出异常
Traceback (most recent call last):
  File "<pyshell#2>",line 2,in <module>
    list2[-7]
IndexError:list index out of range
```

2. 切片的格式

对于一个列表、元组或字符串对象 x，切片的基本形式如下。

格式一:

```
x[start:end:step]
```

格式二:

```
x[start:end]
```

其中,start 表示切片的开始位置的索引,默认为 0;end 表示切片结束(不包含)位置的索引,默认为组合数据类型的长度;step 表示切片的步长,默认为 1。

切片的写法很灵活,当 start 为 0 时可以省略不写,end 为列表长度时可以省略不写,step 为 1 时也可以省略不写。切片还可以反向切片,即从后往前截取组合数据类型的元素,此时 step 应取负整数,且 start 在 end 的右侧。

3. 利用切片获取数据

这种切片操作不属于原地操作,意味着原来的数据不会被改变,切片操作后会新产生一个数据。这种切片一般出现在赋值符号"="的右边,或作为表达式的部分或全部出现。例如:

```
>>> (1,2,3,4,5,6,7,8)[2:6]        # 正向截取,start 为 2,end 为 6,步长为 1
(3,4,5,6)
>>>'Python'[4:2:-1]               # 反向截取,步长为 -1
'oh'
>>>'hi,Soochow University!'[3:10][-2]
'o'
>>> list1=[1,2,3,4,5,6,7,8,9,10]
>>> list1[0:10:1]                 # 正向截取所有元素
[1,2,3,4,5,6,7,8,9,10]
>>> list1[0:10]                   # 正向截取所有元素,默认步长为 1
[1,2,3,4,5,6,7,8,9,10]
>>> list1[::]       # 正向截取所有元素,默认 start 为 0,end 为 len(list1),步长为 1
[1,2,3,4,5,6,7,8,9,10]
>>> list1[::2]            # 正向截取,步长为 2
[1,3,5,7,9]
>>> list1[2::2]          # 正向截取,start 为 2,步长为 2
[3,5,7,9]
>>> list1[::-1]          # 反向截取,步长为 -1
[10,9,8,7,6,5,4,3,2,1]
>>> list1[5:0:-1]        # 反向截取,start 为 5,end 为 0(不包含),步长为 -1
[6,5,4,3,2]
>>> list1[-2:4:-1]       # 反向截取,start 为 -2,end 为 4(不包含),步长为 -1
[9,8,7,6]
>>> list1[20::]          # 正向截取,start 为 20(大于列表长度,返回空列表)
[]
>>> list1[-15:5]         # 正向截取,start 为 -15(小于首元素位置 -10,从首元素截取)
[1,2,3,4,5]
>>> list1[0:20]          # 正向截取,end 为 20(大于列表长度,截取到列表尾部)
[1,2,3,4,5,6,7,8,9,10]
>>> list1                # list1 始终没发生改变
[1,2,3,4,5,6,7,8,9,10]
```

```
>>> list2=list1[::]          # 利用切片复制，为浅复制，list2 指向由切片产生的新列表
>>> list2 ==list1            # 两个列表得到值相同
True
>>> list2 is list1           # 两个列表不是同一个对象，与用 = 直接复制不同
False
>>> list2[1]=2               # 改变 list2 的元素值，不会影响 list1
>>> list2                    # list2 发生改变
[1,-99,3,4,5,6,7,8,9,10]
>>> list1                    # 以上的所有操作都没有让 list1 有任何改变
[1,2,3,4,5,6,7,8,9,10]
>>> x=range(2,20,4)[::2]     # range 对象支持切片，得到的仍是一个 range 对象
>>> x                        # 在 2,6,10,14,18 中一隔一取到 2,10,18
range(2,22,8)
>>> list(x)
[2,10,18]
```

4. 利用切片添加、修改、删除列表元素

这种切片操作仅适用于列表，它出现在赋值符号"="的左边，会让原列表发生变化，并不是产生新的列表，所以是原地操作。例如：

```
>>> list1=[1,2,3,4,5]
>>> id(list1)                       # 注意，此时列表对象 list1 在内存中的地址
1762466574600)
>>> list1[len(list1):]=[9]          # 在列表的尾部添加一个元素
>>> list1
[1,2,3,4,5,9]
>>> list1[len(list1):]=[12,10]      # 在列表的尾部添加多个元素
>>> list1
[1,2,3,4,5,9,12,10]
>>> list1[:0]=[7,8]                 # 在列表的首部添加多个元素
>>> list1
[7,8,1,2,3,4,5,9,12,10]
>>> list1[2:2]=[11]                 # 在列表的指定位置添加（插入）一个元素
>>> list1
[7,8,11,1,2,3,4,5,9,12,10]
>>> list1[:3]=[-2,-1,0]             # 使用切片替换列表中的元素，等号两边元素个数相等
>>> list1
[-2,-1,0,1,2,3,4,5,9,12,10]
>>> list1[8:]=[6,7]                 # 使用切片替换列表中的元素，等号两边元素个数不等
>>> list1
[-2,-1,0,1,2,3,4,5,6,7]
>>> id(list1)                       # 以上所有操作改变了 list1 的值，但 list1 内存地址未变
1762466574600
>>> list1[::2]=[8]*5                # 隔一个修改，切片不连续时等号两边元素个数必须相等
>>> list1
[8,-1,8,1,8,3,8,5,8,7]
>>> list1[:2]=[]                    # 删除列表中的前两个元素
>>> list1
[8,1,8,3,8,5,8,7]
```

```
>>> del list1[6:]                    # 使用 del 命令结合切片删除列表最后两个元素
>>> list1
[8,1,8,3,8,5]
>>> del list1[::2]                    # 使用 del 命令结合切片删除列表偶数下标位置的元素
```

5. 原地操作与非原地操作

区分原地操作和非原地操作的关键点是看操作前后是否只有一个组合数据。若只有一个组合数据且其值发生了变化，则为原地操作。若操作前有原数据，操作后又有一个新结果值，那就是非原地操作。原地操作不影响原来可变数据对象在内存中的起始地址，且可变数据对象中原来的元素可能会发生变化。例如：

```
>>> list1=[3,5,1,2,8,7]
>>> sorted(list1)                    # 内置函数 sorted() 是非原地操作
[1,2,3,5,7,8]
>>> list1                            # sorted() 排序并不改变原列表内容
[3,5,1,2,8,7]
>>> list2=[1,2,3,4,5]
>>> list2[2]=0                       # 原地操作，不产生新列表，list2 发生了改变
>>> list2
[1,0,3,4,5]
>>> list3=[1,2,3,4,5,6,7,8,9,10]
>>> list3[2::2]                      # 非原地操作，操作后 list3 未发生改变
[3,5,7,9]
>>> list3
[1,2,3,4,5,6,7,8,9,10]
>>> y=list3[-1:2:-3]                 # 非原地操作，操作后存在 list3 和 y 两个数据
>>> y
[10,7,4]
>>> list4=[1,2,3,4,5,6,7,8,9,10]
>>> list4[:3]=[-2,-1,0]              # 原地操作，只有 list4，且 list4 发生了改变
>>> list4
[-2,-1,0,4,5,6,7,8,9,10]
```

总结如下。

（1）针对不可变数据类型，例如元组和字符串的操作，全部都是非原地操作。

（2）针对可变数据类型，例如列表、字典和集合的操作，有些是原地操作，有些是非原地操作，需要具体情况具体分析。

（3）适用于组合数据类型的内置函数都是非原地操作。

4.2 列表

列表是一种最具灵活性的有序组合数据类型，可以随时添加和删除其中的元素。

4.2.1 列表的基本操作

1. 创建

创建一个列表，只要把逗号分隔的不同数据项使用方括号括起来即可，也可以直接使

用 "=" 创建一个列表并赋值给其他变量。格式：

```
列表名 = [元素 1, 元素 2, …, 元素 n]
```

例如：

```
>>> list1=[]                                # 创建空列表
>>> list2=[1,2,3,4,5]
>>> list3=["a","b","c"]
```

也可以调用无参的 list( ) 函数，返回一个空列表，或调用有参的 list( ) 函数，将其他组合类型转换为列表。例如：

```
>>> list4=list()
>>> list4
[ ]
>>> list5=list({'a':1,'b':2})               # 默认对字典元素的键操作
>>> list5
['a','b']
>>> list6=list('Python')                    # 整个字符串 'Python' 被转换为 6 个字符
>>> list6
['P','y','t','h','o','n']
```

2. 列表元素的引用

列表作为有序的组合数据类型，对列表元素的引用参考 4.1.3 节中的介绍。列表中的元素数据类型没有严格的限制，可以各不相同，甚至可以是另一个列表，即嵌套列表。例如：

```
>>> list7=[1,'abcdef',3.5,["hello",(9,8,7,6,5)]]
>>> list7[3][0]
'hello'
>>> list7[1][2]
'c'
>>> list7[3][1][4]
5
```

3. 列表元素遍历

解决一些问题时，经常需要遍历列表的元素。列表的遍历通常是和循环结合起来使用，一般有如下两种写法。

第一种写法是使用 in 运算符，无须知道列表的长度。例如：

```
>>> list8=[1,2,3,4,5,6,7,8]
>>> for i in list8:
        if i%2 == 1:
            print(i,end='')
1 3 5 7
```

第二种写法是使用 len( ) 函数确定列表长度，再使用下标进行遍历。例如：

```
>>> for i in range(len(list8)):
        if i%2==0:
```

```
                    print(list8[i],end='')
1 3 5 7
```

4. 删除

当列表元素或整个列表不用时，可以使用 **del** 命令将其删除。格式：

```
del 列表名
del 列表 [ 下标 ]
```

例如：

```
>>> list1=[1,2,3,4,5]
>>> del list1[2]
>>> list1
[1,2,4,5]
>>> del list1                           # 删除列表 list1
>>> list1                               # list1 已被删除，访问时会抛出异常
Traceback(most recent call last):
  File "<pyshell#6>",line 1,in <module>
    list1
NameError: name 'list1' is not defined
```

5. 适用列表的运算符

可用于列表操作的运算符有 +、+=、*、*=、in、<、<=、>、>=、== 及 !=。

1）+、+=

+ 和 += 用于列表的连接（增加元素），可实现列表元素的增加。需要注意的是，+ 运算不属于原地操作，而是返回一个新列表，效率比较低，而 += 运算则属于原地操作，与 append( ) 方法（后面将介绍该方法）一样高效。例如：

```
>>> list1=[1,2]
>>> id(list1)                           # 列表对象 list1 在内存中的地址
17948232
>>> list1=list1+[3,4]                   # 连接两个列表，返回新列表，属于非原地操作
>>> list1
[1,2,3,4]
>>> id(list1)                           # 观察 list1 的内存地址，与前一次已不同
17974728
>>> list1 +=[5,6]                       # 增加元素，原地操作
>>> list1
[1,2,3,4,5,6]
>>> id(list1)                           # 再次观察 list1 的内存地址，没有发生变化
17974728
```

2）*、*=

* 和 *= 用于列表和整数相乘，表示列表的重复。与 + 和 += 类似，* 运算不属于原地操作，返回新列表，而 *= 属于原地操作。例如：

```
>>> list2=[1,2,3]
>>> id(list2)                           # 列表对象 list2 在内存中的地址
10608200
>>> list2=list2*2                       # 元素重复两次，返回新列表
>>> list2
[1,2,3,1,2,3]
>>> id(list2)                           # 观察 list2 的内存地址，与前一次已不同
10634568
>>> list2 *=2                           # 元素重复，原地操作
>>> list2
[1,2,3,1,2,3,1,2,3,1,2,3]
>>> id(list2)                           # 再次观察 list2 的内存地址，没有发生变化
10634568
```

3）in

成员测试运算符 in 可用于测试列表中是否包含某个元素，运算结果为 bool 型。例如：

```
>>> list3=[1,2,3,4,5]
>>> 2 in list3
True
>>> 2 not in list3
False
```

4）<、<=、>、>=、==、!=

关系运算符 <、<=、>、>=、== 及 != 可用于比较两个列表的大小。两个有序组合数据类型比较大小的规则：从 0 下标开始，逐个元素比较大小，若当前元素能比较出大小关系则结束比较；若当前元素大小一直相等，则元素个数相等的结果是相等，若元素个数不等，则元素个数多的大，元素个数少的小。例如：

```
>>> list1=[1,2]
>>> list2=[1,2]
>>> list3=[1,2,3]
>>> list4=[3,2,1]
>>> list1 < list2
False
>>> list1 >=list2                       # list1 与 list2 相等
True
>>> list1 ==list2
True
>>> list3 !=list4                       # 列表是有序的，故 list3 与 list4 不相等
True
>>> list3 >=list4                       # list3[0] < list4[0]
False
>>> list4 > list3
True
>>> list2 > list3                       # 前两个元素值相等，则元素个数多的大
False
```

4.2.2 列表的方法

Python 序列的有些方法是通用的，但是不同的序列也会有一些特有的方法。列表对象的常用方法如表 4-1 所示。

表 4-1 列表对象的常用方法

方　　法	功　能　说　明
list.append(obj)	在列表末尾添加新的元素 obj
list.count(obj)	统计某个元素 obj 在列表中出现的次数
list.extend(L)	将序列 L 中所有的元素添加到列表尾部（用其他序列数据中的数据扩展原来的列表）
list.index(obj,[start,stop])	返回列表中索引范围 start 到 stop（不含）的第一个值为 obj 的元素的下标，如果不存在此元素，则抛出异常。start 默认值是 0，stop 的默认值因 Python 版本不同而不同
list.insert(index,obj)	将 obj 插入列表指定位置 index 处
list.pop(index=−1)	删除列表中的指定位置的元素（默认位置为 −1，即最后一个元素），并返回该元素的值
list.remove(obj)	删除列表的第一个值为 obj 的元素，如果列表中不存在 obj，则抛出异常
list.reverse( )	对原列表进行逆序排列
list.sort(key=None, reverse=False)	对原列表进行排序
list.clear( )	清空列表所有元素，但列表对象保留
list.copy( )	复制并返回一个新列表

下面用例子详细介绍这些方法的用法。

1. 添加元素：append( )、insert( )、extend( )

在 4.2.1 节中介绍了使用 + 和 += 对列表添加元素，除此之外，列表的 append( )、insert( ) 和 extend( ) 三个方法也可以实现对列表添加元素，这三个方法都属于原地操作。例如：

```
>>> list1=[2,3]
>>> id(list1)              # 查看 list1 的内存地址
10635848
>>> list1.append(4)        # 在 list1 尾部追加一个元素 4
>>> list1
[2,3,4]
>>> list1.insert(0,1)      # 在 list1 索引为 0 处插入元素 1，且位置 0 后的元素后移
>>> list1
[1,2,3,4]
>>> list1.insert(8,5)      # 索引 8 大于列表长度，则在列表尾部插入元素 5
>>> list1
[1,2,3,4,5]
>>> list1.insert(-8,-1)    # 索引 -8 小于反向列表长度，则在列表头部插入元素 -1
>>> list1
[-1,1,2,3,4,5]
```

```
>>> list1.extend([6,7,8])          # 在列表尾部追加另一个列表的所有元素
>>> list1
[-1,1,2,3,4,5,6,7,8]
>>> list1.extend({22,33})          # 在列表尾部追加无序的集合的所有元素
>>> list1
[-1,1,2,3,4,5,6,7,8,33,22]
>>> id(list1)                      # 查看 list1 的内存地址，未发生变化
10635848
```

2. 删除元素：pop( )、remove( )、clear( )

pop( )、remove( )、clear( ) 这三个方法都可以实现对列表元素的删除，属于原地操作。另外，在 4.2.1 节介绍的 del 命令也可以用来删除列表指定位置的元素，同样属于原地操作。例如：

```
>>> list2=[1,2,3,4,5,6]
>>> list2.pop()                    # 默认弹出并返回 list2 的尾部元素 6
6
>>> list2
[1,2,3,4,5]
>>> list2.pop(2)                   # 弹出并返回索引为 2 的元素
3
>>> list2
[1,2,4,5]
>>> list2.pop(5)                   # 指定位置不合法或是空列表，会抛出异常
Traceback(most recent call last):
  File "<pyshell#3>",line 1,in <module>
    list2.pop(5)
IndexError:pop index out of range
>>> list2.extend([4,5])            # 在列表 list2 后添加多个元素
>>> list2
[1,2,4,5,4,5]
>>> list2.remove(4)                # 删除 list2 中首个值为 4 的元素
>>> list2                          # 第 2 个 4 还在列表中
[1,2,5,4,5]
>>>del list2[2]                    # 删除索引为 2 的元素
>>> list2
[1,2,4,5]
>>> list2.clear()                  # 删除 list2 中所有元素，list2 变为空列表
>>> list2
[]
```

3. 元素位置：index( )

列表方法 index( ) 用于返回指定元素在列表中首次出现的索引，如果列表中没有该元素，则会抛出异常。例如：

```
>>> list3=[1,2,3,2,1]
>>> list3.index(2)         # 元素 2 在 list3 中首次出现的位置
1
```

99

```
>>> list3.index(1,2)          # 元素 1 在 list3 中的索引 2 之后首次出现的位置
4
>>> list3.index(4)            # list3 中没有元素 4，抛出异常
Traceback(most recent call last):
  File "<pyshell#4>",line 1,in <module>
    list3.index(4)
ValueError:4 is not in list
>>> list3.index(1,2,4)        # 元素 1 在 list3 索引 2~4（不含 4）中首次出现的位置
Traceback(most recent call last):
  File "<pyshell#46>",line 1,in <module>
list3.index(1,2,4)
ValueError:1 is not in list
>>> list3.index(1,2,5)
4
```

4. 元素统计：count( )

列表方法 count( ) 用于统计并返回列表中某元素出现的次数。例如：

```
>>> list4=[1,2,3,3,2,4,2]
>>> list4.count(2)      # 元素 2 在 list4 中出现的次数
3
>>> list4.count(6)      # 在 list4 中没有元素 6，返回 0
0
```

5. 元素逆序：reverse( )

列表方法 reverse( ) 可实现对列表元素逆序，也属于原地操作。例如：

```
>>> list5=[1,2,3,4,5,6,7,-2,0,9]
>>> list5.reverse()     # 将 list5 中元素逆序（翻转）
>>> list5
[9,0,-2,7,6,5,4,3,2,1]
```

6. 元素排序：sort( )

列表方法 sort( ) 可实现对列表元素排序，属于原地操作。该方法默认将所有元素的值从小到大排序。与 sorted( ) 函数的参数类似，参数 key 用来指定排序规则，参数 reverse 用来指定按升序或降序排序，reverse 默认值是 False，表示升序，如果指定为 True 则表示降序。例如：

```
>>> list6=[10,4,2,6,1,7,3,9,8,5]
>>> list6.sort()                        # 默认按元素的值进行升序排序
>>> list6
[1,2,3,4,5,6,7,8,9,10]
>>> list6=[10,4,2,6,1,7,3,9,8,5]
>>> list6.sort(reverse=True)            # reverse=True，表示降序排序
>>> list6
[10,9,8,7,6,5,4,3,2,1]
>>> list6=[23,21,345,6,98,110]
>>> list6.sort(key=str,reverse=True)  # 按列表元素转换为字符串后的大小降序排序
>>> list6
[98,6,345,23,21,110]
```

7. 列表复制：copy( )

列表方法 copy( ) 可复制并返回一个新列表，即实现列表的浅复制。所谓浅复制，是指生成一个新的列表并把原列表中所有元素的引用都复制到新的列表中。例如：

```
>>> x=[1,2,3,4,5]
>>> list7=x.copy()              # 复制列表到 list7
>>> list7
[1,2,3,4,5]
>>> x[0]=10                     # 改变元素 x[0] 的值，不影响 list7
>>> x
[10,2,3,4,5]
>>> list7
[1,2,3,4,5]
```

使用赋值运算符 = 来处理的列表操作与 copy( ) 方法不同，它不是复制，而是两个变量都指向同一个列表对象，是共享同一个列表，修改其中任何一个就会立刻在另一个变量中得到体现。例如：

```
>>> x=[1,2,3,4,5]
>>> list7=x                     # 赋值运算，x 和 list7 指向同一个列表
>>> x[0]=10                     # x 发生改变，list7 也立刻发生改变
>>> x
[10,2,3,4,5]
>>> list7
[10,2,3,4,5]
>>> list7[2]=30                 # list7 发生改变，x 也立刻发生改变
>>> list7
[10,2,30,4,5]
>>> x
[10,2,30,4,5]
>>> id(x),id(list7)             # 两个变量指向同一个内存地址中的列表
(2022035605576,2022035605576)
```

4.3 元组

元组和列表十分相似，也是有序组合数据类型，但元组是不可变的，也就是说，不能对元组对象进行添加、删除或修改操作。虽然列表使用灵活，功能强大，但是由于列表在进行插入、删除等操作时，其插入或删除位置之后的元素在列表中的索引也会发生变化，且列表还要具有内存的自动收缩和扩展功能，因此列表的操作效率较低。元组实际上可以看成将列表的许多效率低下的功能去掉或简化，可以认为是一个轻量级的列表。

4.3.1 元组的基本操作

1. 创建

在形式上，元组的所有元素放在一对圆括号中，元素之间使用逗号分隔。定界符圆括

号是可以省略的。元组的创建格式如下。

格式1：

元组名 = (元素 1, 元素 2, … , 元素 n)

格式2：

元组名 = 元素 1, 元素 2, … , 元素 n

例如：

```
>>> tuple1=(1,2,3,4)                  # 直接把元组赋值给变量 tuple1
>>> tuple2=1,2,3,[4,5]
>>> tuple2
(1,2,3,[4,5])
>>> type(tuple2)
<class'tuple'>
```

如果元组中只包含一个元素，则必须在元素后面添加逗号，否则括号会被当作改变运算优先级的 ( ) 运算符。例如：

```
>>> tuple1=(1,)                       # 元组中只包含一个元素时，后面要加逗号
>>> tuple1
(1,)
>>> tuple2=(1)                        # 不加逗号， ( ) 是改变优先级的运算符
>>> tuple2
1
>>> type(tuple2)                      # tuple1 被认为是整数
<class'int'>
```

也可以调用无参的 tuple( ) 函数，返回一个空元组，或调用有参的 tuple( ) 函数，将其他组合类型转换为元组。例如：

```
>>> tuple1=tuple()
>>> tuple1
()
>>> tuple2=tuple({2,3,3,4})           # 集合是会自动去重的，重复出现的 3 只保留一个
>>> tuple2
(2,3,4)
```

2. 元组元素的引用与遍历

元组使用索引访问特定位置的元素，格式：

元组名 [下标]

例如：

```
>>> tuple1=(1,2,3,4)
>>> tuple1[0]
1
```

元组也支持双向索引，例如：

```
>>> tuple1[-1]
4
```

元组属于不可变序列，不可以修改、添加、删除元素，例如：

```
>>>tuple1[0]=10
Traceback(most recent call last):
  File "<pyshell#123>",line 1,in <module>
     tuple1[0]=10
TypeError:'tuple' object does not support item assignment
```

在 4.2.1 节中介绍的遍历列表元素的方法，均可应用于元组，这里不再详细举例说明。

3. 删除

当不再使用元组时，可以使用 del 命令将其删除，格式：

```
del 元组名
```

例如：

```
>>> tuple1=(1,2,3,4)
>>> del tuple1              # 删除元组 tuple1
>>> tuple1                  # tuple1 已被删除，访问时会抛出异常
Traceback(most recent call last):
  File "<pyshell#3>",line 1,in <module>
     tuple1
NameError:name 'tuple1' is not defined
```

元组属于不可变序列，不可以使用 del 命令删除单个元素。例如：

```
>>> tuple1=(1,2,3,4)
>>> del tuple1[2]
Traceback(most recent call last):
  File "<pyshell#19>",line 1,in <module>
     del tuple1[2]
TypeError:'tuple' object doesn't support item deletion
```

4. 适用元组的运算符

在 4.2.1 节中介绍的可用于列表的运算符，例如 +、+=、*、*=、in、<、<=、>、>=、==、!=，均可应用于元组，具体使用方法和列表类似，可参考 4.2.1 节的内容，这里不再详细举例说明。需要注意的一点是，元组是不可变数据类型，所有的运算符操作都属于非原地操作。

5. 元组的方法

在 4.2.1 节中介绍的列表的常用方法中，大部分都不能应用于元组，只有 count( ) 和 index( ) 可用于元组对象，其用法和列表类似，可参考 4.2.1 节的相关内容。

4.3.2　元组与列表的异同点

元组和列表的相同之处是两者都属于有序的序列对象，都支持使用双向索引访问其中

的元素。其不同之处则在于：

（1）列表的创建使用方括号，而元组使用圆括号，并且当声明只有一个元素的元组时，需要在这个元素的后面添加英文逗号。

（2）列表属于可变序列，而元组属于不可变序列。因此，元组没有 append( )、extend( )、insert( )、pop( )、remove( )、sort( )、reverse( )、clear( ) 和 copy( ) 方法，同时，元组也不支持对元素进行 del 操作，不能从元组中删除元素，只能使用 del 删除整个元组。

（3）元组也支持切片操作，但只能通过切片来访问元组中的元素，不能使用切片改变元组中的元素值。

（4）Python 的内部实现对元组做了大量优化，访问速度比列表快。

4.4 字典

字典是包含若干键值对（key:value）元素的无序且可变的组合数据类型。键（key）与值（value）之间存在一种映射或对应关系，通过键可以找到其映射的值。例如，在搜索字典时，首先查找键，当键找到后就可以直接获取该键对应的值了，效率很高。

4.4.1 字典的基本操作

1. 创建

字典的创建方法很多。创建一个字典，只要把逗号（,）分隔的不同的键值对使用花括号 { } 括起来，键和值之间用冒号（:）分隔。字典中的键可以是任意不可变数据，且键不允许重复，而值是可以重复的。格式：

```
字典名 ={ 键 1：值 1，键 2：值 2，… ，键 n：值 n}
```

例如：

```
>>> dict1={}                              # 创建空字典
>>> dict2={'a':1,'b':2,'c':3}             # 用 = 将一个字典赋值给一个变量
```

也可以使用 dict 类的构造方法创建一个空字典，或者直接使用 "=" 创建一个字典并赋值给其他变量。例如：

```
>>> dict3=dict()                          # 创建空字典
>>> dict3
{}
>>> dict4=dict(name='Tom',age=20)         # 以参数的形式创建字典
>>> dict4
{'age':20,'name':'Tom'}
```

另外，还可以根据现有数据，通过调用内置函数（参考 4.1.2 节的相关介绍）或字典方法（参考 4.4.2 节的相关内容）来创建字典。

2. 字典元素的引用、添加

当字典创建好之后，就可以使用字典中的元素了。由于字典属于无序序列，因此不能像列表和元组一样使用序号索引来表示该元素在字典中的位置。字典中的每个元素都存在一种映射或者对应关系，可以使用键作为下标来访问对应的值，如果该键不在字典中，则访问会抛出异常。格式：

字典名 [键]

例如：

```
>>> dict1={'name':'Tcm','age':20}
>>> dict1['age']                 # 通过键来引用其对应的值
20
>>> dict1['age']=21              # 直接修改字典元素的值
>>> dict1
{'name':'Tom','age':21}
>>> dict1['sex']='male'          # sex 键不存在，此时直接添加元素 'sex':'male'
>>> dict1
{'age':21,'name':'Tom','sex':'male'}
>>> dict1['addr']                # 没有 addr 键，抛出异常
Traceback(most recent call last):
  File "<pyshell#64>",line 1,in <module>
    dict1['addr']
KeyError:'addr'
```

使用字典对象的 get( ) 方法也可以获得指定键对应的值。若该键不存在，也不会抛出异常，而是返回 None 值，或返回指定的第 2 个参数值。例如：

```
>>> dict1.get('age')
21
>>> print(dict1.get('addr'))      # 键不存在，返回 None 值
None
>>> dict1.get('addr',"No Key")    # 指定 'No key' 作为键不存在时的返回值
'No Key'
```

3. 字典元素的遍历

字典的遍历默认遍历的是字典的键，字典还提供了 keys( )、values( )、items( ) 三个方法，结合 for 循环可以分别遍历键、值、键值对。例如：

```
>>> dict1={'a':1,'b':2,'c':3}
>>> for x in dict1:               # 不指明遍历对象，默认遍历字典的键
        x
'a'
'b'
'c'
>>> for x in dict1.keys():        # 字典的 keys() 方法，明确遍历字典的键
        x
'a'
```

```
'b'
'c'
>>> for value in dict1.values():  #字典的values()方法，明确遍历字典的值
        value
1
2
3
>>> for item in dict1.items():    #字典的items()方法，同时遍历字典的键值对
        item
('a',1)
('b',2)
('c',3)
```

4. 删除

当字典的元素或整个字典不再用时，可以使用 del 命令删除。格式：

```
del 字典名
del 字典名 [ 键 ]
```

例如：

```
>>> dict1={'a':1,'b':2,'c':3}
>>> del dict1['b']                # 删除了字典中的键值对 'b':2
>>> dict1
{'a':1,'c':3}
>>> del dict1
>>> dict1                         # dict1 已被删除，访问时会抛出异常
Traceback(most recent call last):
  File "<pyshell#69>",line 1,in <module>
    dict1
NameError:name 'dict1' is not defined
```

5. 适用字典的运算符

在 4.2.1 节中，我们知道，可用于列表操作的运算符非常多，有 +、*、in、<、> 等。对于字典来说，只有成员测试符 in 可以使用，且是针对键判断的。例如：

```
>>> dict1={'a':1,'b':2,'c':3}
>>>'a' in dict1                   # 判断字典中是否有键 'a'
True
>>>'d' not in dict1
True
>>> 1 in dict1                    # 判断字典中是否有键 '1'，而不是值 '1'
False
```

6. 内置函数对字典的操作

在 4.1.2 节介绍了很多适用于组合数据类型的通用内置函数。对于字典，除了 reversed( ) 外，其余函数都可以应用于字典。需要注意一点，这些函数都是默认针对键进行操作的，若需要对值进行操作，则需要调用字典的 values( ) 方法。以下是这些函数用于

字典的示例。

```
>>> dict1={'a':1,'b':2,'c':3}
>>> dict1
{'a':1,'b':2,'c':3}
>>> len(dict1)                   # 字典元素个数
3
>>> max(dict1)                   # 字典元素（默认都是对键的操作）最大值
'c'
>>> min(dict1)                   # 字典元素（默认都是对键的操作）最小值
'a'
>>> sum(dict1)                   # 由于键是非数值型，因此求和会出错
Traceback(most recent call last):
  File "<pyshell#111>",line 1,in <module>
    sum(dict1)
TypeError:unsupported operand type(s) for +:'int' and 'str'
>>> sum(dict1.values())          # 字典的 values() 方法获取字典的值，本例为数值型
6
>>> sorted(dict1)                # 对键排序，返回的是排序后的列表
['a','b','c']
>>> sorted(dict1.values())       # 对值排序，返回的是排序后的列表
[1,2,3]
>>> dict2={'d':4,'e':5,'f':6}
>>> dict(zip(dict1,dict2))       # 使用 dict() 方法将 zip 对象转换为字典
{'a':'e','b':'f','c':'d'}
>>> dict(enumerate(dict1))       # 使用 dict() 方法将 enumerate 对象转换为字典
{0:'a',1:'b',2:'c'}
>>> all(dict1)                   # 所有元素的键都等价于 True
True
>>> any(dict1)                   # 至少一个元素的键等价于 True
True
```

4.4.2　字典的方法

字典对象常用的方法如表 4-2 所示。

表 4-2　字典对象常用的方法

方　　法	功　能　说　明
dict.fromkeys(seq[,value])	创建一个新字典，以序列 seq 中元素作为字典的键，value 为字典的所有键指定相同的初始值
dict.get(key,default=None)	返回指定键 key 的值，如果值不在字典中则返回默认值 default
dict.setdefault(key,default=None)	和 get() 方法类似，如果键 key 不在字典中，则添加键 key 并设置值为默认值 default
dict.update(dict2)	把字典参数 dict2 的键值对更新到字典 dict 中
dict.items()	以类列表形式（并非直接的列表，若要返回列表值则还需调用 list() 函数）返回可遍历的（键，值）元组数组
dict.keys()	返回一个类列表的对象，可以使用 list() 来转换为列表，列表内容为字典中的所有键

续表

方 法	功 能 说 明
dict.values( )	返回一个类列表的对象，可以使用 list( ) 来转换为列表，列表内容为字典中的所有值
dict.pop(key[,default])	删除字典给定键 key 所对应的值，返回值为被删除的值。key 值若不存在则返回 default 值
dict.clear( )	清空字典所有元素，但字典对象仍保留
dict.copy( )	复制并返回一个新字典

下面详细介绍这些方法的用法。

1. fromkeys( )

调用 fromkeys( ) 方法时是固定的前缀 dict，且创建的键值对中的值都是相同的，若不指定 value 参数，则所有的值都默认为 None。例如：

```
>>> keys=['a','b','c']
>>> dict1=dict.fromkeys(keys)      # 以 keys 中的内容为键，值为默认的 None
>>> dict1
{'a':None,'d':None,'b':None,'c':None}
>>> dict2=dict.fromkeys(keys,10)   # 以给定的 keys 为键，所有值为 10
>>> dict2
{'a':10,'d':10,'b':10,'c':10}
```

2. update( )

字典方法 update( ) 用于将另一个字典的键值对一次性全部添加到当前字典对象中，如果两个字典存在相同的键，则以另一个字典中的值对当前字典进行更新。例如：

```
>>> dict1={"name":"Tom","age":22}
>>> dict2={"sex":"male"}
>>> dict1.update(dict2)                # 合并字典
>>> dict1
{'age':22,'name':'Tom','sex':'male'}
>>> dict2={"name":"Jack","sex":"male","addr":"SuZhou,China"}
>>> dict1.update(dict2)                # 相同键的元素，其值以 dict2 为准
>>> dict1
{'addr':'SuZhou,China','age':22,'name':'Jack','sex':'male'}
```

3. items( )、keys( )、values( )

这三个方法都可以返回一个类似列表的对象（可使用 list( ) 将其转换为列表），其中 items( ) 获取的是字典所有元素的键值二元组，keys( ) 返回的是字典所有元素的键，values( ) 返回的是字典所有元素的值。例如：

```
>>> dict1={'a':1,'b':2,'c':3}
>>> dict1.items()                     # 获取字典元素（键值对）
dict_items([('a',1),('b',2),('c',3)])
>>> list(dict1.items())
```

```
[('a',1),('b',2),('c',3)]
>>> dict1.keys()                    # 获取字典的键 key
dict_keys(['a','b','c'])
>>> list(dict1.keys())
['a','b','c']
>>> dict1.values()                  # 获取字典的值 value
dict_values([1,2,3])
>>> list(dict1.values())
[1,2,3]
```

4. get( )、setdefault( )

字典对象的 get( ) 方法和 setdefault( ) 方法都可以获得已存在的键所对应的值。但若键不存在，则 get( ) 方法返回 None 值，或返回指定的第 2 个参数值，它不会增加字典元素，而 setdefault( ) 方法会增加一个新键，对应的值为 None 或指定的第 2 个参数。例如：

```
>>> dict1={}
>>> dict1.setdefault('a')      # dict1 没有键 'a'，添加并设置值为 None
>>> dict1
{'a':None}
>>> dict1.setdefault('b',10)   # dict1 没有键 'b'，添加并设置值为 10
10
>>> dict1
{'a':None,'b':10}
>>> dict1.setdefault('b',-99)  # dict1 已有键 'b'，忽略第 2 个参数，返回值 10
10
>>> dict1
{'a':None,'b':10}
>>> dict1.get('b',-99)         # dict1 已有键 'b'，忽略第 2 个参数，返回相应的值 10
10
>>> print(dict1.get('c'))      # dict1 没有键 'c'，返回 None，不增加新的字典元素
None
>>> dict1.get('c',-99)         # dict1 没有键 'c'，返回第 2 个参数的值
-99
>>> dict1                      # get() 方法不会增加新的字典元素
{'a':None,'b':10}
```

5. pop( )、clear( )

pop( )、clear( ) 这两个方法可以实现对字典元素的删除。例如：

```
>>> dict1={'a':1,'b':2,'c':3,'d':4}
>>> val=dict1.pop('b')         # 删除 key 为 'b' 的元素，并返回其 value
>>> val
4
>>> val=dict1.pop('b')         # key 为 'b' 的元素不存在，抛出异常
Traceback(most recent call last):
    File "<pyshell#159>",line 1,in <module>
    val=dict1.pop('b')
```

```
KeyError:'b'
>>> val=dict1.pop('b',0)        # key 为 'b' 的元素不存在，返回第 2 个参数值 0
>>> val
0
>>> dict1
{'a':1,'c':3,'d':4}
>>> dict1.clear()               # 清空字典所有元素，但字典对象保留
>>> dict1
{}
```

6. copy( )

对于字典，使用赋值运算符"="可以使两个变量指向同一个字典，即共享该字典。字典方法 copy( ) 可以实现字典的浅复制。两者的意义不同。例如：

```
>>> dict1={'a':1,'b':2,'c':3}
>>> dict2=dict1                 # 赋值运算，dict2 和 dict1 指向同一个字典
>>> dict2
{'a':1,'b':2,'c':3}
>>> dict1['a']=0                # dict1 发生改变
>>> dict1
{'a':0,'b':2,'c':3}
>>> dict2                       # dict2 也立刻发生改变
{'a':0,'b':2,'c':3}
```

字典方法 copy( ) 返回一个字典的浅复制，其含义不同于"="直接赋值。例如：

```
>>> dict1={'a':1,'b':2,'c':3}
>>> dict2=dict1.copy()          # 浅复制
>>> dict2
{'a':1,'b':2,'c':3}
>>> dict1['a']=0                # dict1 发生改变
>>> dict1
{'a':0,'b':2,'c':3}
>>> dict2                       # dict2 不受影响
{'a':1,'b':2,'c':3}
>>> dict1={'a':1,'b':2,'c':[10,20,30]}
>>> dict2=dict1.copy()          # 浅复制
>>> dict2
{'a':1,'b':2,'c':[10,20,30]}
>>> dict1['a']=0                # dict1 发生改变
>>> dict1
{'a':0,'b':2,'c':[10,20,30]}
>>> dict2                       # dict2 不受影响
{'a':1,'b':2,'c':[10,20,30]}
>>> dict1['c'][2]=-99           # dict1 和 dict2 的键 'c' 共享了可变的列表
>>> dict1                       # dict1 的键 'c' 发生改变
{'a':0,'b':2,'c':[10,20,-99]}
>>> dict2                       # 因为列表是被共享的，dict2 的键 'c' 也发生改变
{'a':1,'b':2,'c':[10,20,-99]}
```

4.5　集合

集合是一个无序且没有重复元素的可变组合数据类型。和字典一样,使用一对花括号 {} 作为定界符,元素之间使用逗号分隔。集合中的元素只能是不可变类型的数据,不能包含如列表、字典、集合等可变类型的数据,因此集合是无法嵌套的。

4.5.1　集合的基本操作

1. 创建

可以使用花括号创建集合。格式:

```
集合名 ={ 元素 1, 元素 2,…, 元素 n}
```

例如:

```
>>> set1={1,2,3,4,5}              # 用 "=" 将一个集合赋值给一个变量
>>> set1
{1,2,3,4,5}
```

但是需要注意的是,当创建一个空集合时,必须用 set( ) 而不是 {},因为 {} 是用来创建一个空字典。例如:

```
>>> set2=set()                    # 创建空集合
>>> set2
set()
>>> set3={}                       # 创建空字典,而非空集合
>>> set3
{}
>>> type(set3)
<class'dict'>
```

集合中所有元素都是唯一的,重复的元素会自动被去除。例如:

```
>>> set4={1,2,3,4,1}              # 重复元素只保留一个
>>> set4
{1,2,3,4}
```

2. 集合元素的遍历

遍历集合中的元素和其他组合数据类型一样,也是使用 for 循环遍历。例如:

```
>>> set1={1,2,3,4,5}
>>> for i in set1:
    print(i,end='')
1 2 3  4  5
```

注意:集合和字典一样,属于无序对象,循环变量的次序有可能不同。

3. 删除

当集合不用时可以使用 del 命令将其删除。格式:

```
del 集合名
```

例如：

```
>>> set1={1,2,3,4,5}
>>> del set1
>>> set1                                # set1 已被删除，访问时会抛出异常
Traceback(most recent call last):
  File "<pyshell#259>",line 1,in <module>
    set1
NameError:name 'set1' is not defined
```

4.5.2　适用集合的运算符

Python 的集合除了支持成员运算符 in 外，也支持数学意义上的集合运算，此外还支持 >、>=、<、<=、==、!=，用于判断集合中的包含关系及是否相同。下面举例说明。

1. in

成员运算符 in 用于判断是否为集合元素。例如：

```
>>> set1={1,2,3,4,5}
>>> 1 in set1                           # 判断集合中是否有元素 1
True
>>> 6 in set1
False
>>> 6 not in set1
True
```

2. |、&、−、^

并集使用"|"运算符，是由两个集合的所有元素组成的集合。交集使用"&"运算符，是由两个集合共有的元素组成的集合。差集使用"−"运算符，是两个集合的相对补集，例如 $A-B$ 是由属于 A 但不属于 B 的所有元素组成的集合。对称差集使用"^"运算符，是由两个集合中所有不同时属于两个集合的元素构成的集合。图 4-2 是集合 A（左边的椭圆）与集合 B（右边的椭圆）的运算结果（阴影部分）示意。

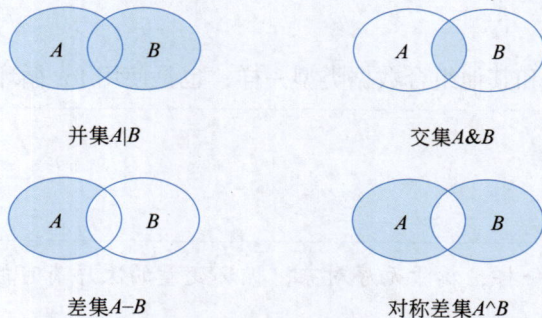

图 4-2　集合 A 与集合 B 的运算结果

例如：

```
>>> set1={1,2,3,4,5}
>>> set2={4,5,6,7,8}
>>> set1 | set2                          # 求并集
{1,2,3,4,5,6,7,8}
>>> set1 & set2                          # 求交集
{4,5}
>>> set1-set2                            # 求差集
{1,2,3}
>>> set1 ^ set2                          # 求对称差集
{1,2,3,6,7,8}
```

3. >、>=、<、<=、==、!=

Python 中的关系运算符是用于判断子集与超集的关系。< 是真子集，<= 是子集，> 是真超集，>= 是超集，== 是完全相同，!= 是不同。例如：

```
>>> set1={1,2,3,4,5}
>>> set2={4,5,6,7,8}
>>> set1 < set2                          # 判断集合大小（包含关系）
False
>>> set1 < {1,2,3,4,5,6}                 # 真子集
True
>>> set1 <= {1,2,3,4,5}                  # 子集
True
>>> set1 != set2                         # 判断集合是否不同（有不同的元素）
True
>>> set1 == {1,2,3,4,5}                  # 判断集合是否相等（元素是否相同）
True
```

4.5.3　集合的方法

集合对象常用的方法如表 4-3 所示。

表 4-3　集合对象常用的方法

方　　法	功　能　说　明
set.add(obj)	给集合添加元素 obj，如果添加的元素在集合中已存在，则不执行任何操作
set.update(set1)	添加集合 set1 中的元素到集合 set 中，添加后的集合 set 会去除重复元素
set.discard(obj)	移除指定的集合元素 obj。如果 obj 不在集合中，则该方法不会抛出异常
set.remove(obj)	移除集合中的指定元素 obj。如果 obj 不在集合中，则该方法会抛出异常
set.pop( )	随机移除并返回一个元素，如果集合为空则会抛出异常
set.difference(set1)	返回的集合元素包含在第一个集合 set 中，但不包含在第二个集合 set1 中，即差集
set.intersection(set1,set2,…)	返回集合 set，set1，set2，…中都包含的元素，即交集

方　　法	功 能 说 明
set.union(set1,set2,…)	返回集合 set，set1，set2，…的并集，即包含了所有集合的元素，重复的元素只会出现一次
set.symmetric_difference(set1)	返回两个集合 set、set1 中不重复的元素集合，即会移除两个集合中都存在的元素
set.issubset(set1)	用于判断集合 set 的所有元素是否都在集合 set1 中，如果是则返回 True，否则返回 False
set.isdisjoint(set1)	用于判断两个集合 set、set1 是否有相同的元素，如果没有任何相同元素则返回 True，否则返回 False
set.issuperset(set1)	用于判断集合 set1 的所有元素是否都在原始的集合 set 中，如果是则返回 True，否则返回 False
set.difference_update(set1,set2,…)	移除集合 set 中的元素，该元素在集合 set1，set2，…中也存在
set.intersection_update(set1,set2,…)	移除集合 set 中的元素，该元素在集合 set1，set2，…中不都存在
set.symmetric_difference_update(set1)	移除集合 set 在集合 set1 中相同的元素，并将 set1 中不同的元素插入当前集合 set 中
set.clear( )	清空集合所有元素，但集合对象保留
set.copy( )	复制并返回一个新集合

下面详细介绍这些方法的用法。

1. 增加元素 add( )、update( )

集合的 add( )、update( ) 方法都属于原地操作。例如：

```
>>> set1={1,2,3,4}
>>> set2={3,4,5,6}
>>> set1.add(5)                 # 添加元素
>>> set1
{1,2,3,4,5}
>>> set1.update(set2)           # 将 set2 中元素全部添加到 set1 中，去掉重复元素
>>> set1
{1,2,3,4,5,6}
```

2. 删除元素 remove( )、discard( )、pop( )、clear( )

集合的 remove( )、discard( )、pop( )、clear( ) 方法都属于原地操作。例如：

```
>>> set1={1,2,3,4,5,6}
>>> set2={3,4,5,6}
>>> set1.remove(6)              # 移除集合中的元素 6
>>> set1
{1,2,3,4,5}
>>> set1.remove(6)              # 元素 6 不在 set1 中，抛出异常
Traceback(most recent call last):
  File "<pyshell#341>",line 1,in <module>
    set1.remove(6)
KeyError:6
>>> set1.discard(5)             # 移除集合中的元素 5
>>> set1
```

```
{1,2,3,4}
>>> set1.discard(5)                    # 元素 5 已不在 set1 中，但并不抛出异常
>>> set1
{1,2,3,4}
>>> set1.pop()                         # 随机移除并返回一个元素
1
>>> set1
{2,3,4}
>>> set1.clear()                       # 清空 set1 中所有元素
>>> set1
set()
```

3. 求差集、交集、并集、对称差集

利用集合的方法也能进行集合间求差集、交集、并集、对称差集。其中，difference( )、intersection( )、union( )、symmetric_difference( ) 是非原地操作，相关的集合不会改变。另外的 difference_update( )、intersection_update( )、symmetric_difference_update( ) 是原地操作，方法的前缀集合会发生变化。例如：

```
>>> set1={2,3,4}
>>> set2={3,4,5,6}
>>> set3={1,2,3,4,5,6,7,8,9,10}
>>> set1.difference(set2)            # 差集，从集合 set1 中减去 set2 中的元素
{2}
>>> set3.difference(set1,set2)       # 从集合 set3 中减去 set1、set2 中的元素
{1,7,8,9,10}
>>> set1.intersection(set2)          # set1 和 set2 的交集
{3,4}
>>> set1.intersection(set2,set3)     # 三个集合的交集
{3,4}
>>> set1.union(set2)                 # set1 和 set2 的并集
{2,3,4,5,6}
>>> set2.union(set3,set1)            # 三个集合的并集
{1,2,3,4,5,6,7,8,9,10}
>>> set1.symmetric_difference(set2)  # 对称差集
{2,5,6}
>>> set1.symmetric_difference(set2,set3)      # 对称差集只能对两个集合进行操作
Traceback(most recent call last):
  File "<pyshell#267>",line 1,in <module>
    set1.symmetric_difference(set2,set3)
TypeError:symmetric_difference() takes exactly one argument (2 given)
>>> set1                             # 三个集合都没有变化
{2,3,4}
>>> set2
{3,4,5,6}
>>> set3
{1,2,3,4,5,6,7,8,9,10}
>>> set2.difference_update(set1)     # 从 set2 中移除所有出现在 set1 中的元素
>>> set2                  # set2 有变化，difference_update() 是原地操作
{5,6}
>>> set2={3,4,5,6}                   # 重新创建 set2
```

```
>>> set1.intersection_update(set2)  # 从 set1 中移除不存在 set2 中的元素
>>> set1                    # set1 有变化，intersection_update() 是原地操作
{3,4}
>>> set1={1,2,3,4}               # 重新创建 set1
>>> set1.symmetric_difference_update(set2)  # 在 set1 中移除 set2 中的重复元素
>>> set1              # set1 有变化，symmetric_difference_update() 是原地操作
{1,2,5,6}
```

4. 判断集合间的包含关系

```
>>> set1={1,2,3,4}          # 重新创建 set1
>>> set2={1,2,3,4,5,6}      # 重新创建 set2
>>> set1.issubset(set2)     # 判断 set1 是否为 set2 的子集
True
>>> set2.issubset(set1)     # 判断 set2 是否为 set1 的子集
False
>>> set1.issuperset(set2)   # 判断 set1 是否为 set2 的超集
False
>>> set2.issuperset(set1)   # 判断 set2 是否为 set1 的超集
True
>>> set1.isdisjoint(set2)   # 判断 set1 和 set2 的交集是否为空，若不为空则为 False
False
>>> set2={5,6,7,8}
>>> set1.isdisjoint(set2)   # set1 和 set2 的交集为空，返回 True
True
```

5. copy( )

和列表、字典一样，方法 copy( ) 返回一个集合的浅复制，其含义不同于 "=" 的赋值操作。例如：

```
>>> set2={1,2,3,4}
>>> set1=set2.copy()        # 复制集合，属于浅复制
>>> set1
{1,2,3,4}
>>> set2.add(5)             # set2 发生改变
>>> set1                    # set1 没有变化
{1,2,3,4}
>>> s=set1                  # 用 "=" 赋值运算，s 和 set1 指向同一个集合
>>> set1.add(5)             # set1 发生改变
>>> s                       # s 也立刻发生改变
{1,2,3,4,5}
```

4.6 推导式与生成式

4.6.1 推导式

1. 列表推导式

列表推导式也称为列表解析式或列表生成式，格式简单但又功能强大，可以生成满足特定条件的新列表,是 Python 程序开发中应用最多的技术之一。列表推导式的语法形式为：

```
[ expr   for i1 in 组合数据类型 1 if condition1
         for i2 in 组合数据类型 2 if condition2
         for i3 in 组合数据类型 3 if condition3
            ⋮
         for iN in 组合数据类型 N if conditionN]
```

expr 是基于 for 迭代内容 i1…iN 的表达式,遍历组合数据类型 1、组合数据类型 2、……产生一系列的值，由这些值生成一个列表，如果指定了条件表达式 condition，则只有满足条件的元素参与迭代。

列表推导式在逻辑上等价于循环语句，形式上更加简洁。例如：

```
>>> list1=[i ** 2 for i in range(10)]     # 不带条件表达式的列表推导式，求平方值
>>> list1
[0,1,4,9,16,25,36,49,64,81]
```

当然也可以用一重循环来实现与上述列表推导式同样的效果，代码如下：

```
>>> list1=[]
>>> for i in range(10):
        list1.append(i ** 2)
>>> list1
[0,1,4,9,16,25,36,49,64,81]
```

对比两种写法，很明显，列表推导式更加简洁。而且 Python 的内部实现对列表推导式做了大量的优化，可以保证更快的运行速度。下面再看一些较复杂的例子。

```
>>> list1=[i for i in range(10) if i%2 ==0]
                                        # 带条件表达式的列表推导式，取偶数
>>> list1
[0,2,4,6,8]
>>> [[i,j] for i in [1,2,3] for j in [4,5,6]]
                                        # 同时遍历两个列表，相当于二重循环
[[1,4],[1,5],[1,6],[2,4],[2,5],[2,6],[3,4],[3,5],[3,6]]
```

同时遍历两个列表等价于以下代码：

```
>>> list1=[]
>>> for i in [1,2,3]:
        for j in [4,5,6]:
            list1.append([i,j])
>>> list1
[[1,4],[1,5],[1,6],[2,4],[2,5],[2,6],[3,4],[3,5],[3,6]]
```

再如：

```
>>> [[i,j] for i in [1,2,3] if i !=1 for j in [1,2,3] if i ==j]
[[2,2],[3,3]]
```

该列表推导式等价于：

```
>>> list1=[]
```

```
>>> for i in [1,2,3]:
    if i !=1:
        for j in [1,2,3]:
            if i == j:
                list1.append([i,j])
>>> list1
[[2,2],[3,3]]
```

对于有多个循环的列表推导式，切记要搞清楚循环的执行顺序。

2. 集合推导式

集合推导式和列表推导式的使用方法是类似的，只是将方括号改成花括号，得到的结果不是列表而是集合。例如：

```
>>> set1={1,2,3,4}
>>> set2={i ** 2 for i in set1}              # 集合推导式，将结果赋予 set2
>>> set2
{16,1,4,9}
>>> set2={i ** 2 for i in set1 if i%2 ==0}   # 带条件表达式的集合推导式
>>> set2
{16,4}
```

3. 字典推导式

字典推导式和列表推导式的使用方法也是类似的，只是将方括号改成花括号，并且 expr 表达式是由两个中间加冒号的值组成的键值对，得到的结果不是列表而是字典。例如：

```
>>> dict1={'a':1,'b':2,'c':3}
>>> dict2={k:v for k,v in dict1.items()}     # 字典推导式，将结果赋予 dict2
>>> dict2
{'a':1,'b':2,'c':3}
>>> dict2 is dict1
False
>>> dict2={k:v**2 for k,v in dict1.items()}
>>> dict2
{'a':1,'b':4,'c':9}
```

4.6.2 生成器推导式与迭代器对象

看完 4.6.1 节，读者可能会思索，是不是只要将列表推导式中的方括号改成圆括号就是元组推导式了呢？答案是否定的，这种方式产生的结果是生成器，而不是元组。本节还将介绍与生成器结果相关的迭代器 iterable 的概念。

1. 生成器

从形式上看，生成器推导式只是将列表推导式的方括号换成了圆括号。但是，生成器推导式和列表推导式有本质的区别，最大的区别在于列表推导式的结果是列表，而生成器推导式的结果是一个生成器对象（generator object），它既不是元组，也不是列表。

当得到一个生成器对象后，可以通过 tuple( )、list( ) 方法将生成器对象转换为元组或列表再使用，也可以直接将其看作迭代器对象来使用，通过生成器对象的 __next__( ) 方法或内置函数 next( )进行遍历，或者直接使用在循环中。但不管怎么使用，只能从前往后访问其中的元素，当元素访问完之后，无法回头重新访问，而只能重新创建该生成器对象。例如：

```
>>> gen=(i ** 2 for i in range(10))        # 生成器推导式，创建迭代器对象 gen
>>> gen
<generator object <genexpr> at 0x0000000003363FC0>
>>> list1=list(gen)                         # 将 gen 转换为列表并赋予 list1
>>> list1
[0,1,4,9,16,25,36,49,64,81]
>>> list(gen)                   # gen 已经遍历结束（转换为列表时），没有元素了
[]
>>> gen=(i ** 2 for i in range(10))         # 重新创建迭代器对象 gen
>>> gen.__next__()          # 使用生成器对象的 __next__() 方法获取元素
0
>>> gen.__next__()          # 按从前往后的顺序获取下一个元素
1
>>> gen.__next__()
4
>>> next(gen)                   # 使用内置函数 next() 接着获取下一个元素
9
>>> next(gen)
16
>>> list(gen)               # gen 前 5 个数据已经访问过了，再转换为 list 只剩 5 个元素
[25,36,49,64,81]
>>> gen=(i ** 2 for i in range(10))
>>> for i in gen:               # 使用循环遍历 gen 中的元素
    print(i,end='')
0 1 4 9 16 25 36 49 64 81
>>> list(gen)                   # gen 已经在 for 循环中遍历结束，没有元素了
[]
```

请读者思考，已经有了列表推导式，为什么还要有生成器推导式呢？原因是列表推导式的结果是创建一个列表。列表是顺序结构，要求同时存放所有的列表元素，因此受到内存限制，列表容量是有限的。而且，有时我们仅需要访问前几个元素，后面绝大多数元素占用的空间就都浪费了；而生成器是按照某种算法，由前面的元素推算出后续的元素，一次只存放一个当前元素，因而能节省大量空间。

2. 迭代器对象

在前面章节中，有一些代码的运行结果中包含了不直接可见的结果，例如 map 对象、zip 对象、enumerate 对象等，它们都是迭代器对象。迭代器对象的特征如下：

（1）结果不直接可见。

（2）可以使用 __next__( ) 方法或内置函数 next( ) 逐个访问结果元素。

（3）当元素访问完之后，无法回头重新访问各个元素，而只能重新创建。

例如：

```
>>> (i for i in range(5))    # 生成器推导式，产生不直接可见的结果
<generator object <genexpr> at 0x00000255297895C8>
>>> x1=(i for i in range(5))
>>> x1.__next__()
0
>>> len(x1)                       # 迭代器对象看似有好多数据，但是不能求元素个数
Traceback(most recent call last):
  File "<pyshell#361>",line 1,in <module>
    len(x1)
TypeError:object of type 'generator' has no len()
>>> map(int,'12345')          # 将字符串 '12345' 的每个字符用 int() 函数转换为整数
<map object at 0x00000255297403C8>
>>> x2=map(int,'12345')              # 转换结果是一个迭代器对象
>>> next(x2)                         # 字符 '1' 转换为整数类型值 1
1
>>> list(x2)
[2,3,4,5]
>>> list(x2)                         # x2 已经遍历结束（转换为列表时），没有元素了
[]
>>> reversed([2,5,7,9])              # 将列表逆序（翻转），产生不直接可见的结果
<list_reverseiterator object at 0x000001D6CAB5FDC8>
>>> x3=reversed([2,5,7,9])
>>> x3.__next__()
9
>>> list(x3)
[7,5,2]
>>> zip([1,2,3],['a','b','c'])     #zip 对象，不直接可见的结果
<zip object at 0x000001D6CAB57208>
>>> enumerate([1,2,3,4,5,6])       #enumerate 对象，不直接可见的结果
<enumerate object at 0x000001D6CAB8D0E8>
```

Python 还提供了一个内置函数 iter( )，可以将组合数据类型转换为迭代器对象。例如：

```
>>> x4=iter([2,3,4,5])
>>> next(x4)
2
>>> for i in x4:
    print(i,end='\t')

3    4    5
>>> list(x4)
[]
```

迭代器对象不是数据本身，而是动态获取数据的一种机制，通过内置函数 next( ) 或迭代器对象的 __next__( ) 方法可以即时访问数据。

4.7 应用举例

【例 4-1】 输入一组百分制成绩，求该组成绩的平均分和不及格人数。

程序代码如下：

```
x=eval(input())                    # 输入逗号隔开的若干数据，这些数据被转换为元组
y=[i for i in x if i<60]
print(' 平均分为 %.2f'%(sum(x)/len(x)))  # 输出格式用字符格式运算符 %
print(' 不及格人数为 ',len(y),sep='')     # sep 参数使相邻两个输出项之间是空字符串
```

程序的一个测试结果：

```
56,34,92,78,85,76,100,97↙
平均分为 77.25
不及格人数为 2
```

本程序将输入的一组用逗号隔开的整数存入 x 中，x 的数据类型实为元组，故可以用 for 循环遍历 x。求平均分是利用了内置函数 sum( ) 和 len( ) 来求解。同时，利用列表生成式生成不及格分数的列表，再用 len( ) 函数求出不及格的人数。请注意输出的格式控制。

【例 4-2】 模拟 Excel 中的 rank.EQ( ) 函数，对输入的一组成绩按值从大到小排名次。

程序代码如下：

```
x=list(eval(input()))              # 输入逗号隔开的若干数据，这些数据被转换为列表
y=sorted(x,reverse=True)
#print(y)                          # 查看排序后的数据
z=[]                               # 用于存放名次
for i in x:
    z.append(y.index(i)+1)         # 名次是从 1 开始，与索引的起始值相差 1
for i in range(len(x)):
    print('{}--{}'.format(x[i],z[i]))
```

程序的一个测试结果：

```
88,88,82,83,85,88,75↙
88--1
88--1
82--6
83--5
85--4
88--1
75--7
```

本程序中，输入由逗号隔开的若干数据，并利用 list( ) 函数将这些数据转换为列表。接着用 sorted( ) 函数生成排好序的另一个列表 y，再创建列表 z 用于存放 x 中每个数据的排名值。然后遍历 x 中的每个元素，调用 y 的 index( ) 方法求出 x 的每个元素在降序数列中的索引值，并将该索引值 +1 后添加到 z 中，最终列表 a 和列表 z 存放的是数据和该数据的排名。最后遍历输出数据和排名。

【例 4-3】 编写程序，要求输入一个数字列表，然后计算并输出一个新的列表，其中，第 i 个元素是原列表的前 i 个元素的积（第一个元素不变）。例如原列表为 [1,2,3,4,5]，则新列表为 [1,2,6,24,120]。

解题思路：首先将列表 a 的第一个元素存入列表 b 中，然后依次求出 a 中前 i（i 从第 2 个元素开始，即 i=1 开始）个元素的累积乘的结果，并添加到 b 的尾部。计算结束，输出列表 b。

程序代码如下：

```python
a=eval(input())
b=[a[0]]                 # 第一个元素不变
for i in range(1,len(a)):
    s=1                  # 每次内循环开始前，s 初始化为 1
    for j in range(i+1):
        s *=a[j]
    b.append(s)
print(b)
```

程序的一个测试结果：

```
[1,2,3,4,5]↙
[1,2,6,24,120]
```

【例 4-4】 编写程序，模拟列表的 reverse( ) 方法。

解题思路：首先输入一个列表，然后以列表长度的一半（即 $n//2$）为中间点，利用循环，将 a[i] 和 a[$n-1-i$] 对调（i 从 0 到 $n//2$），即可实现逆序功能，最后输出逆序后的结果。

程序代码如下：

```python
a=eval(input())
n=len(a)
i=0
while i<=n//2:           # 将 a 中的元素依次首尾对调
    a[i],a[n-1-i]=a[n-1-i],a[i]
    i=i+1
print(a)
```

程序的一个测试结果：

```
[1,2,3,4,5]↙
[5,4,3,2,1]
```

【例 4-5】 编写程序，模拟列表的 sort( ) 方法。

排序就是使一串记录按照其中某个或某些关键字的大小，递增或递减地排列。排序算法在很多领域受到相当的重视，尤其是在大量数据的处理方面。

排序有很多经典算法，例如冒泡排序、选择排序、插入排序等。限于篇幅，这里只重点介绍冒泡排序算法。

冒泡排序（bubble sort）是最常见的一种数据排序算法。它的基本原理是：依次比较相邻的两个数，将较小的数放在前面，较大的数放在后面。即第一趟排序：首先比较第 1 个数和第 2 个数，将较小的数放到前面，较大的数放到后面（位置对调）；然后比较第 2 个数和第 3 个数，仍将较小的数放到前面，较大的数放到后面，如此继续，直至比较到最后两个数，将较小的数放到前面，较大的数放到后面，至此第一趟排序结束，最大的数必然放到了最后。再进行第二趟排序：仍从第一对数开始比较（因为可能由于第 2 个数和第 3 个数的交换，使得第 1 个数不再小于第 2 个数），将较小的数放到前面，较大的数放到后面，一直比较到倒数第二个数（倒数第一的位置上已经是最大的了），第二趟排序结束，倒数第二的位置上得到一个新的最大数（其实在整个数列中是第二大的数）。如此下去，重复以上过程，直至最终完成排序。由于在排序过程中总是小数往前放，大数往后放，相当于气泡往上升，因此称为冒泡排序。

例如，23、45、18、35、7 的排序过程如下。

第一趟排序：5 个数 23、45、18、35、7 经过了 4 次比较与交换，最大数 45 排到了序列的最后位置，如图 4-3 所示。

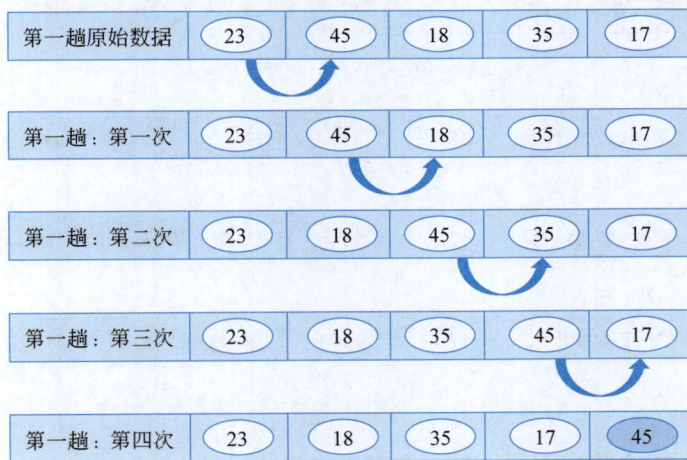

图 4-3　第一趟排序的过程与结果

第二趟排序：由于最大数 45 在第一趟排序时已确定位置，第二趟排序就无须考虑 45 了，剩下的 4 个数 23、18、35、17 经过 3 次比较与交换，最大的 35 排到了倒数第二的位置，如图 4-4 所示。

第三趟排序：剩下的 3 个数 18、23、17 经过 2 次比较与交换，最大的 23 排到了倒数第三的位置，如图 4-5 所示。

第四趟排序：剩下的两个数 18、17 经过 1 次比较与交换，大数 18 排到了倒数第四的位置，如图 4-6 所示。

第二趟原始数据	23	18	35	17	45
第二趟：第一次	18	23	35	17	45
第二趟：第二次	18	23	35	17	45
第二趟：第三次	18	23	17	35	45

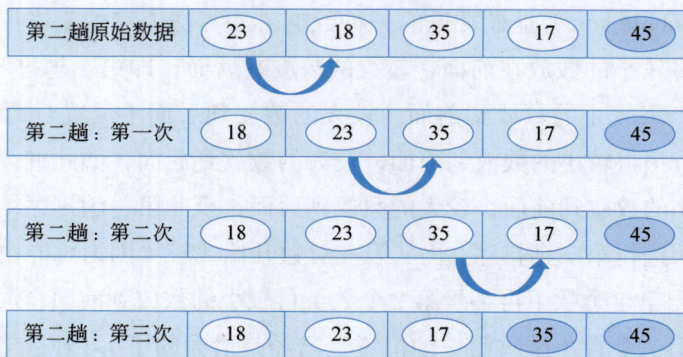

图 4-4　第二趟排序的过程与结果

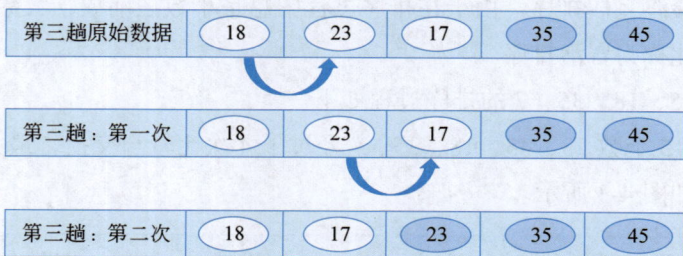

第三趟原始数据	18	23	17	35	45
第三趟：第一次	18	23	17	35	45
第三趟：第二次	18	17	23	35	45

图 4-5　第三趟排序的过程与结果

第四趟原始数据	18	17	23	35	45
第四趟：第一次	17	18	23	35	45
排序结束	17	18	23	35	45

图 4-6　第四趟排序的过程与结果

至此，只剩下一个数，无须再排，全部工作完成。

程序代码如下：

```
a=eval(input())
n=len(a)
for i in range(n-1):            # 共进行 n-1 趟排序
    for j in range(n-1-i ):
        if a[j] > a[j+1]:       # 前面元素值比后面大，则交换
            a[j],a[j+1]=a[j+1],a[j]
    # print('第 ',i+1,' 趟排序结果：',a)   # 测试语句，观测每趟排序结果
print(a)
```

程序的一个测试结果：

```
[23,45,12,35,7]↙
[7,12,23,35,45]
```

【例 4-6】 编写程序，求出输入数据中相差最小的两个数及其位置。

解题思路：输入时，用正确的语句把输入数据转换为列表 sa，再生成 sa 降序排序后的列表 a。求出排序后列表 a 的第一个和第二个元素的差值 diff，在 for 循环中，依次将列表中相邻两个元素的差值与 diff 比较，如果有更小的差值，则更新 diff，同时记录下这两个元素值，循环结束后，diff 为最小的差值，num1 和 num2 就是要找的两个元素。最后，使用列表的 index( ) 方法找到 num1 和 num2 在原始列表 sa 中的位置。

程序代码如下：

```
sa=list(map(int,input().split()))     # 不带参数的 split() 方法，遇到空白字符就会分隔
a=sorted(sa,reverse=True)             # 首先对这组数进行从大到小的排序
# print(a)                            # 输出降序排序结果
num1=a[0]
num2=a[1]
diff=num1-num2                        # 计算前两个数的差值
for i in range(1,len(a)-1):           # 从第 2 个元素开始计算差值
    if a[i]-a[i+1] < diff:            # 差值小于 diff 的值时，更新最小值以及 num1 和 num2
        diff=a[i]-a[i+1]
        num1=a[i]
        num2=a[i+1]
print(' 值 ',num1,num2)
if num1!=num2:
    print(' 位置 ',sa.index(num1),sa.index(num2))
else:
    pos1=sa.index(num1)
    pos2=sa.index(num2,pos1+1)
    print(' 位置 ',pos1,pos2)
```

测试一的结果：

```
6 19 31 15 40↙
值 19 15
位置 1 3
```

测试二的结果：

```
6 19 31 15 40 31↙
值 31 31
位置 2 5
```

【例 4-7】 编写程序，实现矩阵的转置功能。

程序代码如下：

```
a=eval(input())
print(' 转置前：')
for i in range(len(a)):
```

```
        print(a[i])
for i in range(len(a)):                # 对二维矩阵转置
    for j in range(0,i):               # 只要将对角线以下部分交换
        a[i][j],a[j][i]=a[i][j],a[j][i]
print(' 转置后 : ')
for i in range(len(a)):
    print(a[i])
```

本程序中用了 3 个并列的 for 循环。第 2 个 for 循环用于矩阵的转置，每循环一次将矩阵的第 i 行元素和第 j 列元素进行交换。注意内层 for 循环中的循环变量 j 的取值范围，因为只需要将对角线以下的元素和对角线以上的元素交换，所以每一行要交换的元素为第一个元素到对角线之前的元素，对角线以上的元素是不需要交换的。

程序的一个测试结果：

```
[[1,2,3],[4,5,6],[7,8,9]] ↙
转置前 :
[1,2,3]
[4,5,6]
[7,8,9]
转置后 :
[1,4,7]
[2,5,8]
[3,6,9]
```

【例 4-8】 编写程序，生成一个包含 20 个元素的列表，其元素值为 [0，20) 范围内各不相等的正整数，再输入一个整数 n，并以 n 为界，将列表中小于 n 的元素全部放到列表前面，大于 n 的元素放到列表后面。

程序代码如下：

```
import random
a=list(range(20))
random.shuffle(a)                # 将列表 a 中元素随机打乱
print(a)
n=eval(input())
b=[]
i=len(a)-1
while i >= 0:
    if a[i] < n:                 # 将小于 n 的元素插入 b 的首部
        b.insert(0,a[i])
    i -=1
b.append(n)                      # 所有小于 n 的值已在列表前部，n 紧跟其后
i=0
while i < len(a):
    if a[i] > n:                 # 将大于 n 的元素插入 b 的尾部
        b.append(a[i])
    i += 1
print(b)
```

本例程序中，首先将列表元素随机打乱。第一个 while 循环从后往前依次将列表中小于 n 的数找出来并放到列表 b 的首部，第二个 while 循环则从前往后将列表中大于 n 的元素找出来并放入列表 b 的尾部。

程序的一个测试结果：

```
[16,3,11,4,12,19,9,17,10,6,7,1,2,8,5,18,13,15,0,14]
8
[3,4,6,7,1,2,5,0,8,16,11,12,19,9,17,10,18,13,15,14]
```

思考：本例程序是借助列表 b 来完成的，如果只允许在列表 a 上操作，该如何实现？

【例 4-9】 编写程序，删除列表中所有指定的元素。例如，有列表 a=[1,2,1,1,1,1]，将 a 中重复出现的元素 1 全部删除后变为 [2]。

删除所有的指定元素，很自然想到的方法是遍历列表，使用 remove( ) 方法逐个删除指定元素。假设使用下面的代码来实现该方法。

```
a=[1,2,1,1,1,1]
for i in a:
    if i == 1:
        a.remove(i)
print(a)
```

运行上面的代码，结果是 [2,1,1]，并没有删除全部的 1，导致这个错误的原因是当 remove( ) 方法删除一个元素后，列表内存自动收缩，使得该元素所在位置之后的所有元素的位置向前移动，其索引也被改变了，致使尚未处理的紧随元素被错误当成该位置上的已处理元素了。

要解决这个错误，可以从后往前遍历列表来删除指定元素。例如：

```
a=[1,2,1,1,1,1]
for i in range(len(a)-1,-1,-1):        # 步长是 -1 表示从后往前处理
    if a[i] == 1:
        del a[i]
        print(a)
```

程序的运行结果如下：

```
[1,2,1,1,1]
[1,2,1,1]
[1,2,1]
[1,2]
[2]
```

【例 4-10】 输入若干有序的数据，往该组数据中增加新数据，使之仍保持有序（不使用列表的 insert( ) 方法）。

解题思路：要将输入的数据 v 添加到一个有 n 个数的有序数据序列中，可以从左往右根据大小关系找到 v 的位置 i，然后从最后一个数开始将 $n-i$ 个数依次后移一位，直到位

置 i 空出，再将 v 放入位置 i。

程序代码如下：

```
a=list(map(int,input('请输入有序数据:').split(',')))   # 处理被逗号隔开的若干数据
# print('有序列表为:',a)                # 测试语句，可查看列表元素
n=len(a)
v=eval(input('请输入要插入的数:'))
a.append(v)                         # 先将 v 加入 a 的尾部，不限于 v，任意值都行，目的是扩长度
for i in range(n):
    if v < a[i]:                    # 找到列表中第一个大于 v 的元素，下标为 i
        for j in range(n,i,-1):     # 将下标从 n 开始，到下标为 i 的元素依次后移
            a[j]=a[j-1]
        a[i]=v                      # 将 v 放到位置 i 处
        break
print('插入后的有序数据:',end='')
print(','.join(map(str,a)))         # 输出以逗号隔开的多个数据
```

程序的一个测试结果：

```
请输入有序数据:1,3,5,7,9↙
请输入要插入的数:4↙
插入后的有序数据:1,3,4,5,7,9
```

【例 4-11】 编写程序，找出矩阵中的马鞍点。如果 $m×n$ 的矩阵 a 中的某个元素 a_{ij} 既是第 i 行的最大值，同时又是第 j 列中的最小值，则称此元素为该矩阵中的一个马鞍点。

例如，对于矩阵 $\begin{pmatrix} 2,3,3 \\ 4,5,6 \\ 7,5,4 \end{pmatrix}$，其马鞍点有两个，位置分别为 (0,1)、(0,2)。

程序代码如下：

```
a=[[2,3,3],[4,5,6],[7,5,4]]                # 3*3 的矩阵
n=len(a)
for i in range(n):                         # 输出矩阵
    print(a[i])
num=0                                       # num 用于统计马鞍点个数
for i in range(n):
    row_max=max(a[i])                       # 求出第 i 行的最大值
    for j in range(n):
        if a[i][j] ==row_max:
            column=j                        # 找到最大值所在列号
            col_min=a[i][j]
            for k in range(n):              # 求出该列的最小值
                if a[k][column] < col_min:
                    col_min=a[k][column]
            if col_min == row_max:          # 若行最大值和列最小值相等，则马鞍点出现
                num += 1
```

128

```
                    print('马鞍点：',(i,j))
if num == 0:
    print('没有马鞍点！')
```

本程序中，主要用了三层嵌套的 for 循环来找出矩阵的马鞍点。最外层的 for 循环是对矩阵的每一行求出其最大值 row_max，第二层 for 循环用于找到每行最大值所在的列号 column，最内层的 for 循环则是找出第 column 列的最小值 col_min，最后判断 row_max 和 col_min 是否相等，如相等则找到一个马鞍点。所有循环结束后，可以找出该矩阵中所有出现的马鞍点。

程序的运行结果如下：

```
[2,3,3]
[4,5,6]
[7,5,4]
马鞍点：(0,1)
马鞍点：(0,2)
```

【例 4-12】 编写程序，生成 200 个 [0，100] 范围内的随机数，并统计不同数字出现的次数，按生成的随机数升序输出。

程序代码如下：

```
import random
nums=[random.randint(0,100) for i in range(200)]# 列表推导式
# print(nums)                                    # 查看生成的随机数
diff_nums=set(nums)
# print(diff_nums)                               # 查看有哪些不重复的随机数
result={}
for i in diff_nums:                              # 统计每个随机数出现的次数
    result[i]=nums.count(i)
print(sorted(result.items()))                    # 按随机数的升序输出字典元素
```

本程序中，首先使用列表推导式生成包含 200 个随机数的列表 nums，然后将 nums 转换为集合 diff_nums，目的是去除重复的随机数，最后遍历 diff_nums，利用列表的 count( ) 方法求出不同的随机数出现的次数，将结果存在字典 result 中并排序输出。

程序的一次运行结果：

```
[(0,3),(1,3),(2,2),(3,3),(4,2),(5,4),(6,4),(7,3),(10,2),(11,1),(12,2),
(14,2),(15,2),(16,5),(17,1),(18,1),(19,2),(20,2),(21,2),(22,3),(23,2),(25,1),
(26,3),(27,2),(28,5),(29,4),(31,1),(32,2),(34,4),(35,1),(36,2),(37,7),(38,3),
(39,2),(42,1),(43,1),(44,4),(45,2),(46,3),(47,1),(48,2),(49,2),(51,4),(52,4),
(53,4),(54,3),(55,1),(56,2),(57,2),(58,2),(59,2),(60,2),(61,2),(62,2),(63,1),
(64,3),(65,3),(67,3),(68,2),(69,4),(70,3),(71,1),(72,2),(73,4),(74,1),(75,1),
(76,3),(78,1),(80,4),(82,2),(83,2),(84,3),(85,2),(86,2),(87,2),(88,2),(90,2),
(91,2),(92,1),(94,4),(95,3),(97,1),(98,1),(100,1)]
```

【例 4-13】 编写程序，输入学号（全是数字），统计学号中各数字重复了多少次，将

统计结果存入字典中，并按学号中数字的升序输出该字典内容。

程序代码如下：

```
sno=eval(input())
result={}
while sno !=0:
    num=sno%10                                    # 取学号最后一位
    # 如果字典中还没有以该数字为键的元素，则以该数字为键并将其值设为 1
    # 如果已有以该数字为键的元素，则将该键对应的值加 1
    result[num]=result.get(num,0)+1
    sno=sno // 10                                 # 去除学号最后一位
resl=sorted(result.items())
for i in resl:
     print(i[0],':',i[1],sep='')
```

本程序使用循环，依次将学号中的数字从后往前提取出来，以这些数字为字典的键，以数字出现的次数为字典的值，存入字典 result 中，最后按键的升序来输出结果。

程序的一个测试结果：

```
1947401002↙
0:3
1:2
2:1
4:2
7:1
9:1
```

【例 4-14】 编写程序，对某门课的所有考试成绩分类统计，分别统计出优、良、中、及格和不及格的人数。

程序代码如下：

```
import random
marks=[random.randint(50,100) for i in range(20)]# 随机生成 20 个同学的成绩
print(" 成绩如下 : ",marks)
rank={}                                           # 利用字典存储统计人数
grade=['优秀','良好','中等','及格','不及格']
for item in marks:
    if item >=90:
        rank['优秀']=rank.get('优秀',0)+1
    elif item >=80:
        rank['良好']=rank.get('良好',0)+1
    elif item >=70:
        rank['中等']=rank.get('中等',0)+1
    elif item >=60:
        rank['及格']=rank.get('及格',0)+1
    else:
        rank['不及格']=rank.get('不及格',0)+1
for i in grade:
```

```
print('{}:{}'.format(i,rank[i]))
```

本程序用随机数模拟学生成绩，首先使用列表推导式随机生成 20 个同学的成绩，然后利用 for 循环对每个随机生成的成绩进行判断，并更新字典 rank 中相应等级的人数值。

程序的一次运行结果：

```
成绩如下 ： [95,75,58,56,65,55,78,99,85,69,97,93,51,90,57,54,62,79,67,88]
优秀 :5
良好 :2
中等 :3
及格 :4
不及格 :6
```

【例 4-15】 编写程序，检测密码的安全强度。

密码一般是由多种字符构成的字符串，该字符串中包含的字符种类就决定了该密码的安全强度。字符种类一般是指大写字母、小写字母、数字和特殊字符，如果一个密码包含 4 种字符，就被认为是强密码，包含 3 种字符则是中高强度密码，包含 2 种字符是中低强度密码，如果只包含 1 种字符则被认为是弱强度密码。很多系统都要求用户设置的密码至少达到中高强度。本程序要求在输入一个密码后，判断出该密码的强度。

程序代码如下：

```
#1   pwd_str=[set("ABCDEFGHIJKLMNOPQRSTUVWXYZ"),
#2           set("abcdefghijklmnopqrstuvwxyz"),
#3           set("0123456789"),
#4           set("!\"#$%&\'()*+,-./:;<=>?@[\\]^_`{|}~")]
#5   pwd_safe={4:' 高强度 ',3:' 中高强度 ',2:' 中低强度 ',1:' 弱强度 '}
#6   pwd=input(" 请输入要验证的密码 ：")
#7   pwd=set(pwd)
#8   num=0
#9   for item in pwd_str:      # 将密码和 pwd_str 中的各类字符构成的集合做交集运算
#10     if len(item & pwd) > 0:   # 运算结果不为空，则表示包含此类字符
#11         num +=1               # num 增加 1
#12  print(pwd_safe.get(num," 密码字符无法识别！ "))
```

在本程序中，#1~#4 行创建一个列表，该列表有 4 个集合元素，分别存放大写字母、小写字母、数字和特殊字符。#5 行创建一个字典，该字典的元素为不同数值及其对应的密码强度。#7 行将输入的密码字符串转换为集合，目的是把重复的字符去除。#9~#11 行利用循环依次将 pwd 和列表 pwd_str 中各元素做集合的交集运算，如果交集的结果不为空集，则 num 的值增加 1。当循环结束后，num 的值记录的就是用户输入的密码中包含字符种类的个数，以 num 值为键从字典 pwd_safe 中取出相应的密码强度并输出结果。

程序的一个测试结果：

```
请输入要验证的密码 :suda@123↙
中高强度
```

【例 4-16】 从键盘输入一个列表，列表由若干正整数组成，筛选出列表中的升序数，将找到的升序数去重后按从小到大的顺序输出。所谓升序数是指该数的各位数字从左到右依次增大，如 123 就是升序数。

程序代码如下：

```python
ls=eval(input())
ls_new=set()
for x in ls:
    x=str(x)
    for i in range(len(x)-1):
        if x[i]>=x[i+1]:
            break
    else:
        ls_new.add(int(x))
ls_out=sorted(ls_new)
print(ls_out)
```

本程序中判断升序数的方法：先将整数转换为字符串 x，再根据字符串 x 的索引 i 遍历字符串，当前一个字符大于或等于后一个字符时 break 结束循环，如果没有执行到 break 就一定会执行 else 部分的语句，即满足升序数要求的数会被添加到集合 ls_new。而集合的去重特点会去除重复的升序数，最后排序输出找到的所有升序数。

程序的一个测试结果：

```
[34,62,3361,745,259,2,23589]
[2,34,259,23589]
```

4.8　习题

1. Python 中有哪些组合数据类型？哪几种属于有序的，哪几种属于无序的？

2. 用列表推导式生成并输出一个包含 10 个数字 5 的列表。运行结果如下：

```
[5,5,5,5,5,5,5,5,5,5]
```

3. 编写程序，模拟列表的 index( ) 方法。要求输入一个列表和一个数据，输出该数据的索引（不允许直接使用 index( ) 方法）。运行结果如下（第 1 行为输入的列表，第 2 行为查找的数据，第 3 行为输出的索引）。

测试一：

```
请输入列表：[23,56,78,43,52]
查找的数据：43
索引：3
```

测试二：

```
请输入列表：[23,56,78,43,52]
```

```
查找的数据:45↙
45 is not found!
```

4. 编写程序，模拟列表的 count( ) 方法。要求输入一个列表和一个数据，输出该数据在列表中出现的次数（不允许直接使用 count( ) 方法）。运行结果如下（第 1 行为输入的列表，第 2 行为查找的数据，第 3 行为出现的次数）。

测试一：

```
请输入列表:[23,56,43,78,43,52]↙
查找的数据:43↙
出现次数:2
```

测试二：

```
请输入列表:[23,56,43,78,43,52]↙
查找的数据:45↙
出现次数:0
```

5. 编写程序，模拟列表的 remove( ) 方法。要求输入一个列表和一个数据，输出从列表中删除该数据后得到的新列表（不允许直接使用 remove( ) 方法）。运行结果如下（第 1 行为输入的列表，第 2 行为删除的数据，第 3 行为得到的新列表）。

测试一：

```
请输入列表:[23,56,43,78,43,52]↙
删除的数据:43↙
新列表:[23,56,78,43,52]
```

测试二：

```
请输入列表:[23,56,43,78,43,52]↙
删除的数据:45↙
45 is not found!
```

6. 编写程序，输入一个列表 a，计算得到一个元组 t，该元组 t 的第一个元素为列表 a 的最大值，其余元素为所有由该最大值在列表 a 中的下标构成的列表。运行结果如下（第 1 行为输入，第 2 行为输出）。

测试：

```
[23,56,43,78,43,52,78]↙
(78,[3,6])
```

7. 编写程序，要求输入一个整数 n，输出 n 行杨辉三角。运行结果如下（第 1 行为输入，第 2 行为输出，格式为每个数字左对齐，占 4 位）。

测试：

```
n:5↙
```

```
 1
 1    1
 1    2    1
 1    3    3    1
 1    4    6    4    1
```

8. 编写程序，输入两个正整数，计算并输出得到的一个元组，该元组的第一个元素为两个整数的最大公约数，第二个元素为两数的最小公倍数。运行结果如下（第 1 行为输入，第 2 行为输出）。

测试：

```
45,30
(3,450)
```

9. 编写程序，将输入的一个矩阵顺时针旋转 90° 后按行输出矩阵中的数据。运行结果如下（第 1 行为输入，后续行均为输出，要求每个数据右对齐，占 4 位）。

测试：

```
[[1,2,3],[4,5,6],[7,8,9]]
   3    6    9
   2    5    8
   1    4    7
```

10. 编写程序，随机生成一个包含 20 个两位正整数的列表，将该列表的前 10 个元素按降序排序、后 10 个元素按升序排序后输出。运行结果如下。

测试：

```
原列表:[23,53,47,42,74,35,32,65,97,43,24,32,53,43,58,85,45,64,36,37]
新列表:[97,74,65,53,47,43,42,35,32,23,24,32,36,37,43,45,53,58,64,85]
```

11. 编写程序，随机生成一个包含 20 个两位正整数的列表，将该列表奇数下标的元素升序排序，偶数位置的元素不变。运行结果如下。

测试：

```
原列表:[23,53,47,42,74,35,32,65,97,43,24,32,53,43,58,85,45,64,36,37]
新列表:[23,32,47,35,74,37,32,42,97,43,24,43,53,53,58,64,45,65,36,85]
```

12. 编写程序，模拟集合的对称差集运算。要求输入两个集合，输出它们的对称差集（不允许直接使用 symmetric_difference( )、symmetric_difference_update( ) 方法和 ^ 运算）。运行结果如下（第 1 行为输入的两个集合，第 2 行为它们的对称差集）。

测试：

```
{1,2,3,4,5,6},{4,5,6,7,8}
{1,2,3,7,8}
```

13. 编写程序，生成一个由 100 个 [10，20] 范围内的随机整数构成的列表，降序输出所有不同数字及其出现的次数。运行结果如下。

测试:

```
列表:[14,17,15,17,16,15,11,19,14,13,16,12,18,17,12,20,12,14,12,18,10,12,
11,20,19,16,17,19,14,15,18,11,17,15,20,20,19,14,16,11,17,14,11,13,15,17,18,
14,20,14,12,17,11,11,10,18,18,11,18,17,16,17,17,20,14,14,19,18,18,16,18,
19,13,15,18,13,16,20,17,11,16,12,15,15,18,11,11,11,20,18,20,11,13,16,10,15,
15,13,13,10]
```

统计结果:

```
20:9
19:6
18:13
17:12
16:9
15:10
14:10
13:7
12:7
11:13
10:4
```

14. 编写程序,代码第一行是d={'name':'Tom', 'age':20, 'sex':'male', 'addr':'Suzhou'},然后输入内容作为键,查找并输出字典d中该键对应的值,如果用户输入的键不存在,则输出"您输入的键不存在!"运行结果如下(第1行为输入,第2行为输出)。

测试一:

```
sex↙
male
```

测试二:

```
score↙
您输入的键不存在!
```

15. 假设有列表a=['sno','sname','score']、b=['1910299321','Tom','98'],编写程序,以列表a中的元素作为键,列表b中的元素作为值,生成一个字典。运行结果如下。

```
{'sno':'1910299321','sname':'Tom','score':'98'}
```

16. 编写程序,从键盘输入若干整数(大于1个),输出出现次数最多的整数,若有多个,则按升序输出这些数。运行结果如下(第1行为输入,第2行为输出)。

测试一:

```
1 1 2 2 3 3 3 4 5 6 7↙
3
```

测试二:

```
1 2 3 1 2 4 1 2 4 5 6 4 8 9↙
1 2 4
```

135

Python

第 5 章
字符串与正则表达式

5.1 字符串

字符串属于不可变的有序组合数据类型，使用单引号、双引号、三单引号或者三双引号作为定界符，不同的定界符可以相互嵌套。Python 中没有独立的字符数据类型，一个字符也是字符串。

5.1.1 字符串的基本操作

1. 创建

创建字符串很简单，只要为变量分配一个值即可。例如：

```
>>> s1='SuZhou'          # 单引号
>>> s2="SuZhou"          # 双引号
>>> s3='''SuZhou'''      # 三单引号
>>> s4="""SuZhou"""      # 三双引号
>>> type(s1)
<class'str'>
>>> s5=''                # 空字符串
```

也可以使用不带参数的 str( ) 函数创建空字符串。例如：

```
>>> s6=str()             # str() 函数创建空字符串
>>> s6
''
```

通过 str( ) 函数也可以把任意对象转换为 str 对象。注意，其他组合类型转换为字符串类型的结果，分隔符后会自动产生空格。例如：

```
>>> s7=str(12345)
>>> s7
'12345'
>>> s8=[1,2,3,4,5]
>>> str(s8)              # str() 函数将列表数据中的方括号、逗号、空格都转换为结果字符
'[1,2,3,4,5]'
>>> s9={'a':1,'b':2}
>>> str(s9)
"{'a':1,'b':2}"
```

另外，若有两个紧邻的字符串，中间以空格分隔，则自动拼接成一个字符串。例如：

```
>>>'SuZhou' 'China'
'SuZhouChina'
>>> x='12'    '34'
>>> x
'1234'
```

2. 索引

字符串也是有序对象，支持使用索引访问指定位置的元素（字符）。例如：

```
>>> s1='SuZhou'
>>> s1[0]
'S'
```

字符串同样支持双向索引。例如：

```
>>> s1[-1]
'u'
```

注意：字符串属于不可变对象，所以不可以修改、添加、删除元素。例如：

```
>>> s1[2]='C'
Traceback(most recent call last):
  File "<pyshell#451>",line 1,in <module>
    s1[2]='C'
TypeError:'str' object does not support item assignment
```

3. 删除

与列表、元组一样，当不再使用字符串对象时，可以使用 del 命令删除整个字符串，但因字符串是不可变数据类型，不可以用 del 命令删除字符串中的部分字符。例如：

```
>>> s1='SuZhou'
>>> del s1[2]
Traceback(most recent call last):
  File "<pyshell#46>",line 1,in <module>
    del s1[2]
TypeError:'str' object doesn't support item deletion
>>> del s1                   # 删除整个字符串
>>> s1                       # s1 已被删除，访问时会抛出异常
Traceback(most recent call last):
  File "<pyshell#454>",line 1,in <module>
    s1
NameError:name 's1' is not defined
```

4. 切片

切片操作同样适用于字符串对象，但只能使用切片操作获取字符串中的元素，不能做任何添加、修改和删除元素的操作。例如：

```
>>> s1="SuZhou,China"
>>> s1[:7]
```

```
'SuZhou,'
>>> s1[:6]
'SuZhou'
>>> s1[8:]
'hina'
>>> s1[7:]
'China'
>>> s1[::2]
'SZo,hn'
```

5. 遍历

字符串是有序序列，遍历字符串中的元素有利用索引遍历和直接遍历两种方式。例如：

```
>>> s1='SuZhou'
'SuZhou'
>>> for i in range(len(s1)):        # 根据字符串长度遍历，使用索引引用字符
    print(s1[i],end=' ')
S u Z h o u
>>> for ch in s1:                   # 直接遍历用 in 引用字符
    print(ch,end=' ')
S u Z h o u
```

6. 适用的运算符

运算符 +、+=、*、*=、in、<、<=、>、>=、==、!= 均可应用于字符串。+、+= 运算符用于字符串时，表示字符串的连接运算。*、*= 运算符用于重复字符串。成员测试符 in 则用于测试字符串中是否包含某个字符或字符串。例如：

```
>>> s1="SuZhou"
>>> s2="China"
>>> s1+s2                           # 字符串连接
'SuZhouChina'
>>> s1+=s2                          # 字符串连接，将结果赋予 s1
>>> s1
'SuZhouChina'
>>> s2*3
'ChinaChinaChina'
>>> s2 in s1                        # 判断 s2 是否出现在 s1 中
True
>>>'w' in s1                        # 判断字符 w 是否出现在 s1 中
False
```

<、<=、>、>=、==、!= 用于比较字符串的大小，确定字符串的大小时逐个字符比较大小，当被比较的两个字符能区分大小时，结束比较；若一直不能区分大小，且字符个数相等，则结果为相等，否则，字符个数多的字符串大，字符个数少的字符串小。字符的大小由其编码确定，例如，西文字符以字符对应的 ASCII 码值确定大小。以下是与字符串相关的运算。

```
>>> s1="SuZhou"
>>> s2="China"
>>> s1>s2                        # 关系运算符用于比较两个字符串的大小
True
>>> s1>"SuZhouT"                 # 若前面字符都相等，则长大短小
False
```

7. 内置函数对字符串的操作

字符串是一个由字符组成的组合型数据，因此 4.1.2 节中介绍的适用于组合数据类型的内置函数，除了 sum( ) 外都可以用于字符串。例如：

```
>>> s1="SuZhou"
>>> len(s1)                      # 求 s1 的长度（字符个数）
6
>>> max(s1)                      # 求 s1 中的最大元素（字符）
'u'
>>> min(s1)                      # 求 s1 中的最小元素（字符）
'S'
>>> sorted(s1)                   # 对 s1 中的元素（字符）排序，默认为升序
['S','Z','h','o','u','u']
>>> list(reversed(s1))           # 对 s1 中的元素（字符）逆序
['u','o','h','Z','u','S']
>>> list(zip(s1,"China"))        # 使用 list() 方法将 zip 对象转换为列表
[('S','C'),('u','h'),('Z','i'),('h','n'),('o','a')]
>>> list(enumerate(s1))          # 使用 list() 方法将 enumerate 对象转换为列表
[(0,'S'),(1,'u'),(2,'Z'),(3,'h'),(4,'o'),(5,'u')]
>>> all(s1)                      # 判断 s1 中所有元素（字符）是否都等价于 True
True
>>> any(s1)                      # 判断 s1 中是否有元素（字符）等价于 True
True
```

当所有元素都是字符串的两个列表或元组比较大小时，按索引次序依次比较相同索引的元素大小，即比较同一位置上的字符串大小。例如：

```
>>> list1=['123','9','67','3962']
>>> list1>['123','821']
True
```

上述比较运算中，首先比较两个列表的第一个元素 '123' 和 '123'，无法比出大小，就再比较 '9' 和 '821'，字符串的大小需要逐个字符进行比较，因为 '9' 的编码大于 '8' 的编码，可得 '9' 大于 '821'，因此 list1 大于 ['123','821']。

max( )、min( )、sorted( ) 函数的结果也采用类似的处理方式。例如：

```
>>> list1=['123','9','67','3962']
>>> max(list1)
'9'
>>> min(list2)
'123'
```

```
>>> sorted(list2)
['123','3962','67','9']
```

另外，内置函数 eval( ) 可将字符串转换为表达式并进行求值运算。例如：

```
>>> s1="3+4"
>>> eval(s1)                          # 将 s1 转换为表达式 3+4，并求出值
7
>>> s2=eval(s1)*2
>>> s2
14
>>> x=10
>>> y=20
>>> eval("x*y")                       # 将 s1 转换为表达式 x*y，并求出值
200
```

与字符串相关的内置函数还有 ord( ) 和 chr( )，ord( ) 可将字符转换为一个整数，chr( ) 则将一个整数转换为字符。例如：

```
>>> ord('A')                          # 转换结果是 'A' 字符在 ASCII 码表中的编码值
65
>>> chr(65)
'A'
>>> chr(ord('A')+32)                  # 可以将大写字符 'A' 转换为小写字符 'a'
'a'
>>> ord('苏')                         # 汉字的编码是 UTF-8，见 5.1.2 节的介绍
33487
>>> chr(33487)
'苏'
>>> chr(33488)
'莏'
>>> ord('苏州')                        # ord() 函数只能处理单个字符
Traceback(most recent call last):
  File "<pyshell#91>",line 1,in <module>
    ord('苏州')
TypeError:ord() expected a character,but string of length 2 found
```

5.1.2 字符串编码

最早的字符编码是 ASCII（美国标准信息交换码），共编码了 128 个字符（包括 10 个数字、26 个大写字母、26 个小写字母及一些控制符）。ASCII 采用 1 字节对字符进行编码，其编码字符仅考虑了当时美国的需求。

随着计算机的发展与普及，各国的文字都需要编码才能进行信息交换。于是各个国家或地区也都纷纷设计了自己的文字编码。目前国内常用的编码有扩充 ASCII、GB 2312、GBK、UTF-8 等。不同的编码规则意味着字符的不同表示和存储形式，因此，即使同一个字符，因使用的编码不一样，存入计算机时其内容也可能不一样。

GB 2312 是我国最早制定的中文编码标准，GBK（K 表示扩充）是对 GB 2312 的扩

充。这两种编码的中文汉字都采用 2 字节表示。UTF-8 也称万国码，是针对 Unicode 的一种编码方式。UTF-8 为了节省资源，采用变长编码，编码长度为 1~6 字节不等。对于中文字符，UTF-8 则使用 3 字节来表示。

　　Python 3.x 默认采用 UTF-8 编码格式，能支持中文，无论是一个数字、英文字符，还是汉字，都按一个字符来处理。如果想使用其他编码方式，可以使用字符串的 encode( ) 方法来指定。encode( ) 编码后得到的是 bytes 对象，而 bytes 对象可以通过 decode( ) 方法按对应的编码格式解码为 str 字符串。bytes 是一种特殊的字符类型，称为字节串，其每个元素是一个 8 位二进制数据。创建字节串时，只要在字符串前面加上字母 b 即可。例如：

```
>>> s1="SuZhou"                        # 创建字符串对象 s1
>>> b1=b"SuZhou"                       # 创建字节串对象 b1
>>> type(s1)                           # str 类型
<class'str'>
>>> type(b1)                           # bytes 类型
<class'bytes'>
>>> len(b1)
6
```

中文字符串的长度是所包含汉字字符的个数。例如：

```
>>> s2=" 苏州 "                         # 创建字符串对象
>>> len(s2)
2
>>> b2=s2.encode()                     # 默认使用 UTF-8 对汉字编码，每个汉字 3 字节
>>> b2
b'\xe8\x8b\x8f\xe5\xb7\x9e'
>>> len(b2)
6
>>> b2.decode()                        # 使用默认的 UTF-8 解码
' 苏州 '
```

　　以上 b2 中的 \x 是转义符标志，例如 \xe8 指字节内容为十六进制的 E8，连续的每 3 字节构成 1 个汉字字符。如果用 GBK 编码，则是 2 字节构成一个汉字。例如：

```
>>> " 苏州 ".encode('gbk')             # 使用 GBK 对汉字编码，每个汉字 2 字节
b'\xcb\xd5\xd6\xdd'
>>> b'\xcb\xd5\xd6\xdd'.decode()       # 默认使用 UTF-8 解码，会抛出异常
Traceback(most recent call last):
   File "<pyshell#472>",line 1,in <module>
     b'\xcb\xd5\xd6\xdd'.decode()
UnicodeDecodeError:'utf-8' codec can't decode byte 0xcb in position
0:invalid continuation byte
>>> b'\xcb\xd5\xd6\xdd'.decode('gbk')  # 使用 GBK 解码则正确
' 苏州 '
```

　　另外还需要注意，中文字符串前面不能加前缀 b。例如：

```
>>> b'苏州'
SyntaxError:bytes can only contain ASCII literal characters.
```

5.1.3 字符串的方法

Python 字符串提供了大量的方法，可以应用这些方法进行字符串的查找、替换和排版等操作。由于字符串属于不可变对象，因此只要涉及字符串修改的方法都返回修改后的新字符串，而原字符串是不会有任何改动的，都是非原地操作。

字符串对象的常用方法如表 5-1 所示。

表 5-1　字符串对象的常用方法

方　　法	功　能　说　明
str.capitalize( )	将字符串 str 的第一个字母变成大写，其他字母都变成小写
str.center(width[,fillchar])	返回一个宽度为 width 且原字符串 str 居中的字符串。fillchar 为填充字符，默认为空格
str.count(sub,start=0,end=len(string))	统计字符串 str 里某个子串 sub 出现的次数。可选参数 start 和 end 为在字符串中搜索的开始与结束位置
str.encode(encoding='UTF-8',errors='strict')	以指定的编码格式编码字符串。参数 errors 可以指定不同的错误处理方案
str.find(str1,beg=0,end=len(string))	返回子字符串 str1 在 str 中的起始索引位置。参数 beg（开始）和 end（结束，不含 end）可以指定范围。无论是否使用参数 beg 和 end，返回的都是整个字符串中的起始位置。如果不包含子字符串 str1，则返回 −1
str.rfind(str1,beg=0, end=len(string))	返回字符串 str1 最后一次出现的位置，如果没有匹配项则返回 −1。可以指定可选参数 [beg:end] 设置查找区间
str.index(str1,beg=0,end=len(string))	返回字符串 str1 出现的位置，可以指定可选参数 [beg:end] 设置查找区间。该方法与 find() 方法一样，只是如果 str1 不在 str 中则会报一个异常
str.rindex(str1,beg=0, end=len(string))	返回子字符串 str1 最后出现的位置，如果没有匹配的字符串会报异常。可以指定可选参数 [beg:end] 设置查找区间
str.isalnum( )	检测字符串是否由字母和数字组成
str.isalpha( )	检测字符串是否只由字母组成
str.isdigit( )	检测字符串是否只由数字组成
str.islower( )	检测字符串是否只由小写字母组成
str.isspace( )	检测字符串是否只由空白字符组成
str.isupper( )	检测字符串中所有的字母是否都为大写
str.join(sequence)	将组合数据类型 sequence 中的字符串元素，以指定的字符串 str 连接生成一个新的字符串
str.ljust(width[,fillchar])	返回一个原字符串 str 左对齐，并使用空格填充至指定长度 width 的新字符串。参数 fillchar 可以指定其他填充字符。如果指定的长度小于原字符串的长度则返回原字符串

续表

方　法	功　能　说　明
str.rjust(width[,fillchar])	返回一个原字符串 str 右对齐，并使用空格填充至长度 width 的新字符串。参数 fillchar 可以指定其他填充字符。如果指定的长度小于字符串的长度则返回原字符串
str.lower( )	将字符串中所有字母转换为小写
str.upper( )	将字符串中所有字母转换为大写
str.title( )	将所有单词的首字母转换为大写，其余字母均为小写
str.swapcase( )	对字符串的大小写字母进行互换
str.replace(old,new[,max])	把字符串 str 中的 old（旧子字符串）替换成 new（新子字符串），如果指定第三个参数 max，则替换不超过 max 次
str.split(str1="",num=str.count(str))	通过指定分隔符 str1 对字符串进行从左分隔并返回包含结果的列表。如果参数 num 有指定值，则最多仅分隔为 num+1 个子字符串
str.rsplit(str1="",num=str.count(str))	通过指定分隔符 str1 对字符串进行从右分隔并返回包含结果的列表。如果参数 num 有指定值，则最多仅分隔为 num+1 个子字符串
str.splitlines([keepends=False])	按照行 ('\r','\r\n',\n') 分隔，返回一个包含各行作为元素的列表。参数 keepends 默认值为 False，结果子串不包含换行符；如果值为 True，则保留换行符
str.startswith(substr,beg=0,end=len(string))	检查字符串是否以指定子字符串 substr 开头，如果是则返回 True，否则返回 False。如果参数 beg 和 end 有指定值，则在指定范围内检查
str.endswith(suffix[,start[,end]])	判断字符串是否以指定后缀结尾，如果以指定后缀结尾则返回 True，否则返回 False。可选参数 start 与 end 为检索字符串的开始与结束位置
str.strip([chars])	移除字符串头尾指定的字符（默认为空白字符）
str.lstrip([chars])	移除字符串左边的指定字符（默认为空白字符）
str.rstrip([chars])	移除字符串末尾的指定字符（默认为空白字符）
str.zfill(width)	返回指定长度的字符串，原字符串右对齐，前面填充 0
str.maketrans(intab,outtab)	返回一个字符映射的转换表。第一个参数 intab 是字符串，表示需要转换的字符；第二个参数 outtab 也是字符串，表示转换的目标
str.translate(table)	根据参数 table 给出的字符映射表转换字符串 str 中的字符，table 由 maketrans() 方法创建
str.format(⋯)	返回按照给定参数进行格式化后的字符串副本

下面具体介绍一些常用方法的用法。

1. lower( )、upper( )、title( )、capitalize( )、swapcase( )

这几个方法主要用来对字符串中的字母进行各种大小写的转换，都返回新字符串，而不会对原字符串进行任何修改。例如：

```
>>> s1="Soochow University is Beautiful"
>>> s1.lower()                          # 返回全部的小写字符串
'soochow university is beautiful'
>>> s1.upper()                          # 返回全部的大写字符串
'SOOCHOW UNIVERSITY IS BEAUTIFUL'
>>> s1.title()                          # 返回每个单词首字母变为大写的字符串
'Soochow University Is Beautiful'
>>> s1.capitalize()                     # 返回首字母变为大写的字符串
'Soochow university is beautiful'
>>> s1.swapcase()                       # 返回大小写字母互换后的字符串
'sOOCHOW uNIVERSITY IS bEAUTIFUL'
```

2. strip( )、lstrip( )、rstrip( )

这三个方法分别用来删除字符串两端、左端和右端连续的空白字符或指定字符，都返回新字符串，而不是原地操作。以 lstrip( ) 为例，删除时，从左端第 1 个字符开始，判断该字符是否为要删除字符，如果是则继续判断下一个字符，如果一直是，则一直删除，直到遇到一个不是要删除的字符为止。例如：

```
>>> s1="    Soochow University is Beautiful    "
>>> s1.strip()                          # 删除两端空白字符
'Soochow University is Beautiful'
>>> s1="\t\nSoochow University is Beautiful\t\n"
>>> s1.strip()                          # \t(Tab) 和 \n（换行）也被认为是空白字符
'Soochow University is Beautiful'
>>> s1="__:Soochow University is Beautiful:__"
>>> s1.strip("_")                       # 删除两端指定字符 _
':Soochow University is Beautiful:'
>>> s1.strip(":_")                      # 删除两端指定字符 : 和 _
'Soochow University is Beautiful'
>>> s1.lstrip(":_")                     # 删除左端指定字符 : 和 _
'Soochow University is Beautiful:__'
>>> s1.rstrip("_")                      # 删除右端指定字符 _
'__:Soochow University is Beautiful:'
```

3. find( )、rfind( )、index( )、rindex( )、count( )

字符串对象的 find( ) 和 index( ) 方法都是用来查找一个字符串在另一个字符串指定范围中首次出现的位置，区别在于当查询结果不存在该字符串时，find( ) 返回 −1，而 index( ) 则抛出异常。rfind( )、rindex( ) 和 find( )、index( ) 类似，区别只在于这两个方法查找的是最后出现的位置。count( ) 方法用来统计并返回一个字符串在另一个字符串中出现的次数，如果没有出现，则返回 0。例如：

```
>>> s1="Because had because,so had so"
>>> s1.find("a")               # s1 中第一次出现 a 的下标位置
3
>>> s1.find("had")             # s1 中第一次出现 had 的下标位置
8
```

```
>>> s1.find("had",11)          # 从下标位置 11 开始查找 s1 中第一次出现 had 的位置
24
>>> s1.find("had",11,22)    # 在 s1 下标范围 [11,22) 中没有查到 had
-1
>>> s1.rfind("had")            # s1 中最后一次出现 had 的下标位置，即从后向前查找
24
>>> s1.rfind("had",5,15)    # 在 s1 下标范围 [5,15) 中查找中最后一次出现 had 的位置
8
>>> s1.index("had")          # s1 中第一次出现 had 的下标位置
8
>>> s1.rindex("had")         # s1 中最后一次出现 had 的下标位置
24
>>> s1.index("have")         # s1 中找不到 have，抛出异常
Traceback(most recent call last):
  File "<pyshell#655>",line 1,in <module>
    s1.index("have")
ValueError:substring not found
>>> s1.count("a")            # 统计 a 在 s1 中出现的次数
4
>>> s1.count("so")           # 统计 so 在 s1 中出现的次数
2
>>> s1.count("have")         # 统计 have 在 s1 中出现的次数，若不存在则返回 0
0
>>> s1.count('so',11,22)     # 从下标位置 [11,22) 范围中统计 so 出现的次数
0
>>> s1.count('so',22)        # 从下标位置 22 开始统计 so 出现的次数
1
```

4. split( )、rsplit( )、splitlines( )

字符串对象的 split( ) 方法用指定分隔符对字符串从左往右分隔，返回包含结果的列表，且可以指定最大分隔次数。例如：

```
>>> s1="Because had because,so had so"
>>> s1.split(",")              # 使用逗号分隔
['Because had because','so had so']
```

如果不指定分隔符，则默认使用空白字符（包括空格、换行、制表符等）的连续出现作为分隔符，连续出现是指多个连续的空白字符作为一个分隔符。例如：

```
>>> s1="Because had because,so had so"
>>> s1.split()                # 默认使用空白字符分隔
['Because','had','because,','so','had','so']
>>> s2="\nBecause\nhad\nbecause,\t\t\n\nso\nhad\nso\n"
>>> s2.split()                # 默认使用空白字符分隔，逗号后的 \t\t\n\n 是一个分隔符
['Because','had','because,','so','had','so']
>>> s2.split('\n')            # 使用 \n 作为分隔符，结果会多出三个空字符串 ''
['','Because','had','because,\t\t','','so','had','so','']
```

在分隔的同时，还可以指定最大分隔次数，分隔后的子字符串为最大分隔次数 +1，

如果可分隔的子字符串小于最大分隔数，则按实际能分隔的子字符串组成列表。例如：

```
>>> s2="\nBecause\nhad\nbecause,\t\tso\nhad\nso\n"
>>> s2.split(maxsplit=3)    # 以空白字符作为分隔符，最大分隔次数为 3
['Because','had','because,','so\nhad\nso\n']
>>> s2.split('a',3)         # 以 a 作为分隔符，最大分隔次数为 3
['\nBec','use\nh','d\nbec','use,\t\tso\nhad\nso\n']
>>> s2.split('a',10)        # 以 a 作为分隔符，最大分隔次数为 10（按实际能分隔的次数）
['\nBec','use\nh','d\nbec','use,\t\tso\nh','d\nso\n']
```

字符串的 rsplit( ) 方法与 split( ) 方法的作用类似，区别仅在于从右往左分隔。例如：

```
>>> s2="\nBecause\nhad\nbecause,\t\tso\nhad\nso\n"
>>> s2.rsplit(maxsplit=1)    # 以空白字符作为分隔符从右分隔，最大分隔次数为 1
['\nBecause\nhad\nbecause,\t\tso\nhad','so']
>>> s2.rsplit('a',2)         # 以 a 作为分隔符从右分隔，最大分隔次数为 2
['\nBecause\nhad\nbec','use,\t\tso\nh','d\nso\n']
```

字符串对象的 splitlines( ) 方法根据换行符（\n）分隔，并将元素放入列表中，参数 keepends 的默认值为 False，结果子字符串不包含换行符，如果为 True，则结果子字符串保留换行符。例如：

```
>>> s1="\nBecause\nhad\nbecause,\t\tso\nhad\nso\n"
>>> s1.splitlines()
['','Because','had','because,\t\tso','had','so']
>>> s1.splitlines(keepends=True)   # 分隔后，每个结果子串都保留了 \n
['\n','Because\n','had\n','because,\t\tso\n','had\n','so\n']
```

5. isalnum( )、isalpha( )、isdigit( )、isspace( )、isupper( )、islower( )

这几个方法分别用来测试字符串是否为数字或字母组合、是否全为字母、是否全为数字、是否全为空白字符、是否全为大写字母、是否全为小写字母。例如：

```
>>> s1="123abc"
>>> s2="abc"
>>> s3="123"
>>> s1.isalnum()                    # s1 只有数字和字母
True
>>> s1.isalpha()                    # s1 不全是英文字母
False
>>> s2.isalpha()                    # s2 全为英文字母
True
>>> s1.isdigit()                    # s1 不全为数字
False
>>> s3.isdigit()                    # s3 全为数字，返回 True
True
>>> s3=b"123"
>>> s3.isdigit()                    # 支持 bytes 数字（单字节）
True
>>> s2="   "
>>> s2.isspace()                    # s2 全为空白字符，返回 True
```

```
True
>>> s2='\n \t    \n'
>>> s2.isspace()                       # 空格、\t、\n 全为空白字符，返回 True
True
>>> s2="aBC"
>>> s2.isupper()                       # s2 不全为大写字母，返回 False
False
>>> s2="ABC"
>>> s2.isupper()                       # s2 全为大写字母，返回 True
True
>>> s2="abc"
>>> s2.islower()                       # s2 全为小写字母，返回 True
True
```

字符串还有 isdecimal( )、isnumeric( )、istitle( ) 等判定某些特征字符的方法，其使用方法和功能请读者自行探索。

6. center( )、ljust( )、rjust( )、zfill( )

字符串对象的 center( )、ljust( )、rjust( ) 方法返回一个令原字符串居中、左对齐或右对齐，并使用指定的字符（默认为空格）填充至指定宽度的新字符串。如果指定宽度大于原字符串长度，则使用指定的字符（默认为空格）进行填充；如果指定宽度小于原字符串的长度则返回原字符串。zfill( ) 方法则返回指定宽度的字符串，在左侧以字符 0 进行填充。例如：

```
>>> s1="Soochow University"
>>> s1.center(10)                      # 指定宽度小于字符串长度，返回原字符串
'Soochow University'
>>> s1.center(30)                      # 居中对齐，两边以空格填充
'      Soochow University      '
>>> s1.center(30,'_')                  # 居中对齐，两边以 _ 填充
'_____Soochow University_____'
>>> s1.ljust(30,'_')                   # 左对齐，右边以 _ 填充
'Soochow University_____'
>>> s1.rjust(30,'_')                   # 右对齐，左边以 _ 填充
'_____Soochow University'
>>> s1.zfill(30)                       # 左边以 0 填充
'000000000000Soochow University'
>>> s1.zfill(10)                       # 指定宽度小于字符串长度，返回原字符串
'Soochow University'
```

7. startswith( )、endswith( )

字符串对象的 startswith( )、endswith( ) 方法用于判断字符串（或指定范围内）是否以指定的字符串开始或结束。例如：

```
>>> s1="Soochow University"
>>> s1.startswith("Scoo")              # 判断 s1 是否以 Scoo 开头
False
>>> s1.startswith("Soo")               # 判断 s1 是否以 Soo 开头
True
```

```
>>> s1.startswith("how",4,6)          # 判断 s1 的下标范围 [4,6) 是否以 how 开头
False
>>> s1.startswith("how",4,7)          # 判断 s1 的下标范围 [4,7) 是否以 how 开头
True
>>> s1.endswith("sity")              # 判断 s1 是否以 sity 结尾
True
>>> s1.endswith("sity",0,10)         # 判断 s1 的下标范围 [0,10) 是否以 sity 结尾
False
```

8. join( )、replace( )、maketrans( )、translate( )

字符串对象的 join( ) 方法用来将组合数据类型中的多个字符串以指定字符进行连接，返回连接后的新字符串。例如：

```
>>> list1=["Soochow","University","is","Beautiful"]
>>> s1=' '
>>> s1.join(list1)                   # 以空字符作为连接符（单词之间没有任何分隔符）
'SoochowUniversityisBeautiful'
>>> s1=' '
>>> s1.join(list1)                   # 以空格作为连接符
'Soochow University is Beautiful'
>>>'_'.join(list1)                   # 以 _ 作为连接符
'Soochow_University_is_Beautiful'
>>>'--##--'.join(list1)              # 以 --##-- 作为连接符
'Soochow--##--University--##--is--##--Beautiful'
>>> tuple1=("Soochow","University","is","Beautiful")
>>>'_'.join(tuple1)                  # 元组中的字符串也可以连接
'Soochow_University_is_Beautiful'
>>> set1={"Soochow","University","is","Beautiful"}
>>>'_'.join(set1)                    # 集合中的字符串也可以连接
'University_is_Soochow_Beautiful'
>>> dict1={"Soochow":1,"University":2,"is":3,"Beautiful":4}
>>>'_'.join(dict1)                   # 字典中的字符串也可以连接（默认是对字典的键操作）
'Soochow_is_Beautiful_University'
```

字符串对象的 replace( ) 方法用来替换字符串中指定的子字符串或字符，类似 Word 中的查找替换功能。该方法同样不属于原地操作，返回一个新字符串，同时还可以指定替换的次数。例如：

```
>>> s1="Because had because,so had so"
>>> s1.replace("had","have")          # 以 have 替代 had
'Because have because,so have so'
>>> s1.replace("had","have",1)        # 只替换 1 次
'Because have because,so had so'
>>> s1                                # s1 并未改变
'Because had because,so had so'
```

字符串对象的 maketrans( ) 和 translate( ) 方法通常结合起来使用。maketrans( ) 方法用来生成字符映射表，该方法的前缀可以是任意字符串；而 translate( ) 方法用来根据

maketrans( ) 方法生成的映射表中定义的对应关系来转换字符串中的字符，返回的是转换后的新字符串。将这两个方法结合起来使用可以一次性地处理多个不同的字符，相当于执行了多次的 replace( ) 方法。例如：

```
>>> s1="Because had because,so had so"
>>> table=''.maketrans("abc","ABC")        # 创建映射关系，a-A，b-B，c-C
>>> s1.translate(table)                     # 按映射关系替换字符串
'BeCAuse hAd BeCAuse,so hAd so'
>>> s1                                       # s1 并未改变
'Because had because,so had so'
```

如果使用 replace( ) 方法实现该功能，可以这样做：

```
>>> s1="Because had because,so had so"
>>> s2=s1.replace('a','A')
>>> s3=s2.replace('b','B')
>>> s4=s3.replace('c','C')
>>> s4
'BeCAuse hAd BeCAuse,so hAd so'
```

如果需要同时替换的字符较多，显然使用 maketrans( ) 和 translate( ) 方法的代码更简洁。

5.1.4 字符串常量

Python 的标准库 string 提供了数字字符、英文大小写字母及标点符号等常量，可供解决问题时使用。例如：

```
>>> import string
>>> string.ascii_lowercase               # 小写字母
'abcdefghijklmnopqrstuvwxyz'
>>> string.ascii_uppercase               # 大写字母
'ABCDEFGHIJKLMNOPQRSTUVWXYZ'
>>> string.ascii_letters                 # 大小写字母
'abcdefghijklmnopqrstuvwxyzABCDEFGHIJKLMNOPQRSTUVWXYZ'
>>> string.digits                        # 数字
'0123456789'
>>> string.punctuation                   # 标点符号
'!"#$%&\'()*+,-./:;<=>?@[\\]^_`{|}~'
```

*5.2 正则表达式

5.2.1 概述

1. 正则表达式概述

正则表达式（regular expression）是一种文本模式，用单个字符串来描述、匹配一系列符合某个句法规则（也称为模式）的字符串。利用正则表达式可以匹配和查找字符串并对其进行相应的修改处理。正则表达式中包括普通字符和特殊字符（称为"元字符"），例如，正则表达式 'So*chow' 中的 '*' 是具有重复功能的元字符，表示它的前一个字符或子模式可以被匹配任意次数（0 次或多次）。例如，'So*chow' 可以匹配 'Schow'（0 个 'o' 字符）、'Sochow'（1 个 'o' 字符）、'Soochow'（2 个 'o' 字符）等。

Python 自 1.5 版本起增加了 re 模块，可以提供 Perl 风格的正则表达式模式。re 模块使 Python 语言拥有了全部的正则表达式功能。re 模块的 compile( ) 函数可根据一个模式字符串和可选的标志参数生成一个正则表达式对象，该对象拥有一系列方法，用于正则表达式匹配和替换。re 模块也提供了与这些方法功能完全一致的函数，其第一个参数就是一个模式字符串。

正则表达式的功能很强大，可以说是博大精深，但也很烦琐，想在短时间内全部掌握是困难的。本书并不过于深入地阐述正则表达式，只浅浅介绍一些常用的、简单的正则表达式写法，建议感兴趣的读者查阅专门的参考资料深入学习。

2. 引例

以下是一个用正则表达式找出所有单词的例子：

```
>>> import re                                   # 引用 re 模块
>>> str1='Soochow University is Beautiful'      # 待处理的字符串
>>> re.findall('[a-zA-Z]+',str1)                # 找出所有单词
['Soochow','University','is','Beautiful']
```

运用正则表达式解决问题的一般步骤如下：

（1）引用 re 模块，即语句 import re；

（2）给出待处理的字符串，如引例中是在字符串 str1 中查找单词；

（3）调用 re 模块中合适的函数，或调用正则表达式对象的合适方法。如引例中调用了 re 模块中的 findall( ) 函数进行查找操作；

（4）确定正则表达式模式字符串，如引例中，字符串 '[a-zA-Z]+' 就是正则表达式模式字符串，表示匹配由字母构成的单词；

（5）根据需要使用正则表达式的结果，引例中的结果是一个列表，单词是这个列表中的元素，使用 findall( ) 函数或方法可以产生列表结果，其他方法的结果不一定是列表。

3. 元字符

最简单的正则表达式就是一个普通字符串，它会与普通字符串自身匹配。例如，正则表达式 "Soochow" 会和字符串 "Soochow" 完全匹配。在这个正则表达式里，所有字符均为普通字符（只和自身匹配），但是有一些字符比较特殊，它们具有特殊含义，这类字符一般称为元字符。正则表达式中常用的元字符如表 5-2 所示。

表 5-2 正则表达式中常用的元字符

元字符	含　义
.	匹配除换行符以外的任何单个字符
^	匹配以 ^ 后面的字符开头的字符串

续表

元字符	含　义
$	匹配以 $ 前面的字符结束的字符串
*	匹配位于 * 之前重复出现任意多次（包括 0 次）的字符，等价于 {0,}
+	匹配位于 + 之前重复出现 1 次或多次的字符，等价于 {1,}
?	匹配位于 ? 之前的 0 个或 1 个字符。该元字符可以和其他元字符（*、+、?、{n,}、{m,n}）配合使用，表示"非贪心"匹配模式
\	表示位于 \ 之后的字符为转义字符
|	匹配位于 | 之前或之后的字符
−	匹配指定范围内的任意字符
[ ]	匹配位于 [ ] 中的任意一个字符
{m,n}	匹配 { } 之前的字符最少 m 次，最多 n 次
( )	将位于 ( ) 内的内容作为一个整体来对待，相当于子模式

正则表达式中的元字符具有特殊含义，如果仅作为普通字符自身使用，则需要转义。例如，正则表达式 'a*b'，可以匹配任意多个 a 和一个 b 构成的字符串，如 'b'、'ab'、'aab' 等，但不能匹配 'a*b' 本身。如果希望表达式中的 * 号也作为一个普通字符，就需要转义，写成 *。例如，正则表达式 'a*b' 就匹配 'a*b'，而不能匹配 'b'、'ab'、'aab' 等。

有时候，正则表达式中有一些特殊的元字符和字符串中的转义符相同。例如，\b 在元字符里表示单词边界，但是在字符串中则是退格的转义符。因此在正则表达式中，这些与标准转义符重复的特殊符号必须使用两个反斜杠 \\ 表示；或者使用原始字符串表示，即在字符串前面加上前缀字符 r 或 R。

5.2.2　正则表达式的常用元字符

本节通过示例进一步介绍常用的正则表达式的元字符用法。

1. 匹配单个字符

匹配单个字符的元字符及其含义如表 5-3 所示。

表 5-3　匹配单个字符的元字符及其含义

元字符	含　义
普通字符	给出普通字符后，就匹配该普通字符
[ ]	匹配包含在 [ ] 内的任意一个字符。例如，'[abc]' 可以匹配 'a'、'b'、'c'，其他字符不能被匹配
[^]	匹配不在 [^] 内的任意一个字符。例如，'[^abc]' 可以匹配除了 'a'、'b'、'c' 以外的任意字符
[−]	匹配 − 前后字符指定范围内的任意一个字符。例如，[a−z] 匹配指定范围 a−z 内的任意一个字符。类似的写法还有 [0−9]、[a−zA−Z]、[a−zA−Z0−9]
[^−]	匹配 − 前后字符指定范围之外的任意一个字符
\d	匹配十进制数字，相当于 [0−9]
\D	匹配任何非数字字符，相当于 [^0−9]

151

元字符	含　义
\s	匹配任何空白字符，相当于 [\t\n\r\f\v]
\S	匹配任何非空白字符，相当于 [^\t\n\r\f\v]
\w	匹配任何单词字符，相当于 [a-zA-Z0-9_]
\W	匹配任何非单词字符，相当于 [^a-zA-Z0-9_]
.	匹配除换行符以外的任何单个字符

下面的代码是匹配单个字符后的结果。注意，以下代码中匹配到的都是一个字符，字符的先后顺序是被处理的字符串中相应字符出现的先后顺序。例如：

```
>>> import re
>>> str1='Soochow University,founded in 1900'
>>> re.findall('o',str1)                # 匹配字符 o
['o','o','o','o']
>>> re.findall('[abcde]',str1)          # 匹配字符 abcde 中的任意一个字符
['c','e','d','e','d']
>>> re.findall('[a-e]',str1)            # 匹配字符 abcde 中的任意一个字符
['c','e','d','e','d']
>>> re.findall('[^a-z]',str1)           # 匹配字符 a~z 之外的任意一个字符（含空格）
['S','','U','','','','','','1','9','0','0','#']
>>> re.findall('\d',str1)               # 匹配任意一个数字字符
['1','9','0','0']
>>> re.findall('\s',str1)               # 匹配任意一个空白字符
['','','','']
>>> re.findall('\W',str1)               # 匹配任何一个非单词字符
['','',',','','','','#']
>>> re.findall('.','in 1900.#')         # 匹配除换行符以外的任何一个字符
['i','n','','1','9','0','0','.','#']
>>> re.findall('\.','in 1900.#')        # 转义字符 \. 匹配句点字符本身
['.']
```

2. 匹配连续多个字符

用正则表达式匹配连续多个字符的方法有如下两种。

方法一：连续使用多个匹配单个字符的元字符。例如：

```
>>> str1='Soochow University,founded in 1900#'
>>> re.findall('found',str1)            # 匹配连续的普通字符 found
['found']
>>> re.findall('o[a-z]',str1)           # 匹配 2 个字符，第 1 个是 o，第 2 个是小写字母
['oo','ow','ou']
>>> re.findall('.i.',str1)              # 匹配中间是 i 的 3 个字符
['niv','sit',' in']
>>> str2='arank brank crank drank erank'
>>> re.findall('[abc]rank',str2)
['arank','brank','crank']
```

```
>>> re.findall('[^abc]rank',str2)
['drank','erank']
```

方法二：使用重复功能元字符。重复功能元字符能够指定正则表达式的某一部分的重复次数，表 5-4 为常用的有重复功能的元字符的详细说明及具体用法。

表 5-4　使用元字符实现重复功能

重复功能元字符	含　义
x{m,n}	x 至少重复 m 次，最多重复 n 次，例如，'Su{1,3}' 可匹配 'Su'、'Suu'、'Suuu'
x{n}	x 重复 n 次，例如，'Su{2}' 只能匹配 'Suu'，但不匹配 'Su'
x{m,}	x 至少重复 m 次，例如，'Su{1,}' 可匹配 'Su'、'Suu' 等，但不匹配 'S'
x*	等价于 x{0,}，例如，'Su*' 可匹配 'S'、'Su'、'Suu'、'Suuu' 等
x+	等价于 x{1,}，例如，'Su+' 可匹配 'Su'、'Suu'、'Suuu' 等，但不匹配 'S'
x?	等价于 x{0,1}，例如，'Su?' 可匹配 'S' 或 'Su'，其他一律不匹配
x\num	引用分组（子模式）num（代表第几个子模式的数字序号）匹配到的字符串，例如，'(x)(y)\2'，该表达式中的 '\2' 表示引用第二个分组 '(y)'，所以可匹配 'xyy'，但不匹配 'xy'、'xyz' 等

下面举例说明重复功能元字符的使用。

```
>>> str1='Soochow University,founded in 1900#'
>>> re.findall('o{2}',str1)                # 匹配连续的 2 个 o
['oo']
>>> re.findall('[o-z]{1}',str1)            # 匹配连续的 1 个范围为 o~z 的字符
['o','o','o','w','v','r','s','t','y','o','u']
>>> re.findall('[o-z]{2}',str1)            # 匹配连续的 2 个范围为 o~z 的字符
['oo','ow','rs','ty','ou']
>>> re.findall('[a-z]{2,5}',str1)          # 贪心匹配连续的 2~5 个小写英文字母
['oocho','niver','sity','found','ed','in']
```

3. "贪心" 和 "非贪心" 匹配算法

默认情况下，Python 有重复功能元字符的正则表达式采用 "贪心" 匹配算法，也就是得到一个最长的匹配。例如：

```
>>> str1='<0510><0512>'
>>> re.findall('<.+>',str1)                #" 贪心 " 匹配
['<0510><0512>']
```

正则表达式 '<.+>' 的含义是以 < 开头，后面至少跟一个字符，并以 > 结尾的字符串（元字符 '.' 的含义是指除换行符以外的任意单个字符）。结果匹配到的是最长的 '<0510><0512>'，而不是 '<0510>' 和 '<0512>'，因为 > 和 < 也属于一个除换行符外的任意字符。

如果不希望匹配算法那么 "贪心"，而是只匹配尽可能短的结果，则可以使用 "非贪心" 匹配算法，也称为 "惰性" 匹配算法。"非贪心" 匹配算法只需要在重复元字符后面加上符号 ? 即可。例如：

```
>>> str1='<0510><0512>'
>>> re.findall('<.+?>',str1)            #"非贪心"匹配
['<0510>','<0512>']
```

其他重复元字符 *、+、{m,n} 也有类似的匹配策略。例如：

*? 表示重复任意次（包括 0 次），但尽可能地少重复。

+? 表示重复 1 次或多次，但尽可能地少重复。

?? 表示重复 0 次或 1 次，但尽可能地少重复。

{m,n}? 表示重复最少 m 次、最多 n 次，但尽可能地少重复。

{m,}? 表示重复最少 m 次，但尽可能地少重复。

"贪心"匹配的核心原理是回溯机制：当"贪心"匹配尽可能多地匹配字符后，可能会导致后续的模式无法匹配，这时正则表达式引擎会通过回溯，逐步减少已匹配的字符，以便找到匹配的结果。对于较复杂的表达式和字符串，回溯可能会非常频繁，从而影响性能。

4. 子模式

正则表达式使用圆括号"( )"表示一个子模式（也称分组），圆括号内的内容作为一个整体出现。例如，正则表达式 '(red)+' 中的 (red) 可以匹配 redred、redredred 等多个重复的 red。注意，调用 findall( ) 函数或方法时，如果正则表达式中存在子模式，会出现意料之外的结果。例如，模式字符串中有一个分组的情况如下：

```
>>> str1='c abc ababc arararararc xycamc'
>>> re.findall('(a.)*c',str1)           # 结果列表中仅仅是分组的非重合匹配项
['','ab','ab','ar','','am']
```

可以看到，返回值列表中不是存放整个正则表达式的匹配结果，而是仅仅存放分组的匹配结果，包括空字符串。

如果模式字符串中有多个分组，则返回值的列表元素是元组，元组元素是各个分组的匹配字符串。例如：

```
>>> txt='Today is 2023-9-24. It happened on 1946-7-4.'
>>> re.findall('(\d{4})-(\d{1,2})-(\d{1,2})',txt)
[('2023','9','24'),('1946','7','4')]
```

上述具有分组的情况调用 findall( ) 函数或方法都只能在列表中匹配到子模式，而不是像我们希望的那样匹配整个正则表达式。产生这个问题的原因是正则表达式分组分为捕获组（capturing groups）和非捕获组（non-capturing groups）。

捕获组就是简单地用一对圆括号将分组括起来，它会把括号里面的子模式匹配到的内容保存起来，可以在需要时单独使用分组内容。

非捕获组的写法是在捕获组的基础上，在左括号的右侧加上"?:"，就不再保存子模式匹配到的内容。例如：

```
>>> txt='Today is 2023-9-24. It happened on 1946-7-4.'
>>> re.findall('(?:\d{4})-(?:\d{1,2})-(?:\d{1,2})',txt)
['2023-9-24','1946-7-4']
```

表 5-4 中还有一个重复功能的元字符 x\num 是专门用于捕获组的，其中 num 是一个 1~99 的正整数，代表捕获组的编号，即从左到右依次用 \1、\2、\3 等来对应捕获组 1、2、3。例如，正则表达式 r'(\w+)\1' 可以匹配重复的单词。

5. 选择

正则表达式中元字符的 '|' 表示选择，用于选择匹配多个可能的正则表达式中的一个。'|' 的优先级最低，通常使用圆括号来限定其作用范围。例如，'(a|b)+c' 表示匹配至少 1 个 a 或 b,后面紧跟一个字符 c。再如,固定电话号码的构成一般为"区号 - 电话号码"，区号为 3 位或 4 位，电话号码为 8 位，其正则表达式可以写成：r'((0\d{2}|0\d{3})-\d{8})'。例如：

```
>>> str1='Soochow University or Suzhou University'
>>> re.findall(r'(S|[a-z])+o',str1)      # 结果 h 是 (S|[a-z])+ 最后一次匹配到
['h','h']                                # 的字符
>>> x=re.finditer(r'(S|[a-z])+o',str1)   # 通过 finditer() 方法观察匹配到的是完
                                         # 整子串
>>> y=[]
>>> for i in x:
       y.append(i.group())
>>> y
['Soocho','Suzho']
```

6. 边界匹配

字符串的匹配经常涉及从某个起始位置开始，到某个结束位置结束，例如单词的开始和结束、行的开头和结束，就需要使用边界匹配。常用的边界匹配元字符如表 5-5 所示。

表 5-5　常用的边界匹配元字符

边界匹配元字符	功能及举例
^	表示匹配字符串的开头。例如，'^a' 匹配以 a 开头的字符串
$	表示匹配字符串的末尾。例如，'a$' 匹配以 a 结尾的字符串；'^[a-z]{1}Z$' 匹配以小写字母开头、以 'Z' 结束的字符串
\b	表示单词边界。例如，r'\bSu\b' 匹配 'Su'、'Su.'、'(Su)'，但不匹配 'SuZhou'。又如，r'\ba.b\b' 匹配 'afb'，但不匹配 'ab'、'abcd'、'afbcd'
\B	表示非单词边界。例如，r'Su\B' 匹配 'SuZhou'、'Susan'，但不匹配 'JiangSu'
\A	表示匹配字符串开始。例如，r'\A\d+' 在 '1234suzhou5678' 中匹配的是 '1234'
\Z	表示匹配字符串结束,如果存在换行，则只匹配到换行前的结束字符串。例如,r'\d+\Z' 在 '1234suzhou5678' 中匹配的是 '5678'

^、\A 的作用与字符串的 startswith( ) 方法类似，$、\Z 的作用与字符串的 endswith( )

方法类似。例如：

```
>>> str1='Soochow University or Suzhou University'
>>> str2='Susan is in JiangSu'
>>> str3='S is the 19th letter'
>>> str4='Jiang Su Su Zhou'
>>> re.findall(r'^S[a-z]',str1)        # 匹配整个字符串首字母是 S 的两个字符
['So']
>>> re.findall(r'^S[a-z]',str2)
['Su']
>>> re.findall(r'^S[a-z]',str3)        # 无法匹配，第 2 个字符不是 a~z
[]
>>> re.findall(r'^S.',str3)            # 匹配成功，第 2 个字符是非换行符的任意字符
['S ']
>>> re.findall(r'^Su.*Su$',str2)       # 匹配首尾都是 Su 的整个字符串
['Susan is in JiangSu']
>>> re.findall(r'^Su.*Su$',str4)
[]
>>> re.findall(r'\bSu',str2)           # 匹配到的是 Susan 中的 Su
['Su']
>>> re.findall(r'Su\b',str2)           # 匹配到的是 JiangSu 中的 Su
['Su']
>>> re.findall(r'\bSu\b',str2)         # 不存在单独的单词 Su
[]
>>> re.findall(r'\bSu',str4)
['Su','Su']
>>> re.findall(r'Su\b',str4)
['Su','Su']
>>> re.findall(r'Su\s',str4)           # 匹配结果中的每个子串是 3 个字符，多了个空格
['Su ','Su ']
>>> re.findall(r'\bSu\b',str4)         # str4 存在两个单独的单词 Su
['Su ','Su ']
>>> re.findall(r'\BSu',str2)           # 匹配到的是 JiangSu 中的 Su
['Su']
```

5.2.3 re 模块的匹配操作

5.2.2 节主要介绍正则表达式的模式字符串，这一节将介绍正则表达式的执行模块 re。Python 的 re 模块提供了正则表达式操作所需的全部功能，导入 re 模块后，就可以直接使用 re 模块中的函数来处理字符串，或将正则表达式编译成正则表达式对象后，再调用正则表达式对象的方法处理字符串。

1. re 模块的函数

调用 re 模块常用函数的格式：

```
re. 函数名（参数）
```

re 模块中的常用函数如表 5-6 所示。

表 5-6　re 模块中的常用函数

函　数	功　能
match(pattern,string[,flags])	尝试从字符串的起始位置匹配一个模式，若匹配成功则返回一个 match 对象，否则返回 None
search(pattern,string[,flags])	扫描整个字符串并返回第一个成功的匹配，若匹配成功则返回一个 match 对象，否则返回 None
sub(pattern,repl,string[,count=0])	替换字符串中的匹配项，返回新字符串。pattern 是正则表达式的模式字符串；repl 表示替换的字符串；string 是要被查找和替换的原始字符串；count 为模式匹配后替换的最大次数，默认值 0 表示替换所有的匹配
subn(pattern,repl,string[,count=0])	和 sub( ) 函数类似，但是返回的是新字符串和替换次数的二元组
findall (pattern,string[,flags])	在字符串中找到正则表达式所匹配的所有子串，并返回一个列表。如果没有找到匹配的子串，则返回空列表
finditer(pattern,string[,flags])	和 findall( ) 函数类似，在字符串中找到正则表达式所匹配的所有子串，并把它们作为一个迭代器返回
split(pattern,string[,maxsplit=0])	按照能够匹配的子串将字符串分隔后返回列表
compile(pattern[,flags])	用于编译正则表达式，生成一个正则表达式（Pattern）对象

在表 5-6 中出现的很多函数都有一个参数 flags，该参数为可选参数，也称为可选标记修饰符。正则表达式可以包含一些可选标记修饰符来控制匹配的模式，如果要多个标记组合使用则可以用 '|' 来指定。例如 'I' 和 'M' 标记可以写成 re.I | re.M。可用的标记修饰符如表 5-7 所示。

表 5-7　可用的标记修饰符

标记修饰符	含　义
re.I	使匹配对大小写不敏感
re.L	本地化识别匹配
re.M	多行匹配
re.S	使 '.' 匹配包括换行在内的任意字符
re.U	根据 Unicode 字符集解析字符
re.X	忽略模式（正则表达式）中的空格，并可以使用 # 注释

下面分别使用 re 模块提供的不同函数来处理字符串。

1）match 对象和查找单个子串的 match( ) 函数、search( ) 函数

match( ) 函数和 search( ) 函数都是按照正则表达式去查找子串，返回值是 match 对象或 None。两者的区别在于 match( ) 函数判断子串是否在字符串的起始位置，而 search( ) 函数则找出任意位置的第一个子串。若找不到符合要求的子串，则返回 None。例如：

```
>>> str1='Susan is in JiangSu'
>>> str2='Jiang Su Su Zhou'
>>> re.match('Su',str1)          # 匹配起始位置的 Su，span=(0,2) 表示位置在 0~2
<re.Match object; span=(0,2),match='Su'>
```

157

```
>>> print(re.match('Su',str2))    # 匹配失败，起始位置不是 Su
None
>>> re.search('Su',str1)          # 匹配第一个 Su，span=(0,2) 表示位置在 0~2
<re.Match object; span=(0,2),match='Su'>
>>> re.search('Su',str2)          # 匹配第一个 Su，span=(6,8) 表示位置在 6~8
<re.Match object; span=(6,8),match='Su'>
```

match 对象是 match( ) 函数和 search( ) 函数返回的匹配对象。match 对象包含 start( )、end( )、span( )、group( ) 方法，通过这些方法可以知道找到的子串在原始字符串中的相关信息。例如：

```
>>> str2='Jiang Su Su Zhou'
>>> x=re.search('Su',str2)        # 匹配第一个 Su 的 match 对象
>>> x.start()                     # 返回匹配成功的 Su 的起始位置
6
>>> x.end()                       # 返回匹配成功的 Su 的结束位置
8
>>> x.span()                      # 返回匹配成功的 Su 的位置范围
(6,8)
>>> x.group()                     # 返回 match 对象的子串值
'Su'
```

当正则表达式里包含子模式时，match 对象的 groups( ) 方法会返回一个包含所匹配子串及子串中所有子模式内容的元组。若正则表达式中不包含子模式，则返回空元组。例如：

```
>>> str1='Tel:0512-12341234,Fax:0512-78907890'
>>> x=re.search(r'((0\d{2}|0\d{3})-\d{8})',str1)
>>> x
<re.Match object; span=(4,17),match='0512-12341234'>
>>> x.group()              # 返回 match 对象匹配到的完整的子串值
'0512-12341234'
>>> x.groups()             # 返回匹配到的完整子串，以及匹配子模式 (0\d{2}|0\d{3}) 的子串
('0512-12341234','0512')
```

在最后一条命令的执行结果中，'0512-12341234' 是整个正则表达式 ((0\d{2}|0\d{3})-\d{8}) 的匹配结果，'0512' 是正则表达式中子模式 (0\d{2}|0\d{3}) 的匹配结果。

2）查找多个子串的 findall( )、finditer( ) 函数

findall( ) 函数返回一个包含匹配成功的子串的列表，如果没有找到匹配的子串，则返回空列表。注意，findall( ) 函数只返回子串的内容，无法获取子串在原始字符串中的相关信息。而 finditer( ) 函数则返回一个迭代器对象，迭代器中的当前对象是一个 match 对象。例如：

```
>>> str1='Susan is in JiangSu'
>>> re.findall('Su',str1)         # 返回包含了匹配成功的两个结果的列表
['Su','Su']
>>> x=re.finditer('Su',str1)
>>> x                             # 返回一个迭代器对象
```

```
<callable_iterator object at 0x000001E9F3D82348>
>>> y1=next(x)                    # 获取迭代器对象 x 中的第 1 个结果，类型是 match 对象
>>> y1
<re.Match object; span=(0,2),match='Su'>
>>> y1.start(),y1.end(),y1.span(),y1.group()
(0,2,(0,2),'Su')
>>> y2=next(x)                    # 获取迭代器对象 x 中的第 2 个结果，类型是 match 对象
>>> y2
<re.Match object; span=(17,19),match='Su'>
>>> y2.start(),y2.end(),y2.span(),y2.group()
(17,19,(17,19),'Su')
>>> str2='Jiang Su Su Zhou'
>>> x=re.finditer('Su',str2)  # 返回一个迭代器对象
>>> for m in x:                   # 利用遍历语句 for，遍历多个 match 对象
        m.start(),m.end(),m.span(),m.group()
(6,8,(6,8),'Su')
(9,11,(9,11),'Su'')
```

3）替换字符串的 sub( ) 函数和 subn( ) 函数

sub( ) 函数会替换所有指定的子串，返回替换后的完整字符串。subn( ) 函数则返回一个元组，元组内容是替换后的完整字符串和替换次数。例如：

```
>>> str1='Soochow University is Beautiful. Soochow University is
Beautiful.'
>>> re.sub('Soochow','SuZhou',str1)       # 字符串替换
'SuZhou University is Beautiful. SuZhou University is Beautiful.'
>>> str1='Soochow university is is beautiful'
>>> re.sub(r'(\b\w+) \1',r'\1',str1) # \1 引用第一个分组的内容，即连续重复单词
'Soochow University is Beautiful'
>>> str1='Soochow Soochow Soochow'
>>> re.subn('Soo','Su'Su',str1)           # 返回替换后的新字符串和替换次数组成的元组
('Suchow Suchow Suchow',3)
```

4）分隔字符串的 split( ) 函数

以正则表达式匹配的子串作为分隔符进行分隔，返回列表形式的分隔结果。无 maxsplit 参数时，全部分隔，否则只分隔 maxsplit 参数指定的次数。例如：

```
>>> str1='Soochow University is Beautiful'
>>> re.split('\W+',str1)                 #'\W' 表示非单词字符
['Soochow','University','is','Beautiful']
>>> re.split('\W+',str1,1)               # 分隔 1 次，结果含 2 个子串
['Soochow','University is Beautiful']
```

2. 正则表达式的 Pattern 对象及其方法

在 re 模块里，使用 compile( ) 方法可以将正则表达式编译成正则表达式对象 Pattern，然后就能使用正则表达式对象提供的方法进行字符串的处理了。正则表达式对象的方法名和 re 模块的函数名是一致的，也有 match( )、search( )、findall( )、finditer( )、sub( )、subn( ) 等，

使用时，要把前缀 re 改为 Pattern 对象名（例如以下示例代码中的 pat）。使用正则表达式对象可以提高字符串处理的速度。例如：

```
>>> str1='Soochow University is Beautiful'
>>> pat=re.compile(r'\b[BS]\w+\b')    # 以 B 或 S 开头的单词
>>> pat
re.compile('\\b[BS]\\w+\\b')
>>> type(pat)                         # 正则表达式对象的类型是 Pattern
<class 're.Pattern'>
>>> pat.findall(str1)                 # 前缀为 pat，是调用 pat 对象的方法
['Soochow','Beautiful']
>>> pat.finditer(str1)                # 返回可迭代对象，由 match 对象构成
<callable_iterator object at 0x00000000033686A0>
>>> pat.match(str1)
<_sre.SRE_Match object; span=(0,7),match='Soochow'>
>>> pat.search(str1)
<_sre.SRE_Match object; span=(0,7),match='Soochow'>
>>> pat.sub('***',str1)               # 以 B 或 S 开头的单词用 *** 替换
'*** University is ***'
>>> pat.subn('***',str1)
('*** University is ***',2)
>>> pat=re.compile('\W+')             # 非单词字符
>>> pat.split(str1)
['Soochow','University','is','Beautiful']
```

5.3 应用举例

【例 5-1】 编写程序，任意输入 5 位数字，将这 5 位数字重新排列组合，组合出最大的数值串和最小的数值串。

程序代码如下：

```
a=input()
b=list(a)
print('max:'+"".join(sorted(b,reverse=True)))
print('min:'+"".join(sorted(b)))
```

程序的一个测试结果：

```
63529↙
max:96532
min:23569
```

本程序对输入的数字按字符串处理，将字符串转换为 list 后，每个单独的字符成为列表元素，对列表排序可得最大值和最小值的字符序列；最后，用字符串的 join( ) 方法将独立的字符拼接成一个字符串。

【例 5-2】 编写程序，计算字符串匹配的准确率（要求按百分比格式，带 2 位小数）。

程序代码如下：

```
#1   origin=input("请输入原文：")              # origin 为原始字符串
#2   userinput=input("请用户输入：")           # userinput 为用户输入的字符串
#3   num=0
#4   if len(origin) != len(userinput):
#5       print("对不起，输入的内容长度和原文必须相等！")
#6   else:
#7       for origin_ch,user_ch in zip(origin,userinput):
#8           if origin_ch ==user_ch:
#9               num +=1
#10  rate=num / len(origin)
#11      print("准确率为 :%.2f%%"%(rate*100))
```

程序的一个测试结果：

```
请输入原文 :hello world↙
请用户输入 :Hello World↙
准确率为 : 81.82%
```

本程序中，#7 行使用 zip( ) 函数将原始字符串和用户输入字符串打包成元组构成的一个 zip 可迭代对象。在循环中取出 zip 对象中每个元组里的对应字符，判断是否相等，记录共有多少字符是相等的。#10 行用 num 除以字符总数即为准确率。

【例 5-3】 编写程序，生成一个包含 100 个随机字符的字符串，统计出现次数为前 3 名的相关字符。

程序代码如下：

```
#1   import string
#2   import random
#3   chs=string.ascii_letters        # 字符集，包含大小写共 52 个字符
#4   x=[random.choice(chs) for i in range(100)]
#5   y=''.join(x)                    # 将列表中所有字符连接成字符串
#6   result=dict()
#7   for ch in y:
#8       result[ch]=result.get(ch,0)+1
#9   print("随机生成的字符串为 :\n"+y)
#10  ##print("字符出现的次数统计如下：")
#11  ##for item in result.items():
#12  ##     print(item)
#13  print("出现次数为前 3 名的字符如下：")
#14  rank3=sorted(set(result.values()),reverse=True)[:3]
#15                          # 用集合将 values 值去重，用切片操作取出现次数的前 3 名
#16  #print(rank3)
#17  for i in rank3:
#18      out=[]
#19      for j in result:   # 遍历 result 找到次数为 i 的字符
#20          if result[j]==i:
#21              out.append(j)
#22      print(i,':',out)
```

程序的一个测试结果：

```
随机生成的字符串为：
pmaZJzNKeIbTlYKVlNzHzlzYRlLuZOwFXIEJswZtkKzOjHAHXQiTjMsMzIFbLEzVpkzmPPh
obkrbOCnbgowjeMWcyngvaUdlRWwj
出现次数前 3 名的字符如下：
8 :['z']
5 :['b','l']
4 :['w','j']
```

本程序中，#4 行使用列表推导式随机生成 100 个字母构成的列表；#5 行使用字符串的 join( ) 方法将所有字母连接成一个字符串；第一个 for 循环则是用来统计字符串中各个字符出现的次数，将统计结果存放在字典 result 中；#14 行利用集合去掉重复的次数，再用 sorted( ) 排序，然后用切片操作获取出现次数的前 3 名；最后，遍历 result 找出与次数相等的那些字符，一并输出。

【例 5-4】 编写程序，统计输入的英文文本中单词的个数，单词之间使用空格分隔。

程序代码如下：

```
text=input(" 请输入英文文本：")
words=text.split()                # 以空白字符将文本分隔
print(" 该文本单词总数为：",len(words))
```

程序的一个测试结果：

```
请输入英文文本:hello i am Mr xiong↙
该文本单词总数为：5
```

本程序中，文本是用空白字符来分隔单词，所以用字符串的 split( ) 方法即可将文章中所有单词分隔出来并存入列表中，最后只要用内置函数 len( ) 求出列表长度即为单词的总数。

【例 5-5】 编写程序，统计输入的英文文本中不同单词出现的次数，单词间不一定是空格，并输出出现频率最高的单词。

程序代码如下：

```
import re
text=input(" 请输入英文文本：")
words=re.findall(r'\w+',text)  #\w 匹配任意单词字符，相当于 [a-zA-Z0-9_]
result=dict()
for word in words:                      # 统计每个单词出现次数，并将结果存入字典
    result[word]=result.get(word,0)+1
m=max(result.values())              # 计算出现的最大次数
# print(m)
print(" 单词统计结果如下：")
for key,value in result.items():
    print(key,":",value)
print(" 出现频率最高的单词有：")
for key,value in result.items():          # 找出所有出现次数最多的单词并输出
    if value == m:
        print(key)
```

```
print(" 共出现了 ",m," 次！ ")
```

程序的一个测试结果：

```
请输入英文文本 :Soochow University was founded in 1900. Soochow University
is beautiful. ↙
单词统计结果如下 :
Soochow :2
University :2
was :1
founded :1
in :1
1900 :1
is :1
beautiful :1
出现频率最高的单词有 :
Soochow
University
共出现了 2 次!
```

在本程序中，首先利用正则表达式将文本中所有单词分隔出来，并统计出不同单词出现的次数，然后找出出现次数的最大值，再根据该最大值找出所有出现次数最多的单词（出现频率最高的单词可能不止一个）。

【例 5-6】 编写程序，输出由 * 组成的金字塔。要求用户可以指定输出的行数。例如，用户指定输出 7 行时，输出的 * 组成的金字塔如下：

```
      *
     ***
    *****
   *******
  *********
 ***********
*************
```

程序代码如下：

```
n=eval(input(" 请输入一个正整数 :"))
for i in range(n):
    print(('*'*(2*i+1)).center(2*n-1))
```

程序的一个测试结果：

```
请输入一个正整数 :9↙
        *
       ***
      *****
     *******
    *********
   ***********
  *************
 ***************
*****************
```

在本程序中，首先需要计算出每一行输出的 * 的个数和行号之间的关系，这个关系很好推导，第 i 行的 * 的个数是 2*i+1（i 从 0 开始）；其次需要计算最后一行所占宽度（即最后一行 * 的个数），很明显是 2*n−1。在循环输出每一行 * 时，只要将所有 * 以最后一行应该输出的 * 的个数为宽度来居中输出即可，可以使用字符串方法 center( ) 将 * 自动居中存放。

【例 5-7】 编写程序，输入英文句子，升序输出该句英文中所有由 3 个字母组成的单词。

以下给出两种方法来解决这个问题。方法一的程序代码如下：

```
import string
wordchars=string.ascii_letters+string.digits+'_'
text=input("请输入英文句子：")
changetext=''
for ch in text:
    if ch not in wordchars:
        ch=''
    changetext+=ch
words=changetext.split()
s=set()
for word in words:
    if len(word) == 3:
        s.add(word)
print("长度为 3 的单词有：")
s1=sorted(s)                    # 集合内的元素是无序的，转换为排好序的列表
for item in s1:
    print(item)
```

程序的一个测试结果：

```
请输入英文句子：hello how are you you name↙
长度为 3 的单词有：
are
how
you
```

在方法一的程序中，先将非单词字符都替换为空格，再用 split( ) 方法将所有单词提取出来存入列表中；然后依次对列表元素（单词）判断其长度是不是 3，如果是 3，就将该单词存放在集合中（注意，文章中可能有大量重复的单词长度都是 3，所以这里用集合，它可以自动过滤重复的单词）；最后对集合排序，输出排序后的单词即可。

方法二的程序代码如下：

```
import re
text=input("请输入英文句子：")
words=re.findall(r'\b\w{3}\b',text)          #\w{3} 匹配 3 个字母的单词
##print(words)
```

```
s=set(words)
print("长度为3的单词有：")
s1=sorted(s)            #集合内的元素是无序的，转换为排好序的列表
for item in s1:
    print(item)
```

程序的一个测试结果：

```
请输入英文句子:hello how are you you name↙
长度为3的单词有：
are
how
you
```

在方法二的程序中，利用正则表达式直接获取 3 个字母组成的单词存入列表中，然后利用集合去掉重复的单词再进行排序，最后输出排好序的单词。

【例 5-8】 编写程序，输入一行英文字母（只包含大小写字母），采用简单的替换加密法对该行英文加密。加密规则是将明文中的每个字母的 ASCII 值加 5，然后做模 26 的取余运算。

程序代码如下：

```
text=input("请输入明文：")
en_text=[]
for ch in text:
    if 'a' <=ch<='z':
        en_text.append(chr((ord(ch)+5-ord('a'))%26+ord('a')))
    elif 'A' <=ch<='Z':
        en_text.append(chr((ord(ch)+5-ord('A'))%26+ord('A')))
en_text=''.join(en_text)
print("密文为：",en_text)
```

程序的一个测试结果：

```
请输入明文:SoochowUniversity↙
密文为：XtthmtbZsnajwxnyd
```

在本程序中，首先取出明文中的每个字母，判断它是大写字母还是小写字母。如果是小写字母，则将其 ASCII 码值加 5、减去 'a' 的 ASCII 码值，做模 26 的取余运算，再加上 'a' 的 ASCII 码值，并将该值所对应的字符作为密文字符，添加到列表尾部。大写字母的处理方式与小写字母类似。最后将所有处理后的密文字符连接成密文字符串即可。

5.4 习题

1. 编写程序，输入一个字符串，判断它是否为回文串。回文串是正序和逆序内容相同的字符串。运行结果如下（第 1 行为输入，第 2 行为输出）。

测试一：

```
abcba↙
Yes
```

测试二：

```
abcdef↙
No
```

2. 编写程序，输入英文语句，将文中指定的字符串换成另一个字符串。运行结果如下（第 1、2、3 行为输入，第 4 行为输出）。

测试：

```
请输入英文语句:This is a desk. That is not a desk.↙
查找内容:desk↙
替换为:pencil↙
This is a pencil. That is not a pencil.
```

3. 编写程序，输入一个字符串（只包含字母和 *），删除该字符串中除了尾部以外的所有 *。运行结果如下（第 1 行为输入，第 2 行为输出）。

测试：

```
***SSFG**fgeD***↙
SSFGfgeD***
```

4. 编写程序，输入一行英文，对文中内容进行加密。加密方法是英文字母 A->Z，B->Y…Z->A，a->z, b->y…z->a，其余字符不变。运行结果如下（第 1 行为输入，第 2 行为输出）。

测试：

```
This is a desk↙
Gsrh rh z wvhp
```

5. 编写程序，输入一行英文，假设其中某单词中的字母 'u' 误写为 'U'（非首字母），输出时将文中所有错误纠正。运行结果如下（第 1 行为输入，第 2 行为输出）。

测试：

```
SUzhou University↙
Suzhou University
```

6. 编写程序，输入一行英文，有时会出现单词连续重复 2 次的错误，要求纠正重复出现 2 次的单词并输出。运行结果如下（第 1 行为输入，第 2 行为输出）。

测试：

```
This is is a desk↙
This is a desk
```

7. 编写程序，输入一个字符串 s 和正整数 m，统计并按升序输出在字符串 s 中出现 m 次的所有字符，若没有这样的字符则输出 None。运行结果如下（第 1、2 行为输入，第 3 行为输出）。

测试一：

```
abcaddcdbbcc↙
3↙
b d
```

测试二：

```
abcaddcdbbcc↙
1↙
None
```

8. 编写程序，输入一个字符串，对连续重复的字符只保留 1 个字符。运行结果如下（第 1 行为输入，第 2 行为输出）。

测试：

```
aaabcddaaaaafsgghh↙
abcdafsgh
```

9. 编写程序，输入一个只含空格和英文字母的字符串，提取每个单词的首字母，变成大写后形成该字符串的缩写。运行结果如下（第 1 行为输入，第 2 行为输出）。

测试：

```
central processing unit↙
CPU
```

Python

第6章

函数与模块

编程中经常需要在不同的地方多次使用相同或类似的代码，虽然可以直接将代码块复制到相应位置，但这样会出现代码重复的现象，大大增加代码量，并且不利于对代码的维护。例如，一旦发现某个功能需要改进、修改代码，采用复制代码的方式就不得不在所有位置都做相同的修改，有可能造成遗漏或前后不一致。避免出现这种问题的一种技术手段是编写函数，或者采用面向对象程序设计中的类。使用函数或类，可以有效地组织代码，提高代码的重用性，使之条理更清晰、可靠性更强。本章将重点介绍函数。

6.1 函数的定义与调用

从用户的角度而言，函数分为系统函数和用户自定义函数。系统函数通常是针对一些常见的通用功能而开发的，例如，内置函数中的 len( )、max( )、sum( )、range( )、print( )、input( ) 等，标准库 random 中的函数 randint( )、sample( )、choice( ) 等，用户无须为实现这些功能而重新编写代码，只要会调用即可。但是在程序开发过程中也经常会遇到一些不常见的功能需求，这些功能没有系统函数提供给用户使用，只能由用户自己编写代码以完成函数的定义。

6.1.1 函数的定义

函数是一段预先定义的、可以被多次重用的代码，用来实现一个独立的特定功能。使用函数之前必须先定义函数，之后才可以根据需要调用该函数。定义函数的一般格式：

```
def 函数名 ([形式参数表]):
    """                          # 也可以使用三单引号作为定界符
    函数注释
    """
    函数体
```

自定义函数时，需要遵循以下规则：

（1）以 def 开头，作为创建函数的关键字，其后是函数名和一对圆括号 "( )"，即使没有参数，圆括号也不能缺少，函数名则是合法的标识符。

（2）圆括号后边必须加冒号 "："。

（3）圆括号中的形式参数（简称形参）允许有 0 个或多个，参数之间使用逗号分隔。

（4）def 下方的函数注释一般使用多行注释，即由三引号括起来的文档注释，用于解释函数的功能、参数和返回值，为代码提供了文档功能，使代码更易于理解，但此部分不是必需的。

（5）函数体必须缩进，从缩进开始直至取消缩进的部分都是函数体部分。

（6）函数体中使用 return 语句返回函数结果，如果没有 return 语句则默认返回 None。

（7）执行完第一次遇到的 return 语句或函数体的最后一条语句，函数结束运行，转到调用此函数的代码处继续往下执行。

下面是几个定义函数的简单示例。

（1）定义一个空函数。

```
def nothing():
    pass
```

函数体中的 pass 语句（空语句）是占位符，如果在定义函数时对于函数体如何实现不是很明确，就可以先用 pass 来占位，以确保代码符合语法规范。

（2）定义一个简单的无参函数，可以打印"Hello Python！"。

```
def hello():
    print('Hello Python!')
```

（3）定义一个可控制打印星号个数的函数。

```
def print_star(n):
    for i in range(n):
        print('*')
```

（4）定义一个函数，可以求三角形的面积。

```
def triangle_area(a,b,c):
    p=(a+b+c)/2
    if a+b>c and b+c>a and c+a>b:
        return (p*(p-a)*(p-b)*(p-c))**0.5
    else:
        return -1
```

此函数用三个参数 a、b、c 分别代表三角形的三条边，当这三个参数无法构成三角形时，函数的返回值为 -1，否则就返回用海伦公式计算的面积。

（5）定义一个函数，求两个整数的和。

```
def add(a:int,b:int)->int:
    """
    Adds two numbers together
    Args:
    a (int):The first number
    b (int):The second number
```

```
        Returns:
        int:The sum of the two numbers
        """
        return a+b
```

定义函数时可以对形参和返回值做变量的类型注释，例如本例中的"a:int"表示此参数需要传给它一个整数，同样地，函数名 ( ) 之后的"-> 类型名"用于说明返回值的类型。类型注释不是强制要求的，也不是给解释器看的，而是给用户看的，系统并不对此类型有任何约束。此外，本例在 def 和 return 行之间的部分都是函数注释文档。

6.1.2　函数的调用

函数定义以后，如果不调用，这些代码永远都不会执行。只有调用函数后才能运行函数体中的代码段。函数调用的一般格式：

函数名 ([实际参数表])

调用函数时，实际参数（简称实参）与形参一般按照顺序对应，如果有多个参数，参数之间用逗号分隔；调用无参函数时，函数名后面的一对圆括号不能省略。通常来说，实参的数量与形参的数量一致，并且类型兼容。

函数的调用既可以在交互模式下进行，也可以把函数的定义和调用都放在一个程序文件中。以下是在交互模式下定义并调用函数的示例：

```
>>> def add(a,b):
        return a+b

>>> print(add(3,5))
8
```

在交互模式下输入函数定义的代码，录入完毕后按 Enter 键即可结束函数定义，接着继续在交互模式下输入调用语句 print(add(3,5)) 就可以看到程序的运行结果为 8。

如果要在程序文件中定义并调用函数，则可以新建一个 Python 文件，并输入以下代码：

```
def add(a,b):
    return a+b
print(add(3,5))
```

保存并运行该文件，显示结果为 8。

需要注意一个问题，Python 代码是自上而下顺序执行的，因此调用函数前必须已经定义过函数，否则会出错，例如执行以下代码：

```
fun(10)
def fun(x):
    print(x)
```

程序将抛出异常。

6.1.3 lambda 表达式和匿名函数

对于用一条表达式即可实现的简单函数，也可以使用关键字 lambda 来定义匿名函数。因为 lambda 表达式可不指定函数名，所以被称为匿名函数。定义匿名函数的一般格式：

```
lambda [参数表]:表达式
```

冒号前面的参数表中有若干参数，参数之间使用逗号分隔；冒号后面的表达式是匿名函数的返回值，也就是函数的计算结果，并且只能有一个返回值。

调用匿名函数时，通常把匿名函数赋值给一个变量，再利用变量名来调用该函数。例如：

```
>>> f=lambda x,y:x+y
>>> f(3,5)
8
```

甚至可以同时定义两个匿名函数并分别调用这些函数。例如：

```
>>> f1,f2=lambda x,y:x+y,lambda x,y:x-y
>>> f1(3,5)
8
>>> f2(3,5)
-2
```

上述代码实际是同步赋值，相当于执行 f1=lambda x,y:x+y，用于计算两个数相加，以及执行 f2=lambda x,y:x−y，用于计算两个数相减。

匿名函数本身也可以作为一个函数的返回值来使用，这样就可以不再使用原先的函数名。例如：

```
def f():
    return lambda x,y:x+y
fun=f()
print(fun(3,5))
```

这里原先定义的函数是 f( )，执行 fun=f( ) 意味着将 f( ) 函数的结果赋给 fun 变量，因为这个结果是一个 lambda 表达式，即一个函数，所以相当于这个函数被赋予了别名 fun，这样就可以用 fun 作为匿名函数的函数名了。

6.2 函数的参数传递

6.2.1 参数的传递方式

函数的参数传递本质上是"从实参到形参的赋值操作"。在 Python 中"一切皆对象"，所有的赋值操作都是"引用的赋值"。所以 Python 中参数的传递都是"引用（地址）传递"，不是"值传递"。例如：

```
#1  def fun(x,y):
#2      print("id(x)=",id(x),"id(y)=",id(y))
#3  a,b=1,2
```

```
#4   print("id(a)=",id(a),"id(b)=",id(b))
#5   fun(a,b)
```

程序的运行结果如下：

```
id(a)=1570944944 id(b)=1570944960
id(x)=1570944944 id(y)=1570944960
```

这段程序从 #3 行处开始执行，此前的代码都是函数定义部分。fun( ) 函数中输出的是形参 x 和 y 的地址。从运行结果可以看出，形参 x 的地址和实参 a 的地址相同，形参 y 的地址和实参 b 的地址相同，说明在 #5 行调用 fun( ) 函数时，实参和形参之间进行了引用传递。

Python 中的数据类型分为可变数据类型和不可变数据类型。对不可变对象（例如数字、字符串、元组等）进行"写操作"，会产生一个新的"对象空间"，并用新的值填充这块空间。例如：

```
#1   def change1(number,string,tpl):
#2       number=10
#3       string='aaaa'
#4       tpl=(1,2,3)
#5       print("Inside:",number,string,tpl)
#6   num=20
#7   string='bbbb'
#8   tpl=(4,5,6)
#9   print("Before:",num,string,tpl)
#10  change1(num,string,tpl)
#11  print("After:",num,string,tpl)
```

程序的运行结果如下：

```
Before:20 bbbb (4,5,6)
Inside:10 aaaa (1,2,3)
After:20 bbbb (4,5,6)
```

这段程序从 #6 行处开始执行，此前的代码都是函数定义部分，如果函数不调用是不会执行这部分代码的。在函数调用前，num、string、tpl 的值分别是 #6、#7、#8 行所赋予的值，即 20、'bbbb'、(4,5,6)。

在 #10 行发生了函数调用后，程序转到 #1 行，将第 1 个实参 num 的地址传给了形参 number，此时形参 number 和 num 引用同一个对象 20。同理，第 2 个实参 string 的地址也传给了形参 string，实参和形参同名，指向的都是对象 'bbbb'。与此类似，第 3 个实参的地址传给了形参 tpl，两者指向同一个对象 (4,5,6)。这里传递的参数都是不可变对象（整数、字符串和元组），实际传递的都是对象的引用。在"赋值操作"时，由于不可变对象无法修改，系统会新创建一个对象。因此，程序执行 #2~#5 行的代码，此时形参 number、string、tpl 发生了值的改变，分别变为 10、'aaaa'、(1,2,3)。

执行完函数体后，程序又转回调用代码处，继续执行后面的代码，即 #11 行。由于形参改变的是系统新创建的对象，不影响实参，因此返回 #11 行后，此处的 num、string 和 tpl 仍是原来的实参对象，值保持为 20、'bbbb'、(4,5,6)。

对可变对象（例如列表、字典、集合等）进行"写操作"，将直接作用于原对象本身。需要注意的是，假如形参是可变类型对象，在函数中直接对形参重新赋值会重新分配新对象，这时形参的改变依然不影响实参。只有在改变可变对象的一部分数据时，才会影响实参的值。例如：

```
#1   def change2(lst1,lst2,dict1,dict2):
#2       lst1[0]=10
#3       lst2=[1,2]
#4       dict1['a']=100
#5       dict2={'a':3,'b':4}
#6       print("Inside:lst1={},lst2={},dict1={},dict2={}".format
         (lst1,lst2,dict1,dict2))
#7   lst1=[5,6]
#8   lst2=[7,8]
#9   dict1={'a':9,'b':10}
#10  dict2={'a':11,'b':12}
#11  print("Before:lst1={},lst2={},dict1={},dict2={}".format(lst1,
     lst2,dict1,dict2))
#12  change2(lst1,lst2,dict1,dict2)
#13  print("After:lst1={},lst2={},dict1={},dict2={}".format(lst1,
     lst2,dict1,dict2))
```

程序的运行结果如下：

```
Before:lst1=[5,6],lst2=[7,8],dict1={'a':9,'b':10},dict2={'a':11,'b':12}
Inside:lst1=[10,6],lst2=[1,2],dict1={'b':10,'a':100},dict2={'b':4,
'a':3}
After:lst1=[10,6],lst2=[7,8],dict1={'b':10,'a':100},dict2={'a':11,
'b':12}
```

上述程序从 #7 行开始执行，执行到 #11 行后，输出数据为 #7~#10 行中所赋予的值，也就是 [5,6]、[7,8]、{'a':9, 'b':10} 和 {'a':11, 'b':12}。

接着在 #12 行调用函数，实参将地址传递给形参后转去执行函数体 #2~#6 行的代码。在执行 #2 行代码时，形参 lst1 的第一个元素变成了 10，由于是部分改变数据，因此实参 lst1 的值发生改变，lst1 将变成 [10,6]。

#3 行代码是将形参 lst2 直接赋值为一个新的列表对象，lst2 的值变为 [1,2]，这不会影响实参的值，所以实参仍为 [7,8]。

字典也是可变类型对象，在 #4 行中将 dict1['a'] 改变以后，也影响到实参 dict1 的值。#5 行是重新赋值了一个字典对象，所以不影响实参 dict2。

从上面的例子可以看出，通过部分改变列表或字典的值，确实可以影响实参的值。这一特性也被利用来解决类似于其他语言中的地址传递问题。例如，编写一个函数用于交换两个数。下面是交换两个数的错误写法。

```python
def swap1(a,b):
    a,b=b,a
a,b=10,20
print("Before:",a,b)
swap1(a,b)
print("After:",a,b)
```

程序的运行结果如下：

```
Before:10 20
After:10 20
```

这是因为函数内部是对 a、b 重新赋值过了，所以交换形参并不会影响实参，a 和 b 的值在调用前后并未发生改变。可以改用下面的写法来处理交换两个数。

```python
def swap2(lst):
    lst[0],lst[1]=lst[1],lst[0]
lst=[10,20]
print("Before:",lst)
swap2(lst)
print("After:",lst)
```

程序的运行结果如下：

```
Before:[10,20]
After:[20,10]
```

上面的代码说明，交换两个数时不能直接将两个数作为参数使用，而应该将这两个数放在列表中，将列表整体作为一个参数，通过改变列表中的部分数据而实现两个数的交换。

6.2.2　参数的类型

在 Python 中，普通的函数参数要求实参和形参的数量一致，并且两者的数据类型兼容，否则会导致程序出错。但除了普通参数之外，Python 中还有默认值参数、关键字参数和可变长度参数等。

1. 默认值参数

默认值参数的意思是在调用函数时，既可以显式地给该参数赋值，也可以不给该参数赋值，此时该参数的取值将采用默认值。使用默认值参数是在函数定义阶段对形参指定默认值，其定义形式为：

```
def 函数名 (…, 形参名 = 默认值 ):
    函数体
```

定义函数时指定默认值参数的示例：

```python
def fun(x,y=10,z=20):
```

```
        print("x=",x,"y=",y,"z=",z)
fun(100,200)
```

程序的运行结果如下：

```
x=100 y=200 z=20
```

上面的代码虽然在定义函数时有 3 个形参，但是调用时只给了 2 个实参。其中，第 1 个参数 x 是普通参数，在定义函数时未指定任何值，这样的参数必须在调用时给定具体的实参，例如上面的 100 将与这个参数对应，也就是 x 将获得 100。

第 2、3 个参数都是默认值参数，形式上可以看到都指定"形参名 = 默认值"。不过第 2 个参数 y 虽然是默认值参数，但是在调用时显式地将实参 200 传给了形参，所以形参 y 的取值是 200，而不是 10。第 3 个参数 z 也是默认值参数，但是调用时没有给出具体值，因此取默认值 20。

必须强调一点，默认值参数只能出现在参数表的最右边。也就是说，如果第 2 个参数采用默认值，第 3 个参数也就必须采用默认值。

2. 关键字参数

默认值参数是在定义函数时指定的，并且对参数的顺序有要求。而关键字参数的指定不是发生在定义函数阶段，而是在调用函数时指定。

对于普通参数，要求实参的顺序与形参的顺序一致，但是使用了关键字参数就可以改变调用时实参的书写顺序。使用关键字参数的一般形式为：

```
形参名 = 实参值
```

下面是使用关键字参数调用函数的示例：

```
def fun(x,y):
    print("x=",x,"y=",y)
fun(y=10,x=20)
```

程序的运行结果如下：

```
x=20 y=10
```

上面的代码在定义函数时形参的顺序是先 x 后 y，但是在调用函数时，实参是按照先 y 后 x 的顺序给定的。只要在调用时指定了关键字（也就是形参名），就可以改变参数传递时的书写顺序，因为系统已经知道哪个形参对应哪个实参了。

3. 可变长度参数

在 Python 中可以定义可变长度的参数。例如，当需要计算一组数据的和时，如果对于这组数据到底有多少个无法事先确定，就可以使用可变长度参数来定义。注意，这里的参数是指实参。

可变长度的参数有元组和字典两种形式。当参数以 * 开头时，可变长度参数被视为一个元组；当参数以 ** 开头时，可变长度参数被视为一个字典。

（1）以元组为可变长度参数计算任意多个指定数字之和的示例。例如：

```
#1   def sum(*num):
#2       s=0
#3       for i in num:
#4           s=s+i
#5       print("sum=",s)
#6       return s
#7   sum(1,2,3,4,5)
#8   sum(15,30,10)
#9   sum()
#10  numbers=[1,2,3]
#11  sum(*numbers)
```

程序的运行结果如下：

```
sum=15
sum=55
sum=0
sum=6
```

上面的代码中，#1~#6 行定义了一个函数，参数是可变长度参数，调用时所有实参将被视为一个元组中的元素，元组中元素的顺序与实参表的顺序一致。

#7 行代码在调用时给了 5 个参数，函数将计算这 5 个参数之和。#8 行代码在调用时给了 3 个参数，函数计算的是这 3 个参数之和。#9 行代码没有给任何实参，函数就计算 0 个参数之和，得到的结果是 0。

#10、#11 行是将一个已有的列表作为可变长度参数传给函数，函数将计算列表中的所有元素之和。当将一个已有的列表或元组作为可变参数传给函数时，需要在这个列表或元组名前用 * 引导，例如 #11 行中 numbers 前面就有一个 *。

（2）以字典作为可变长度参数的示例。

```
#1   def total(**t):
#2       s=0
#3       for i in t.values():
#4           s +=i
#5       return s
#6   sum1=total(a=10,b=20,c=30)
#7   print("sum1=",sum1)
#8   sum2=total(**{"a":10,"b":20,"c":30})
#9   print("sum2=",sum2)
```

程序的运行结果如下：

```
sum1=60
sum2=60
```

在用字典作为可变长度参数时，实参要按照"关键字 = 值"的形式给定，可以同时将多个实参传给形参，例如 #6 行中调用函数时，形参 a 取得实参 10，b 取得 20，c 取得 30，这些参数将存放在字典 t 中，t 的内容是 {'a':10, 'b':20, 'c':30}。实参也可以将一个已有的字典作为可变参数传给函数，此时需要在这个字典名前用 ** 引导，例如 #8 行中 {"a":10,"b":20,"c":30} 前面就有 **。本例是对字典中所有元素的值求和，因此结果是 60。

6.3 函数的返回值

6.3.1 return 语句和函数返回值

函数返回值是调用函数后得到的运行结果，在函数体中通过 return 语句得到，一般格式为：

```
return [函数返回值]
```

函数返回值可以是任意类型的数据。例如，以下代码可以求多个数中的最大值。

```
def my_max(x,y,*z):          # 支持从 2 个及以上参数中找最大值
    max_value=x               # 假定第 1 个参数是最大值
    if y>max_value:           # 第 2 个参数跟现有的最大值比较
        max_value=y           # 更新最大值
    for i in z:               # 后面的所有参数都跟现有最大值一一比较
        if i>max_value:
            max_value=i
    return max_value
print(my_max(3,6,9,5,7,2))
```

程序的运行结果如下：

```
9
```

上面的函数支持从 2 个以上（含 2 个）参数中找出最大值。其做法是首先假定第 1 个参数是最大值 max_value，然后将第 2 个参数与 max_value 比较，如果大于它，则将 max_value 改为第 2 个参数，以此类推，此后的所有参数都与 max_value 比较，只要该数大于 max_value，就将 max_value 改为该数。当所有数据都比较完毕，max_value 就存储了所有参数中的最大值，然后通过 return 语句返回 max_value 即得到所有参数中的最大值。

6.3.2 多条 return 语句

一个函数中允许有一条或多条 return 语句，甚至也可以没有 return 语句。当没有 return 语句或 return 语句不带任何值时，Python 都认为函数的返回值为空值，即等同于执行语句 return None。

对于有多条 return 语句的函数，一旦第一次执行了 return 语句，函数的执行就终止了，哪怕函数体内该语句后仍有代码，程序也将跳出函数体，转到调用函数处后面继续执行代码。例如，以下代码可以求两个数中的较大值，若两者相等则输出 Equal。

```
#1   def larger(x,y):              # 求得两个数中的大数
#2      if x>y:
#3         return x
#4      elif x==y:
#5         return "Equal"
#6      else:
#7         return y
#8   a,b=input("输入两个数,用空格隔开：").split()
#9   print(larger(a,b))
```

测试一的结果：

```
输入两个数,用空格隔开：5 7↙
7
```

测试二的结果：

```
输入两个数,用空格隔开：76.3 43.2↙
76.3
```

测试三的结果：

```
输入两个数,用空格隔开：45 45↙
Equal
```

上面的代码中，#3、#5、#7 行都是 return 语句，在调用函数时它们最多只执行一次，没有机会多条都能执行。

6.3.3　返回多个值

Python 中的函数可以同时返回多个值，这是其他语言所不具有的特性。事实上，函数的返回值仍然只是一个对象，它是一个由多个数据构成的元组。

【例 6-1】　求三门课程的总分和平均分。

程序代码如下：

```
#1   def grade(math,English,Chinese):
#2      Sum=math+English+Chinese          # 三门课程的总分
#3      Avg=Sum/3                         # 平均分
#4      return Sum,Avg                    # 同时返回总分和平均分
#5   sum_grade,avg_grade=grade(90,78,84)  # 同时求出总分和平均分
#6   print("总分：",sum_grade)
#7   print("平均分：",avg_grade)
```

程序的运行结果如下：

```
总分：252
平均分：84.0
```

上述代码中，#4 行返回的 Sum,Avg 实际上是元组（Sum, Avg）省略圆括号的写法。

6.4　变量的作用域

变量的作用域就是变量的可访问空间，即变量起作用的范围，可以理解为命名空间。变量第一次出现的位置就决定了变量的作用域。在不同作用域中的同名变量，相互不影响，是两个完全不同的对象。

6.4.1　局部变量

在函数体内部出现的赋值语句中，变量名前没有任何关键字，形式如"变量名＝值"，这样的变量就是局部变量。

局部变量的作用域在某个程序片段内部，例如在函数中定义的变量和形参都属于局部变量，它们的作用域仅为该函数的函数体，超出此函数体部分就无法使用这些变量。

以下是局部变量的定义示例：

```
#1   def fun1(x):
#2       a=10                            # fun1() 函数中的局部变量
#3       x=20                            # fun1() 函数的形参
#4       print("Inside fun1:a=",a,"x=",x)
#5   def fun2(x):
#6       a=100                           # fun2() 函数中的局部变量
#7       x=x*5                           # fun2() 函数的形参
#8       print("Inside fun2:a=",a,"x=",x)
#9   fun1(3)
#10  fun2(8)
#11  print("Outside:a=",a,"x=",x)
```

运行上述程序，发现在输出部分结果后程序就出错了。这是因为 fun1() 函数中使用的 a 是局部变量，它的作用域仅在 fun1() 函数的函数体内部使用，因此它无法在 fun2() 函数及其他地方使用。当调用 fun1() 函数，系统第一次执行 #2 行的赋值语句时，会为 a 分配内存，但是执行完 fun1() 函数的代码，a 就被系统回收了，此后再也无法使用 a，因此 #11 行要输出 a 的值时将出错。

fun2() 函数中也有个局部变量 a，这个 a 与 fun1() 函数中的 a 不是同一个变量，并且两者不在同一时期并存。当调用 fun1() 函数时，fun2() 函数中的 a 是不存在的，同样，调用 fun2() 函数时，fun1() 函数中的 a 也是不存在的。

形参在未调用函数时也不存在，只有当调用函数后把实参传给了形参，形参才有了内存空间。因此与局部变量 a 类似，在 fun1() 和 fun2() 函数中的两个形参 x 也不是同时存在的，它们分别在各自的调用期内存在。所以 #11 行想要输出 a 和 x 的值是错误的，因为系统无法确定 a 和 x 的值是什么。

6.4.2　全局变量

赋值语句出现在函数外部，这样的变量就是全局变量。与局部变量对应，全局变量的作用域是从定义变量开始，一直持续到整个程序结束的所有代码范围，在此范围内都可以使用全局变量（包括函数内部）。

以下是全局变量的定义示例：

```
#1   a=10                                    # 创建全局变量
#2   def fun():
#3       print("Inside:a=",a)
#4   fun()
#5   a=30                                    # 修改全局变量
#6   fun()
#7   print("Outside:a=",a)
```

程序的运行结果如下：

```
Inside:a=10
Inside:a=30
Outside:a=30
```

在 #1 行定义的 a 是全局变量，可以在此后的函数中使用，fun( ) 函数中使用的 a 就是 #1 行定义的 a。第一次调用 #4 行的 fun( ) 函数时，a 的值保持为最初的 10。接着在 #5 行 a 改为 30 后，#6 行再次调用 fun( ) 函数，打印的 a 就是被改以后的 30。这个程序不管在函数内还是在函数外，始终只有一个 a 在使用。

有时程序中会同时存在同名的全局变量和局部变量，此时应注意区分到底使用的是哪一个变量。如果在一个函数体中要对全局变量重新赋值，则需要先用 global 关键字声明该全局变量，否则使用的就是局部变量。例如：

```
#1   def fun():
#2       x=10                                # 局部变量
#3       global y                            # 全局变量
#4       y=20                                # 全局变量
#5       print("Inside:x=",x,"y=",y)
#6   x=100                                   # 全局变量
#7   y=200                                   # 全局变量
#8   print("Before:x=",x,"y=",y)
#9   fun()
#10  print("After:x=",x,"y=",y)
```

程序的运行结果如下：

```
Before:x=100 y=200
Inside:x=10 y=20
After:x=100 y=20
```

本程序从 #6 行开始执行，在 #6、#7 行分别定义了两个全局变量 x 和 y，因此 #8 行输出的 x 和 y 分别为 100 和 200。在 fun( ) 函数中，#2 行的 x 是一个局部变量，而非 #6 行定义的全局变量 x。当全局变量和局部变量同名时，在函数中优先访问的是局部变量，此时全局变量不发挥作用。

#4 行的 y 是全局变量，因为在 #3 行有 global 的声明语句，说明 y 是一个全局变量，也就是 #7 行定义的全局变量。调用 fun( ) 函数时，#5 行输出的 x 和 y 分别是局部变量和全局变量，值分别为 10 和 20。

整个程序中存在两个同名的 x，一个是 #6 行产生的全局变量 x，另一个是 #2 行产生的局部变量 x，在 fun( ) 函数中改变的是局部变量 x 的值，全局变量 x 不会受到 fun( ) 函数的影响，所以在 #10 行再次输出 x 和 y 的值时，两者的值分别是全局变量 x 和全局变量 y 的值，而全局变量 y 的值已经在调用 fun( ) 函数时被改为了 20，所以最终输出的是 100 和 20。

6.5 递归函数

递归函数是指直接或者间接调用自己的函数。递归应用的一个最常见例子是阶乘的计算。

【例 6-2】 利用递归函数编写函数求 n 的阶乘，测试并输出 10 以内的阶乘。阶乘的定义为：

$$\text{fac}(n) = \begin{cases} 1, & n = 0,1 \\ 1 \times 2 \times \cdots \times n = \text{fac}(n-1) \times n, & n > 1 \end{cases}$$

```
#1   def fac(n):
#2       if n==0 or n==1:
#3           return 1
#4       else:
#5           return fac(n-1)*n        # fac() 函数内部调用 fac() 函数
#6   for i in range(1,10):
#7       print(i,"!=",fac(i))
```

程序的运行结果如下：

```
1 !=1
2 !=2
3 !=6
4 !=24
5 !=120
6 !=720
7 !=5040
8 !=40320
9 !=362880
```

在上面的代码中，#1~#5 行是定义 fac( ) 函数，然而在函数体中就调用了 fac( ) 函数，例如 #5 行中的 fac(n-1) 就是调用了本函数。这是递归函数的最典型特征。编写递归函数应注意两个基本要素：

（1）原问题可以通过一个或多个规模更小的相似问题进行求解。

（2）必须有明确的递归结束条件。

递归的过程必定有参数的变化，而且参数的变化和递归边界有关系。例如，上例中的

递推公式是 $n!=(n-1)! \times n$，求 $n!$ 和求 $(n-1)!$ 是相似的问题，递归边界是 n==0 或 n==1，此时，直接就能得到结果。如果去掉 if n==0 or n==1 的判断，代码就会陷入死循环，程序永远也不会结束。

递归函数在解决很多传统问题中都有应用，例如用辗转相除法求最大公约数。

【例 6-3】 利用递归函数求两个数的最大公约数。

```python
def gcd(m,n):                        # 递归法求最大公约数
    r=m%n
    if r == 0:
        return n
    else:
        return gcd(n,r)              # 辗转往下继续求最大公约数
a=int(input("请输入第 1 个整数："))
b=int(input("请输入第 2 个整数："))
print("最大公约数：",gcd(a,b))
```

程序的一个测试结果：

```
请输入第 1 个整数：45↙
请输入第 2 个整数：24↙
最大公约数： 3
```

使用递归编写程序虽然对于理解问题比较有利，但是递归的执行效率往往要低于常规方法。对于递归调用的问题要求规模不能过大，否则容易导致内存溢出或运算时间过长。

6.6　内嵌函数

Python 允许在一个函数内部嵌套定义另外的一个或多个函数。以下是内嵌函数的一个示例：

```python
#1  def outer():
#2      def inner():                 # 定义内嵌函数
#3          print("inner")
#4      print("outer")
#5      inner()                      # 调用内嵌函数
#6  outer()
#7  inner()                          # 此句会出错，抛出异常
```

运行上面的程序，第一行输出 outer，第二行输出 inner 后，程序就出错，抛出了异常。究其原因，这段代码的 #1~#5 行是定义的一个 outer( ) 函数，程序从 #6 行开始执行，将调用 outer( ) 函数，于是转去 #1 行执行。在 outer( ) 函数中有一个内嵌函数 inner( )，位于 #2、#3 行，这个函数如果不调用，是不会自动执行的，而在执行 outer( ) 函数时，最先执行的是 #4 行，输出 outer，然后执行 #5 行，调用 inner( ) 函数，于是输出 inner。

执行完 outer( ) 函数后，继续执行 #7 行，调用 inner( ) 函数，由于 inner( ) 函数是内嵌在 outer( ) 函数中的，不能在 outer( ) 函数外面使用，因此程序出错了。

从上面的程序可以看出，函数及变量都有其作用域。对于内嵌函数来说，其中的局部变量也只能在该内嵌函数中使用，而不能在其外层函数中使用。但是在外层函数中定义的局部变量，是可以在其内嵌函数中使用的。下面是内嵌函数中变量的作用域示例：

```
#1   def f1():
#2       global x                       # 全局变量 x
#3       x=10                           # 全局变量 x
#4       y=20                           # 局部变量 y
#5       def f2():
#6           nonlocal y                 ##4 行的局部变量 y
#7           global x                   # 全局变量 x
#8           x=x+1                      # 全局变量 x
#9           y=40                       ##4 行的局部变量 y
#10          print("In f2:x=",x,"y=",y)
#11      f2()
#12      print("In f1:x=",x,"y=",y)
#13  x=100                             # 全局变量 x
#14  y=200                             # 全局变量 y
#15  print("Before:x=",x,"y=",y)
#16  f1()
#17  print("After:x=",x,"y=",y)
```

运行程序，结果如下：

```
Before:x=100 y=200
In f2:x=11 y=40
In f1:x=11 y=40
After:x=11 y=200
```

分析该程序，#1~#12 行是定义的一个 f1( ) 函数，程序从 #13 行开始执行，在这里定义了两个全局变量 x 和 y，值分别为 100 和 200，因此 #15 行的输出结果为 "Before:x=100 y=200"。

接着执行 #16 行，调用 f1( ) 函数，程序转去 #1 行执行。在 f1( ) 函数中使用了外层的全局变量 x，还有一个局部变量 y，全局变量 x 的值被改为了 10，局部变量 y 的值为 20。

#5~#10 行是一个内嵌函数 f2( )，在 f1( ) 函数中调用 f2( ) 函数时，程序转去 #5 行执行。f2( ) 函数中，#7 行说明了使用的是全局变量 x。#6 行的 nonlocal 关键字用于说明不属于本函数定义的局部变量，也就是 f1( ) 函数中定义的那个局部变量 y。

执行 #8 行，x 在原有值 10 的基础上加 1 后变为 11，#9 行 y 重新赋值为 40，接着执行 #10 行，输出结果即为 "In f2:x=11 y=40"。

执行完 f2( ) 函数后，接着执行 #12 行，因为此处使用的是全局变量 x 和 f1( ) 函数中的局部变量 y，所以输出结果为 "In f1:x=11 y=40"。

执行完 #12 行后，f1( ) 函数就调用完了，继续回到 #17 行执行，输出全局变量 x 和 y 的值，因为 x 在函数中被改为了 11，而 y 没有做过任何改变，所以输出结果为 "After:x=11 y=200"。

如果把 #7 行的 global 改为 nonlocal，程序就会出错，因为在 f1( ) 函数中并未定义局部变量 x；也不能直接去掉 #7 行，因为如果要在函数体中对全局变量赋值，就必须使用 global 关键字来说明，否则使用的就是局部变量，但是在 f1( ) 函数中 x 没有明确的赋值，所以直接运行 x=x+1 会出错。

6.7　模块

Python 中所谓的模块实际上就是源代码文件，一个源代码文件就是一个模块，模块名就是其主文件名。在模块中可以定义变量、函数和类等。通过导入其他模块，就可以重用该模块具有的功能。使用模块的主要优点是：

（1）提高代码的可重用性。保存在模块中的函数，能够被其他程序所使用。

（2）避免变量名和函数名冲突。在模块中的变量名和函数名的作用域都具有局部性，不同模块中的同名变量不会发生冲突，但是切记不要跟内置函数同名。

6.7.1　Python 的程序架构

简单程序只需要一个程序文件就可以实现了，但是多数功能复杂的 Python 程序都是由多人合作完成的，他们各自编写自己的脚本文件，因此复杂程序可以由多个 .py 文件共同组成。其中一个用于执行程序的启动文件是主程序，属于顶层文件，其他多个模块则属于子程序，通常包括很多自定义函数或类等对象。

这里通过一个简单例子来介绍这一类多文件程序。假设一个程序由 a.py、b.py 和 c.py 三个程序文件构成，其中 a.py 是主程序，b.py 和 c.py 是其将要调用的两个模块。程序必须从 a.py 开始执行，当需要用到 b.py 和 c.py 中的函数时，要导入 b、c 模块，才能使用其中的函数。以下分别是各个文件中的内容。

a.py 中的内容如下：

```
import b,c
b.input_b()
c.input_c()
```

b.py 中的内容如下：

```
import math
def area(r):
    print(math.pi*r*r)
def input_b():
    print("I am B module")
```

c.py 中的内容如下：

```
def input_c():
    print("I am C module")
```

运行 a.py 程序，得到的结果如下：

```
I am B module
I am C module
```

从以上代码可以看出，主程序 a.py 导入 b、c 模块后就可以调用这些模块中的函数，非主程序的模块也可以导入其他的模块，包括标准模块、第三方模块和自定义模块。

*6.7.2　模块搜索路径

6.7.1 节所描述的三个程序文件，如果存放在同一个文件夹中，那么运行主程序时是能够正常执行的，但是如果这几个文件不在同一个文件夹中，运行时就会产生错误，抛出异常。这是因为 Python 解释器对模块文件有一个查找过程。

多数情况下模块的搜索路径是自动确定的。概括地说，Python 的模块搜索路径是首先在当前代码文件所在文件夹中查找模块，若找不到，接着在内置的 built-in 模块中查找，若仍找不到则按 sys.path 给定的路径查找对应的模块文件。

想知道 sys.path 中究竟设置有哪些路径，可以通过以下命令查看 sys.path 属性，获得当前搜索路径的配置。例如：

```
>>> import sys
>>> sys.path
```

所得结果是一个存放所有搜索路径的列表。如果要导入的模块不在已设定的搜索路径下，可以用 sys.path.append（要导入的绝对路径）添加搜索路径。例如：

```
>>>sys.path.append("C:\\")
```

上述语句就是添加 C 盘的根目录为搜索路径，这样存放在 C 盘根目录中的模块就能访问了。

6.7.3　模块的有条件执行

每一个 Python 程序文件中的代码都可以直接运行，或让别的模块导入后调用。有时为了限制主程序中的代码只能在作为主程序时才被运行，而在被其他模块加载时不能执行，需要使用系统变量 __name__（前后各有两个下画线）来区分模块的运行情况。

__name__ 是一个全局变量，用于标识模块名称。如果在主模块中访问 __name__，此时 __name__ 的值就是 "__main__"。如果是在被 import 导入的模块中访问 __name__，则其值为模块文件名（不加后面的 .py）。通过判断是否为 "__main__" 就可以区分哪些是主模块，哪些是被导入的模块，以决定是否执行部分代码。

例如，假设有一个模块 test.py，里面有一个函数 test( )，代码如下：

```
def test():
    print(__name__)
```

要控制主模块 main.py 中的 main( ) 函数只在作为主程序时才能运行，而不能在被其他模块导入时调用。main.py 中的代码如下：

```
import test
if __name__ =='__main__':
    def main():
        print(__name__)
    main()
    test.test()
```

程序的运行结果如下：

```
__main__
test
```

以上代码中，主程序中输出的 __name__ 是字符串 "__main__"，而在被调用模块 test 中输出的 __name__ 是模块名 test。

6.8 应用举例

【例 6-4】 用二分法求方程 $2x^3-4x^2+3x-6=0$ 的根，并要求绝对误差不超过 10^{-6}。

基本数学原理：对于连续单调函数 $y=f(x)$，如果给定两个初始值 a 和 b，有 $f(a)f(b)<0$，则必然在估值区间（a，b）内有一个值 c，能使得 $f(c)=0$。

解题思路：给定两个初始值 a 和 b，在确保 $f(a)f(b)<0$ 的前提下，计算中点 $c=(a+b)/2$。如果 $f(c)=0$，则直接返回 c，否则就需要确定 $f(a)$ 和 $f(c)$ 同号还是异号，如果 $f(a)$ 和 $f(c)$ 同号，则令 $a=c$，否则令 $b=c$，以使得估值区间（a，b）缩小一半。通过不断地重复这个过程，将估值区间一分为二，使得估值区间的两个端点逐步逼近方程的根，这种方法就叫二分法。

程序代码如下：

```
#1    f=lambda x:2*x**3-4*x**2+3*x-6        # f(x) 函数
#2    def root(a,b):                        # 二分法解函数方程
#3        c=(a+b)/2
#4        while abs(a-b)>1e-6:
#5            if abs(f(c))<1e-6:            # f(c)≈0
#6                return c
#7            elif f(a)*f(c)>0:            # f(a) 和 f(c) 同号
#8                a=c
#9            else:                        # f(b) 和 f(c) 同号
#10               b=c
#11           c=(a+b)/2
#12       return c
#13   a,b=-1,1
#14   while f(a)*f(b)>0:                    # 确保估值区间内有解
#15       a -=1
#16       b +=1
#17   print('{:.3f}'.format(root(a,b)))
```

程序的运行结果如下：

```
2.000
```

本程序的 #1 行是一个最简单的函数，用于求 $f(x)$。

#2~#12 行是定义的二分法解函数方程，参数 a 和 b 是估值区间的端点，#6 行是在中点 c 处的 $f(c)$ 近似为 0 的情况下的返回值。#11 行是 a、b 已经无限趋近的情况下的返回值。

#13~#16 行是为了确保 $f(a)$ 和 $f(b)$ 不同号，以保证在区间（a,b）内方程有根。

【例 6-5】 用递归方法计算学生的年龄，已知第一位学生年龄最小，为 10 岁，其余学生一个比一个大 2 岁，求第 5 位学生的年龄。

程序代码如下：

```
#1  def age(n):
#2      if n==1:                      # 第 1 位学生 10 岁
#3          return 10
#4      else:
#5          return age(n-1)+2          # 比上一位学生大 2 岁
#6  n=int(input('请输入第几位学生：'))
#7  print(age(n))
```

程序的一个测试结果：

```
请输入第几位学生：5↙
18
```

为了使程序通用，本程序通过输入数字的方式确定是第几位学生。#6 行输入第几个学生。

【例 6-6】 编写一个找出函数，用于找一个正整数的所有因子（存放在一个列表中）。

程序代码如下：

```
#1  def factors(n):
#2      t=list()
#3      for i in range(1,n+1):
#4          if n%i==C:
#5              t.append(i)
#6      return t
#7  x=int(input('请输入一个正整数：'))
#8  print(factors(x))
```

程序的一个测试结果：

```
请输入一个正整数：8↙
[1,2,4,8]
```

本程序中，#1~#6 行是定义函数，形参 n 是一个正整数，返回值是列表。处理过程是创建一个空列表，将符合条件的所有因子添加到列表中，全部处理完后，返回该列表。

【例 6-7】 编写一个查找介于正整数 A、B 之间所有同构数的程序。若一个数出现在自己平方数的右端，则称此数为同构数。如 5 在 $5^2=25$ 的右端，25 在 $25^2=625$ 的右端，故 5 和 25 都是同构数。要求每 5 个同构数打印一行。

程序代码如下：

```
def automorphic(n):                    # 判断是否为同构数的函数
    m=n*n
    if str(m).endswith(str(n)):        # 将整数转为字符串处理
        return True
    else:
        return False
a,b=eval(input('a,b='))
n=0                                    # 用于统计同构数个数
for i in range(a,b+1):
    if automorphic(i):                 # 是同构数，则打印，并统计个数
        print(i,end='')
        n=n+1
        if n%5==0:                     # 每计 5 个数换行打印
            print()
if n==0:
    print('No any automorphic number')
```

测试一的结果：

```
a,b=5,100 ↙
5 6 25 76
```

测试二的结果：

```
a,b=200,250 ↙
No any automorphic number
```

本程序中，设计了一个计数器 n 用于统计同构数的个数，在输入用于指定范围的 a、b 后，用循环在指定范围内逐一判断是否为同构数，若是则计数器加 1，当计数器是 5 的倍数时换行。如果计数器为 0，则输出 No any automorphic number。

【例 6-8】 编写程序，从 1~9 中选出 6 个数围成一圈，使得相邻两个数之和都是素数。

程序代码如下：

```
import random
def prime(n):
    for i in range(2,n):
        if n%i==0:
            return False
    return True
def main():
    while True:
        ls=random.sample(range(1,10),6)
        #print(ls)
        for i in range(6):
```

```
        if not prime(ls[i]+ls[(i+1)%6]):
            break
    else:
        print(ls)
        return
main()
```

测试一的结果：

```
[4,7,6,1,2,9]
```

测试二的结果：

```
[2,3,4,1,6,5]
```

本程序中定义了两个函数，函数 prime(n) 用于判断整数 n 是否为素数，若是则返回 True，否则返回 False；函数 main( ) 是主函数，利用 random 库中的 sample( ) 函数，从 1~9 中随机抽取 6 个数,构成一个数组 ls,从头到尾依次将当前元素 ls[i] 与其后续元素相加，需要注意，最后一个元素的 i 值是 5，如果简单地用 i+1 作为后续元素的索引，则会导致下标越界，而 (i+1)%6 则能自动循环往复，将第一个元素作为最后一个元素的后续元素。

一旦 prime( ) 函数判断前后两个元素之和不为素数，就退出内循环，重新开始外循环的下一次循环，即又重新产生一组数据，再次进行以上操作；若所有相邻两数之和都为素数，例如测试一中的 4+7=11、7+6=13、6+1=7、1+2=3、2+9=11、9+4=13，这些相邻数之和都为素数，则打印这组数据，然后执行 return 语句，结束函数的执行。

本程序只是随机找出一组这样的数据，实际这样的数据有很多，如果要把所有符合要求的排列全部输出，则需要使用多重循环穷举输出，读者不妨尝试一下修改这个程序。

【例 6-9】 编写一个将 k 进制整数转换为十进制整数的通用函数。

程序代码如下：

```
def any_to_10(origin,k):
    n=len(origin)
    result=0
    for i in range(len(origin)):
        result +=int(origin[i])*pow(k,n-i-1)
    return result
origin=input(' 请输入原始数据：')
k=int(input(' 请输入进制：'))
print(any_to_10(origin,k))
```

测试一的结果：

```
请输入原始数据：11011↙
请输入进制：2↙
27
```

测试二的结果：

```
请输入原始数据 :324
请输入进制 :8
212
```

本程序中定义了一个函数 any_to_10(origin,k)，其中参数 origin 是字符串形式的 k 进制整数，参数 k 是该整数的进制，根据位权展开式，将每一位上的数符 × 该位的权值，再将所有乘式相加即可。权值与其位置 i 相关,是 k 的指数幂,指数幂从低到高的值分别是 0，1，2，…，首位的指数幂刚好是其位数 −1，由此可归纳为当 i 在循环中取 0，1，2，…时，指数幂为 n−i−1。

需要注意的是，本例程序只能转换十进制以内的 k 进制数，一旦超过十进制就要对数符做相应处理，请读者尝试改写本程序，使之也能适应十六进制的整数转换。

【例6-10】 编写程序，输入正整数 n，打印 n 阶的汉诺塔。

汉诺塔是古代印度的一个传说。在贝拿勒斯的圣庙中有三根柱子，其中的一根柱子上有 64 个黄金圆盘，圆盘按照大小从上到下依次增大。主神梵天命令僧侣们把圆盘全部搬到另一根柱子上。他规定可以利用三根柱子，但是一次只能搬一个圆盘，并且始终保持大圆盘在下，小圆盘在上。据说等搬完这些圆盘，地球就毁灭了。因为如果僧侣们没日没夜地搬移这些圆盘，每秒搬一个，也需要 5845.54 亿年以上才能搬完。

解题思路：圆盘越多，搬运路径就越复杂，需要的步骤也越多，基本不可能靠人工来设计这个搬运步骤了，只有递归才能解决这个问题。递归问题的核心是规模更小的相似问题，如本例中要解决搬运 n 个圆盘的汉诺塔，可以把上面的 $n-1$ 个圆盘看作一个规模更小的汉诺塔问题，只要先把上方的 $n-1$ 个圆盘的汉诺塔搬到辅助柱子上，就可以把下方的 1 个圆盘搬到目的柱子上，再将辅助柱子上的 $n-1$ 个圆盘的汉诺塔搬到目的柱子上。汉诺塔的递归搬运路径如图 6-1 所示。递归的结束条件就是 n 为 1 时，总共只有 1 个圆盘，直接从源柱搬到目的柱即可。

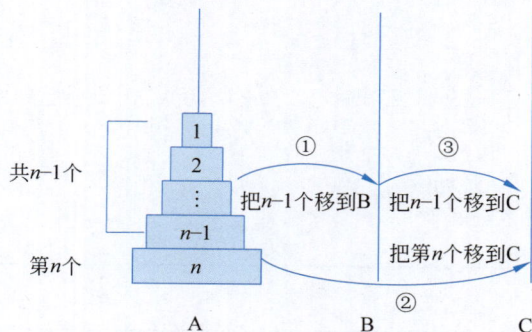

图 6-1 汉诺塔的搬运路径

程序代码如下：

```
def hanoi(n,mfrom,mpass,mto):
```

```
    if n==1:
        print(mfrom,'------>',mto)
    else:
        hanoi(n-1,mfrom,mto,mpass)
        print(mfrom,'------>',mto)
        hanoi(n-1,mpass,mfrom,mto)
n=eval(input("n="))
hanoi(n,'A','B','C')
```

程序的一个测试结果：

```
n=3
A ------> C
A ------> B
C ------> B
A ------> C
B ------> A
B ------> C
A ------> C
```

本程序中，函数 hanoi( ) 的第 1 个参数 n 表示阶数，也就是圆盘的数量，第 2 个参数 mfrom 是源柱的名字，第 3 个参数 mpass 是辅助柱子的名字，第 4 个参数 mto 是目的柱子的名字。测试时注意 n 不能过大，否则容易造成运行时间过长。

6.9 习题

1. 简述 Python 中函数参数的种类和定义方式。

2. 什么是 lambda 函数？它的调用形式是怎样的？

3. 什么是递归函数？在设计递归函数时，为什么要设置终止条件？

4. 什么是模块？如何导入模块？

5. 一只青蛙一次可以跳上 1 级或 2 级台阶。编写程序，要求输入台阶数 n，输出该青蛙跳上 n 级台阶总共有多少种跳法。运行结果如下（第 1 行为输入，第 2 行为输出）。

测试一：

```
3
3
```

测试二：

```
5
8
```

6. 编写一个自定义函数，用于判断两个数是否为幸运数对。所谓幸运数对是指两数相差 3，且各位数字之和能被 6 整除的一对数，如 147 和 150 就是幸运数对。要求找出所有的三位数幸运数对。编写程序，输入一对正整数，调用自定义函数，如果是幸运数对则输出 Yes，否则输出 No。运行结果如下（第 1 行为输入，第 2 行为输出）。

测试一：

```
147,150↙
Yes
```

测试二：

```
510,507↙
Yes
```

测试三：

```
820,769↙
No
```

7. 编写一个自定义函数，用于计算一个正整数 n 的所有因子（包括 1 和本身）之和。编写程序，输入一个正整数 n，调用自定义函数，输出该函数的返回值，即 n 的所有因子之和。运行结果如下（第 1 行为输入，第 2 行为输出）。

测试：

```
10↙
18
```

8. 编写一个自定义函数，用于判断一个正整数是否为素数，并利用该函数验证哥德巴赫猜想，即任意大于或等于 4 的偶数都可以分解为两个素数之和。要求输入一个大于或等于 4 的偶数，输出该测试数据的所有无重复组合。并要求每行的第一个数保持升序，每行的两个数也保持升序，数据之间没有任何空格。运行结果如下（第 1 行为输入，其余行为输出）。

测试：

```
30↙
30=7+23
30=11+19
30=13+17
```

9. 编写一个自定义函数，参数为一个二维列表，返回值则为其转置矩阵。编写程序，输入一个二维列表，调用该自定义函数，将矩阵转置后按行输出，并且每个元素的输出宽度为 5 位，左对齐。运行结果如下（第 1 行为输入，其余行为输出）。

测试：

```
[[1,2,3],[4,5,6]]↙
1    4
2    5
3    6
```

第7章

面向对象程序设计

7.1 面向对象程序设计基础

7.1.1 面向过程与面向对象

1. 面向过程程序设计概述

前面所学习的编程方法都属于面向过程的程序设计方法。面向过程的编程方法一般都使用结构化程序设计（structured programming）方法。该方法的要点是：

（1）主张使用顺序、选择、循环三种基本结构来嵌套连接成具有复杂层次的"结构化程序"，严格控制 GOTO 语句的使用。按照结构化程序设计的观点，任何算法功能都可以由三种基本结构的组合来实现。

（2）采用"自上而下，逐步求精"的设计方法，使设计者能把握主题，高屋建瓴，避免一开始就陷入复杂的细节中，使得复杂的设计变得简单明了，过程的结果也容易做到正确可靠。

（3）采用"模块化"编程方法，将程序结构按功能划分为若干基本模块，自顶向下、分而治之，从而有效地将一个较复杂的程序设计任务分解成许多易于控制和处理的子任务，便于开发和维护。

虽然结构化程序设计方法具有很多优点，但是它把数据和处理数据的过程分离为相互独立的实体。当数据结构改变时，所有相关的处理过程都要进行相应的修改，程序的可重用性差。另外图形用户界面的应用，使得程序运行由顺序运行演变为事件驱动，对这种软件的功能很难用过程来描述和实现，使用面向过程的方法来开发和维护这类软件变得越来越困难。

2. 面向对象程序设计概述

面向对象程序设计（object-oriented programming，OOP）把现实世界看成一个由对象构成的世界，每一个对象都能够接收数据、处理数据并将数据传递给其他对象，它们既独立又能够互相调用。面向对象程序设计在大型项目设计中广为应用，使得程序更易于分析和理解，也更容易设计和维护。

在多函数的面向过程程序中，有许多重要数据被放置在全局数据区，以便它们可以被所有的函数访问。但是这种结构很容易造成全局数据无意中被其他函数改动，使得程序的正确性不易保证。而面向对象程序设计的出发点之一就是弥补面向过程程序设计中的这个缺点：对象是程序的基本元素，它将数据和操作紧密联结在一起，保护数据不会被外界的函数轻易改变。

面向对象程序设计的其他优点如下：

（1）数据抽象的概念可以在保持外部接口不变的情况下改变内部实现，从而减少甚至避免对外界的干扰；

（2）通过继承大幅减少冗余的代码，并可以方便地扩展现有代码，提高编码效率，降低软件维护的难度；

（3）通过对对象的辨别与划分，可以将软件系统分隔为若干相对独立的部分，一定程度上更便于控制软件复杂度；

（4）以对象为中心的设计可以帮助开发人员从静态（属性）和动态（方法）两方面把握问题，便于更好地实现系统；

（5）通过对象的聚合、联合，可以在保证封装与抽象的原则下实现对象在内部结构与外在功能上的扩充，实现对象由低到高的升级。

7.1.2　面向对象的基本概念

1. 对象

对象（object）是要研究的任何事物。从简单的一本书、一家图书馆、一个整数到庞大的数据库、极其复杂的自动化工厂、航天飞机等，都可以被看作对象。对象不仅能表示有形的实体，也能表示无形的（抽象的）规则、计划或事件。对象是由数据（描述事物的属性）和作用于数据的操作（体现事物的行为，称为方法）封装在一起构成的一个独立整体。

2. 类

类（class）是对象的模板，是具有相同类型的对象的抽象。对象是类的具体化，也称类的实例。例如，"狗"这个类列举了狗的特点，用这个类定义了世界上所有的狗，也就是类所包含的方法和数据描述了一组对象的共同属性和行为。"阿黄"这个对象则是一条具体的狗，它的属性也是具体的。一个类可有其子类，子类也可以有其子类，形成类的层次结构。

3. 消息

消息（message）是对象之间进行通信的一种规格说明。一个对象通过接收消息、处理消息、传出消息或使用其他类的方法来实现一定功能，这叫作消息传递机制。例如，阿黄可以通过吠叫引起人的注意，进而导致一系列事情的发生。

4. 封装

封装（encapsulation）是一种信息隐蔽技术，目的是把对象的设计者和对象的使用者分开，让使用者不必知晓行为实现的细节，只需使用设计者提供的消息来访问该对象即可。举例来说，"狗"这个类有"吠叫"的方法，这一方法定义了狗具体该通过什么方法进行吠叫，但是，外人并不知道它到底是如何吠叫的。

5. 继承

继承（inheritance）是子类自动共享父类的数据和方法。一般情况下，子类比父类更加具体化。例如，"狗"这个类可以派生出它的子类，如"牧羊犬"和"吉娃娃犬"等。子类直接继承父类的全部属性和行为，并且可以修改和扩充它自己的属性和行为。继承不仅保证了系统的可重用性，还促进了系统的可扩充性。

6. 多态

对象根据所接收的消息而做出动作。同一消息为不同的对象接收时可产生完全不同的行为，这种现象称为多态性（polymorphism）。例如，狗和鸡都有"叫"这一方法，但是调用狗的"叫"，狗会吠叫；调用鸡的"叫"，则鸡会啼叫。虽然同样是做出"叫"这一行为，但不同对象做出的表现方式将大不相同。多态机制使得具有不同内部结构的对象可以共享相同的外部接口，减少代码的复杂度。

封装性、继承性和多态性是面向对象技术的三大特性。后面将通过具体代码阐述Python 中如何体现这三大特性。

7.2　类与对象

从程序设计语言的视角看，类相当于一种数据类型，是抽象的，而对象是具体的，是类的一个实例。使用时，必须先定义类，再创建对象。

7.2.1　类的定义

类是抽象的模板，定义类的一般格式：

```
class 类名 [(父类名)]:
    类体
```

类名通常以大写字母开头，命名规则与一般标识符的命名规则相同，紧接着是括号及其父类名，表示该类是从哪个类继承下来的（继承的具体用法见 7.5 节）。通常，如果没有合适的继承类，可以使用 object 类，这是所有类都具有的父类。父类名可以省略，此时默认为父类使用 object 类，以下三种写法效果相同：

（1）class Student (object):pass

（2）class Student ( ):pass

（3）class Student:pass

类体部分，主要内容是定义属性和方法。属性就是定义在类中的变量，而方法是定义在类中的函数。例如以下是定义一个 Student 类的示例，里面有 name 属性和 printName( ) 方法：

```
class Student:
    name='Jack'                              # 属性
    def printName(self):                     # 方法
        print(self.name)
```

定义好 Student 类后，如果直接运行程序，是看不到任何效果的，接下来还需要创建类的实例，也就是对象。

7.2.2　对象的创建和使用

要使用类所定义的功能，必须将类实例化，即创建类的对象。语法格式如下：

```
对象名 = 类名（参数列表）
```

创建对象后，要访问实例对象的属性和方法，可以通过"."运算符连接对象名和属性或方法，格式：

```
对象名 . 属性名
对象名 . 方法名（参数列表）
```

例如，创建完上面的 Student 类后，可以使用 s=Student( ) 创建一个对象 s，它的 name 属性就使用 s.name 来访问，调用其方法则使用 s.printName( )。

【例 7-1】 创建 Employee 类，并创建两个 Employee 对象，访问其属性和方法。

程序代码如下：

```
class Employee():
    empCount=0                               # 员工数
    def __init__(self,name,salary):          # 构造方法
        self.name=name
        self.salary=salary
        Employee.empCount += 1
    def displayCount(self):                  # 显示员工数
        print("Total Employee %d"%Employee.empCount)
    def displayEmployee(self):               # 显示员工信息
        print("Name :",self.name, ",Salary:",self.salary)
emp1=Employee("Zara",2000)                   # 创建 Employee 类的第一个对象
emp2=Employee("Manni",5000)                  # 创建 Employee 类的第二个对象
emp1.displayEmployee()
emp2.displayEmployee()
print("Total Employee %d"%Employee.empCount)
```

运行程序，结果如下：

```
Name : Zara ,Salary: 2000
Name : Manni ,Salary: 5000
Total Employee 2
```

以上程序中，Employee 类有 3 个属性，分别是 empCount、self.name 和 self.salary，详细说明见 7.3 节；还有 3 个方法，分别是 __init__( )、displayCount( ) 和 displayEmployee( ) 方法，其中 __init__( ) 是一种特殊的方法，称为构造方法，作用是初始化实例对象，详细说明见 7.4 节。程序创建了两个对象，即 emp1 和 emp2，属性和方法都可以通过对象来访问。

7.3 属性

属性是类中对象所具有的性质，即数据值，又称为数据成员。属性实际上就是定义在类中的变量，根据属性定义的位置不同，可以区分为实例属性和类属性；根据访问控制权限的不同，又可以分为私有属性、公有属性和保护属性；还有一些其他的特殊属性。

7.3.1 实例属性和类属性

实例属性是某个具体的实例特有的属性，不会影响到类，也不会影响到其他实例。例如，实例化某个对象后，其 name 属性是"张三"，sex 属性是"男"，height 属性是"178"，这些属性都是该对象特有的，与其他对象无关。而类属性则是实例对象共有的属性，类似于全局变量，在内存中只存在一个副本。

实例属性一般定义在 __init__( ) 方法中，通过"self. 实例变量名 = 初始值"的形式初始化。__init__( ) 方法是构造方法，这是一个特殊的方法，该方法在创建对象时自动调用，作用是在类进行实例化时做初始化工作，一般无返回值。

在类内访问实例属性是通过"self. 实例属性名"访问的，在类外只能通过"对象名 . 实例属性名"的方式访问，类属性是在类中方法外定义的，一般要通过类名访问。如果通过实例对象去引用，实际就会产生一个同名的实例属性，这与第 6 章中在函数内部的变量与全局变量同名类似。因此建议对于实例属性使用对象名或 self 来引用，对于类属性一定要使用类名来引用。

【例 7-2】 定义一个 Team 类，设置有类属性 company、boss，以及实例属性 ID 和 leader。创建两个对象 t1 和 t2，分别输出其信息。

程序代码如下：

```
#1   class Team:
#2       company="ABC"                              # 类属性
#3       boss="Jenny"                               # 类属性
#4       def __init__(self,ID,leader):
#5           self.ID=ID                             # 实例属性
#6           self.leader=leader                     # 实例属性
#7   t1=Team("1","Holly")                           # 创建第一个对象
#8   t2=Team("2","John")                            # 创建第二个对象
#9   print(" 公司 :{}\n 老板 :{}".format(Team.company,Team.boss))
#10  print("{} 组的组长是 {}".format(t1.ID,t1.leader))
#11  print("{} 组的组长是 {}".format(t2.ID,t2.leader))
```

运行程序，得到的结果如下：

```
公司:ABC
老板:Jenny
1 组的组长是 Holly
2 组的组长是 John
```

本例定义的 Team 类中既有类属性，又有实例属性。其中，#2、#3 行定义的是类属性 company 和 boss，它们不定义在任何方法中。而实例属性是定义在 __init__() 中的由 self 引导的变量。注意，虽然 self.ID 与 ID 名字相近，但是它们是两个完全不同的对象，self.ID 是实例属性名，ID 则是参数名。本例在 __init__() 方法中的参数名 ID 和 leader 与属性名相同，但不是必须相同的，将 #4~#6 行替换成以下代码，程序功能保持不变。

```
def __init__(self,x,y):             # 构造方法
    self.ID=x                       # 实例属性
    self.leader=y                   # 实例属性
```

#7、#8 行创建两个实例对象，创建时进行初始化，把实例属性赋予具体对象。实例化时参数只需要给 2 个实参，将自动对应 __init__() 方法的第 2、3 个参数。第 1 个参数 self 是创建对象时自动对应的，表示对象本身，无须给出，例如 #7 行创建了 t1 对象，就会自动调用 __init__() 方法，并以 t1、"1"、"Holly" 作为实参。

#9 行通过"类名.属性名"的方式引用类属性，如 Team.comapny 和 Team.boss 中的 Team 就是类名。#10 行通过"对象名.属性名"的方式引用实例属性，如 t1.ID 和 t1.leader 中的 t1 就是对象名。

一个公司可能有多个团队，所有团队属于同一家公司，老板是同一个人，但是每个团队都有自己的编号和组长，因此 company 和 boss 属性是所有团队共有的，应将其设计为类属性，而 ID 和 leader 属性是某个团队特有的，应将其设计为实例属性。

7.3.2 私有属性和公有属性

从例 7-2 中可以看出，无论是实例属性还是类属性，在类的外部都可以直接访问。在开发中为了程序的安全，可以将属性定义为私有属性，这样就只能在其所在的类内部访问，而不能在类的外部直接访问了。

在其他语言（例如 C++ 或 VB 等语言）中，是通过变量名前面的 public 或 private 来区分是公有还是私有，但是在 Python 中则是靠属性的名称来区分的。具体规定如下：

（1）属性名以 __（双下画线）开头，不以 __ 结尾的属性表示该属性为私有属性，在类的外面访问私有属性会引发异常。属性被私有化后，即使继承它的子类也不能访问。

（2）Python 的开发原则是少用私有属性，如果需要保证属性不重复，可以使用以 _（单下画线）开头的属性，这种属性只允许其本身及子类进行访问，也有一定的保护作用。

（3）以 __（双下画线）开头和 __ 结尾的属性一般是 Python 中专用的标识符，如

__name__ 指模块的名称。在给属性取名时，应避免使用这一类名称，以免发生冲突。

（4）其他名称的属性都是公有属性。

（5）方法名的取名规则和属性有同样的效果。

【例 7-3】 私有属性的例子。

```
#1    class Team:
#2        __company="ABC"                              # 类属性，私有
#3        boss="Jenny"                                 # 类属性
#4        def __init__(self,ID,leader):
#5            self.__ID=ID                             # 实例属性，私有
#6            self.leader=leader                       # 实例属性
#7    t1=Team("1","Holly")                             # 创建对象
#8    print("公司:{}\n组号::{}".format(Team.__company,t1.__ID))  # 将会报错
```

运行上述程序，将发生错误，抛出异常。其原因是 #1~#6 行定义了一个类 Team，#2 行定义了一个私有类属性 __company，#5 行定义了一个私有实例属性 self.__ID，#8 行访问了这两个私有属性，而私有属性只能在定义的类中使用，不能在类外（包括子类中）使用，因此发生异常。

7.3.3 特殊属性与方法

Python 对象中以双下画线开头和结尾的属性称为特殊属性，方法也同样有以双下画线开头和结尾的方法，这种方法称为特殊方法。Python 中对象常用的特殊属性或方法如表 7-1 所示。

表 7-1 Python 中对象常用的特殊属性与方法

特殊属性与方法名	含义与作用
instance.__class__	类实例所属的类，可理解为当前实例的模板
definition.__name__	对象的名称，如 type、class 对象的名称就是系统内置的或自定义的名称字符串，类型的实例通常没有属性 __name__
class.__subclasses__()	返回子类列表
__init__(self)	__init__() 是一个实例方法，用来在实例创建完成后进行必要的初始化，该方法必须返回 None。Python 不会自动调用父类的 __init__() 方法，需要额外调用 super(C,self).__init__() 方法来完成
__del__(self)	在 GC(garbage collector) 之前，Python 会调用这个对象的 __del__() 方法完成一些终止工作。如果没有 __del__() 方法，那么 Python 不作特殊的处理
__repr__(self)	__repr__() 方法返回的字符串主要是面向解释器的，如果没有定义 __repr__() 方法，那么 Python 使用一种默认的表现形式
__str__(self)	与 __repr__() 方法返回的详尽的、准确的、无歧义的对象描述字符串不同，__str__() 方法只是返回一个对象的简洁的字符串表达形式；当 __str__() 方法缺失时，Python 会调用 __repr__() 方法
__unicode__(self)	优先级高于 __str__() 方法；同时定义这两个方法的实例，调用结果则相同

7.4 方法

方法其实就是定义在类中的函数。根据使用场景的不同，方法可以区分为实例方法、类方法和静态方法三类。析构方法与这三类方法不同，是一种特殊的方法。

7.4.1 实例方法

实例方法从它的名称上可以看出，是跟具体实例有关的，所以在使用时需要先生成实例，再通过实例调用该方法。

实例方法的第一个参数习惯性用 self，表示指向调用该方法的实例本身，当然也可以用其他合法的名字代替 self，但是要注意，此时在类内部访问实例属性或方法时，其名称也要换掉，不能还用 self 了。虽然 Python 并不严格要求第一个参数名必须是 self，但还是建议编写程序时将实例方法的第一个参数名设置为 self。实例方法的其他参数与普通函数中的参数完全一样，形式如下：

```
def 实例方法名 (self,[形参列表]):
    方法体
```

调用实例方法是通过"对象名 . 方法名"实现的。

【例 7-4】 实例方法的例子。

程序代码如下：

```
#1   class Person(object):
#2       def __init__(self,name,score):          # 构造方法
#3           self.__name=name
#4           self.__score=score
#5       def get_grade(self):                     # 实例方法
#6           if self.__score>=80:
#7               return'A'
#8           if self.__score>=60:
#9               return'B'
#10          return'C'
#11  p1=Person('Bob',90)                          # 创建第一个对象
#12  p2=Person('Alice',65)                        # 创建第二个对象
#13  p3=Person('Tim',48)                          # 创建第三个对象
#14  print(p1.get_grade( ))                       # 调用实例方法
#15  print(p2.get_grade( ))                       # 调用实例方法
#16  print(p3.get_grade( ))                       # 调用实例方法
```

上述代码中，get_grade( ) 方法是一个典型的实例方法，它的第 1 个参数是 self，说明这个方法要通过实例来调用。例如，#11 行创建了 p1 这一个具体实例，#14 行的 p1.get_grade( ) 就是通过实例 p1 调用 get_grade( ) 方法。__init__( ) 方法也可以看成一种特殊的实例方法。

在实例方法内部可以访问所有实例属性，如果外部需要访问私有属性，就可以通过调用实例方法获得这些私有属性，这种数据封装的形式除了能保护内部数据一致性外，还可以简化外部调用的难度。

实例方法是 Python 中最常见的方法，大部分方法都属于实例方法。Python 认为不属于类方法和静态方法的方法都是实例方法。

7.4.2 类方法

类方法主要用于跟类有关的操作，而不跟具体的实例有关。注意，在类方法中访问对象的实例属性会导致错误。类方法的定义格式：

```
@classmethod
def 类方法名 (cls,[ 形参列表 ]):
    方法体
```

定义类方法时的注意事项：

（1）方法上面一行带有装饰器 @classmethod；

（2）第一个参数一般为 cls，也可以是其他名称，但是默认为 cls（类似实例方法的第一个 self 参数，建议用 cls）；

（3）类方法只能修改类属性，不能修改实例属性；

（4）调用时既可以使用"类名 . 类方法名"，也可以使用"对象名 . 类方法名"。

【例 7-5】 类方法的例子。

程序代码如下：

```
#1   class Goods:
#2       __discount=1                              # 私有的类属性
#3
#4       def __init__(self,name,price):           # 构造方法
#5           self.name=name
#6           self.price=price
#7
#8       @classmethod
#9       def change_discount(cls,new_discount):   # 类方法
#10          cls.__discount=new_discount
#11
#12   @property                                   #property 装饰器可以把方法当成属性使用
#13   def finally_price(self):
#14           return self.price*self.__discount
#15
#16  banana=Goods(' 香蕉 ',10)
#17  apple=Goods(' 苹果 ',16)
#18
#19  Goods.change_discount(0.8)
#20  print(banana.finally_price)
#21  print(apple.finally_price)
```

```
#22
#23 Goods.change_discount(0.5)
#24 print(banana.finally_price)
#25 print(apple.finally_price)
```

运行程序，结果如下：

```
8.0
12.8
5.0
8.0
```

#1~#14 行定义了一个 Goods 类，含有一个私有的类属性 __discount，以及两个实例属性 self.name 和 self.price。

#8~#10 行定义的是类方法 change_discount( )，它的第一个参数是 cls，并且只能对类属性操作，而不能对实例属性操作，例如 #10 行是修改类属性 __discount 的值，注意它的前面带有前缀 cls，表示类对象。

#16、#17 行创建了两个实例对象 banana 和 apple。但是在 #19 行中调用 change_discount( ) 方法是通过类名调用的，这是因为不管是 banana 还是 apple，都采用新的折扣率，所以这是与具体对象无关的操作，只与类本身有关。

#12 行的 @property 是一个神奇的装饰器，可以将一个方法当成属性来使用，例如 #20、#21、#24、#25 行中都是将方法 finally_price( ) 当成属性来使用。finally_price( ) 方法是实例方法，因为它的第一个参数是 self，请读者注意对比 change_discount( ) 和 finally_price( ) 方法中对类属性 __discount 的前缀写法。

7.4.3 静态方法

静态方法一般用于和类对象以及实例对象无关的代码，作用与普通函数一样，只是写在了类中。凡是写在类中的函数都称为方法，而不说成函数，只有独立于类外的函数才是通常意义上的普通函数。

静态方法的定义形式如下：

```
@staticmethod
def 静态方法名 ([ 形参列表 ])
    方法体
```

定义静态方法时的注意事项如下：

（1）方法上面一行带有装饰器 @staticmethod；

（2）静态方法对第一个参数没有任何要求，整个参数列表可以有参数也可以无参数；

（3）方法体中不使用实例对象和类对象的任何属性和方法，以确保静态方法与类和实例都无关；

（4）调用方式一般是"类名 . 静态方法名"，也可以使用"对象名 . 静态方法名"。

【例 7-6】 静态方法的例子。

程序代码如下：

```
class Game:
    @staticmethod
    def menu():                  # 静态方法
        print('-------')
        print(' 开始 [1]')
        print(' 暂停 [2]')
        print(' 退出 [3]')
Game.menu()
```

本例的 Game 类中只有一个静态方法 menu( )，它不带任何参数，该方法其实与类本身以及任何实例无关。所以程序中没有实例化任何对象，调用 menu( ) 方法是通过类名实现的，本例的类名是 Game。静态方法的作用与普通函数差不多，本例就是打印一个菜单。

7.4.4　析构方法

在 7.3 节介绍了一个特殊方法，即构造方法 __init__( )，它是在创建对象时自动调用的，作用是在类进行实例化时做初始化工作。下面介绍表 7-1 中的另一个特殊方法，即析构方法 __del__( )。与构造方法相反，析构方法是在实例被删除时自动调用的，其作用就是做一些善后工作。下面用一个例子详细说明析构方法的用法。

【例 7-7】 析构方法用法的例子。

```
#1  class Student:
#2      stuCount=0                           # 类属性，记录学生总数
#3      def __init__(self,ID,name,sex):      # 构造方法
#4          self.ID=ID                       # 实例属性
#5          self.name=name                   # 实例属性
#6          self.sex=sex                     # 实例属性
#7          Student.stuCount+=1
#8
#9      def showInfo(self):                  # 实例方法
#10         print("学号 :%s, 姓名 :%s, 性别 :%s"%(self.ID,self.name,self.sex))
#11
#12     @classmethod                         # 类方法
#13     def showNum(cls):
#14         print(" 共有 %d 个学生了! "%cls.stuCount)
#15
#16     def __del__(self):                   # 析构方法
#17         Student.stuCount-=1              # 有实例被删除时，自动减学生数减 1
#18
#19 st1=Student("1111","Tom"," 男 ")          # 创建第一个学生对象
#20 Student.showNum()                        # 输出学生总数
#21 st2=Student("2222","marry"," 女 ")        # 创建第二个学生对象
#22 Student.showNum()                        # 输出学生总数
#23 del st1                                  # 删除一个学生对象
```

203

```
#24 Student.showNum()                      # 输出学生总数
#25 del st2                                # 删除一个学生对象 st2
#26 Student.showNum()                      # 输出学生总数
```

运行程序，结果如下：

```
共有 1 个学生了！
共有 2 个学生了！
共有 1 个学生了！
共有 0 个学生了！
```

本例定义的 Student 类中有一个类属性 stuCount，用于记录学生对象的总数。当创建一个实例时会自动调用构造方法 __init__( )，#7 行将学生数增加 1。showInfo( ) 是一个普通的实例方法，将学生信息输出。showNum( ) 是一个类方法，用于输出学生总数。析构方法 __del__( ) 用于收尾工作，当有学生对象被删除时，自动调用该方法，该方法里#17 行将学生总数减 1。通过构造方法和析构方法的配合使用，使得不论创建或删除对象，其学生总数都在不断更新，始终保持正确的值。

7.5 继承和多态

面向对象的三大特性是封装、继承和多态。定义类时把属性与方法都写在类中，这就是封装的具体体现。下面介绍另外两个特性。

7.5.1 继承

采用面向对象技术编程的一个主要优点是代码的复用性，通过继承，可以在已有类的基础上创建其子类，子类将自动获得父类的所有公有属性和方法，即子类不用写任何代码就能使用父类的属性和方法。子类除了继承父类的属性和方法外，也能派生自己特有的属性和方法。

在继承关系中，被继承的类称为父类、基类或超类，继承的类称为子类或派生类。定义子类的形式如下：

```
class 子类名（父类 1 [，父类 2,…]）
    类体
```

在子类名的后面有一对括号，里面是父类的名字，父类可以只有一个，也可以有多个，有多个父类的情况就称为多重继承。

【例 7-8】 创建父类 Person，派生出子类 Man。

程序代码如下：

```
class Person():                            # 父类，又叫基类
    def __init__(self,name,age):           # 构造方法
        self.name=name
        self.age=age
```

```
    def print_age(self):                          # 父类的实例方法
        print("%s's age is %s"%(self.name,self.age))

class Man(Person):                                # 子类, 也叫派生类
    work="Teacher"
    def print_age(self):                          # 父类、子类同名的实例方法
        print("Mr. %s's age is %s" %(self.name,self.age))
    def print_work(self):                         # 子类扩展出来的实例方法
        print("Mr. %s's work is %s" %(self.name,self.work))

bob=Man('Bob',33)
bob.print_age()
bob.print_work()
```

运行程序, 结果如下:

```
Mr. Bob's age is 33
Mr. Bob's work is Teacher
```

本例的父类 Person 中有两个实例属性 self.name 和 self.age, 这些属性在子类 Man 中是可以直接使用的, 所以可以见到在 Man 中没有刻意定义 self.name 和 self.age, 但是在其方法 print_age( ) 中有对这两个属性的引用。

父类 Person 除了构造方法 __init__( ) 外, 还有一个方法 print_age( ), 而子类 Man 中也有一个方法 print_age( ), 仔细观察这两个方法, 它们的代码是不同的。当父类和子类中有同名方法时, 子类对象调用的方法就是子类中的方法。子类 Man 另外还有一个方法 print_work( ), 这个方法是父类没有的, 是子类扩展出来的功能, 它是子类特有的方法。

本例的属性和方法都是公有的, 因此程序能得到正常运行。读者可以尝试将父类的属性和方法改成私有, 再次运行程序, 就会发现发生了异常。这说明, 子类只能继承父类的公有属性和方法, 而不能继承父类的私有属性和方法。

7.5.2 多态

在不同的类中, 可能存在同名的方法, 而不同类的对象调用这些同名方法时, 执行的代码是不一样的, 这种情况就是多态的一种体现。

【例 7-9】 定义三个类 Circle、Square 和 Rectangle, 它们都有求面积的 Area( ) 方法。

程序代码如下:

```
import math
class Circle:
    def __init__(self,r):
        self.r=r
    def Area(self):                               # 求圆面积
        area=math.pi*self.r ** 2
        return area
```

```
class Square:
    def __init__(self,size):
        self.size=size
    def Area(self):                              # 求正方形面积
        area=self.size*self.size
        return area

class Rectangle:
    def __init__(self,a,b):
        self.a=a
        self.b=b
    def Area(self):                              # 求矩形面积
        area=self.a*self.b
        return area

a=Circle(5)
print(a.Area())
b=Square(5)
print(b.Area())
c=Rectangle(2,3)
print(c.Area())
```

运行程序，结果如下：

```
78.53981633974483
25
6
```

以上三个类中，都有 Area( ) 方法，它们的计算公式不同，代码也是不一样的，a、b、c 分别是这三种不同类的对象，在调用 Area( ) 方法时，使用的求面积公式不同，这就是多态的一种重要体现。

另外，Python 本身就是一种多态语言，在很多地方都体现了多态性。例如，Python 中的变量无须指明类型，它会根据需要在运行时自动确定变量的类型；len( ) 函数不仅可以计算字符串的长度，还可以计算列表、元组等对象的数据个数，它会在运行时通过参数类型确定具体的计算过程，这都是多态性的一种体现。

*7.6 重载

重载是面向对象技术中的一种常用手段，在很多其他 OOP 语言（例如 C++、Java 等）中，一般都包括了方法重载和运算符重载。但是 Python 语言自身有其特殊性，有人认为 Python 不支持方法重载，而只有运算符重载。这是因为在其他语言（C++、Java 等）中所谓的方法重载是指函数名相同但参数的类型或数量不同的情况，需要编写多个函数。而 Python 是一种动态语言，它能自动根据传入参数的类型选用合适的数据类型，因此针对不同类型的参数无须重新编写函数。此外，参数数量的不同也可以通过默认参数和可变长度参数来解决，所以 Python 中不存在方法重载的问题。

至于运算符重载，是指同一个运算符，例如 "+"（加号），在算术运算中代表做加法，在字符串或列表等运算中代表连接，即同一个运算符在不同场景下有不同的处理方式，这就是运算符重载。

运算符重载主要用于对已有的运算符进行重新定义，赋予其另一种功能，以适应不同的数据类型。为了保持灵活性、可用性和安全性方面的平衡，Python 对运算符重载施加了一些限制：

（1）不能重载内置类型的运算符；

（2）不能新建运算符，只能重载现有运算符；

（3）某些运算符不能重载，如 is、and、or 和 not。

Python 的运算符实际上是通过调用对象的特殊方法实现的，表 7-2 列出了常见的运算符与对应的特殊方法。

表 7-2　常见的运算符与对应的特殊方法

类　　型	运算符	特 殊 方 法	含　　义
一元运算符	−	__neg__( )	负号
	+	__pos__( )	正号
	~	__invert__( )	对整数按位取反
中缀运算符	+	__add__( )	加法
	−	__sub__( )	减法
	*	__mul__( )	乘法
	/	__truediv__( )	除法
	//	__floordiv__( )	整除
	%	__mod__( )	取模（求余）
	**	__pow__( )	幂运算
复合赋值算术运算符	+=	__iadd__( )	加法
	−=	__isub__( )	减法
	*=	__imul__( )	乘法
	/=	__itruediv__( )	除法
	//=	__ifloordiv__( )	整除
	%=	__imod__( )	取模（求余）
	**=	__ipow__( )	幂运算
比较运算符	<	__lt__( )	小于
	<=	__le__( )	小于或等于
	>	__gt__( )	大于
	>=	__ge__( )	大于或等于
	==	__eq__( )	等于
	!=	__ne__( )	不等于

类　　型	运算符	特 殊 方 法	含　　义
位运算符	&	__and__( )	位与
	|	__or__( )	位或
	^	__xor__( )	位异或
	<<	__lshift__( )	左移
	>>	__rshift__( )	右移
复合赋值位运算符	&=	__iand__( )	位与
	|=	__ior__( )	位或
	^=	__ixor__( )	位异或
	<<=	__ilshift__( )	左移
	>>=	__irshift__( )	右移

重写运算符所对应的特殊方法，就可以实现运算符的重载。

【例7-10】 设计一个新的列表类型，重载运算符 + ，使得加法能将两个列表对应位置元素相加。

程序代码如下：

```
class MyList():
    def __init__(self,v):
        self.li=v
    def __add__(self,other):          # 重载 + 运算符
        n=min(len(self.li),len(other.li))
        r=[]
        for i in range(n):
            r.append(self.li[i]+other.li[i])
        return r
    def show(self):
        print(self.li)


alist=MyList([1,2,3])
blist=MyList([4,5,6])
clist=alist+blist                     # 运算符重载的计算结果
print(clist)
```

运行程序，结果如下：

```
[5,7,9]
```

在 Python 中，list 类型的两个整数列表相加，其加法运算默认是将两个列表的元素合并成一个新的列表。而本例中，通过重载加法运算符（ __add__( ) 方法），改变了两个列表相加的规则，使得两个列表对应位置的元素做算术加法，并得到一个新的列表。

7.7 应用举例

【例7-11】 定义一个 Dog 类，实例属性有名字（name）、毛色（color）、体重（weight），

实例方法为叫（bark），调用该方法时输出"wang！ wang！"。

程序代码如下：

```
#1   class Dog(object):                          # 定义类
#2       def __init__(self,name,color,weight):   # 构造方法
#3           self.name=name
#4           self.color=color
#5           self.weight=weight
#6
#7       def bark(self):                          # 实例方法
#8           print("wang! wang!")
#9   d1=Dog("wangcai","black",10)
#10  d1.bark()                                    # 通过对象名调用实例方法
```

运行程序，结果如下：

```
"wang! wang!"
```

本程序中，#2~#5 行是构造方法，用于给对象设置初始值，#7、#8 行是实例方法，#9 行是创建的对象，#10 行是调用该对象的实例方法。

【例 7-12】 设计一个 Rectangle 类，属性为左上角和右下角的坐标，编写方法，实现根据坐标计算矩形的面积。

程序代码如下：

```
class Rectangle():
    def __init__(self,left,top,right,bottom):   # 构造方法
        self.left=left
        self.top=top
        self.right=right
        self.bottom=bottom

    def get_area(self):                          # 实例方法求面积
        a=self.right-self.left
        b=self.bottom-self.top
        return abs(a*b)

rec=Rectangle(0,1,5,8)
print("Area=",rec.get_area())
```

运行程序，结果如下：

```
Area=35
```

本程序中，左上角的坐标由 left 和 top 确定，右下角的坐标由 right 和 bottom 确定，right−left 可以得到宽度，bottom−top 可以得到高度，面积是宽度和高度的乘积，考虑两个点的位置相减可能得到负数，所以要对面积求绝对值。

【例 7-13】 首先设计一个颜色类作为基类，包括红、绿、蓝三原色成员变量，并添加构造方法、显示三原色值的方法及修改红色值的方法；接着设计一个颜色类的派生类，

叫彩虹类，它在颜色类的基础上再增加四种颜色，即橙、黄、青、紫，也添加构造方法、显示方法和修改紫色值的方法；最后在主模块中定义这两个类的对象，测试所设计的方法并显示最后结果。

程序代码如下：

```
#1    class Color:                                      # 定义颜色基类
#2        def __init__(self,red,green,blue):            # 构造方法
#3            self.red=red
#4            self.green=green
#5            self.blue=blue
#6
#7        def show_color(self):                         # 显示颜色
#8            color_str="("+str(self.red)+","+str(self.green)+","+ \
#9            str(self.blue)+")"
#10           print(color_str)
#11
#12       def modi_red(self,red):                       # 修改红色
#13           self.red=red
#14
#15   class Rainbow(Color):                             # 定义子类
#16       def __init__(self,red,green,blue,orange,yellow,cyan,purple):
#17                                                      # 构造方法
#18           super().__init__(red,green,blue)
#19           self.orange=orange
#20           self.yellow=yellow
#21           self.cyan=cyan
#22           self.purple=purple
#23
#24       def show_color(self):                         # 显示颜色
#25           color_str="("+str(self.red)+","+str(self.green)+","+ \
#26           str(self.blue)+","
#27           color_str=color_str+str(self.orange)+","+str(self.yellow)+","
#28           color_str=color_str+str(self.cyan)+","+str(self.purple)+")"
#29           print(color_str)
#30
#31       def modi_purple(self,purple):                 # 修改紫色
#32           self.purple=purple
#33
#34   if __name__=='__main__':                          # 控制只能在主程序中执行
#35       c1=Color(150,230,100)                         # 创建一个 Color 类对象
#36       print("Before:c1=",end="")
#37       c1.show_color()
#38       c1.modi_red(200)
#39       print("After:c1=",end="")
#40       c1.show_color()
#41       c2=Rainbow(100,200,50,30,60,80,150)           # 创建一个 Rainbow 类对象
#42       print("Before:c2=",end="")
#43       c2.show_color()
```

```
#44     c2.modi_red(200)
#45     c2.modi_purple(0)
#46     print("After:c2=",end="")
#47     c2.show_color()
```

运行程序，结果如下：

```
Before:c1=(150,230,100)
After:c1=(200,230,100)
Before:c2=(100,200,50,30,60,80,150)
After:c2=(200,200,50,30,60,80,0)
```

本例中，子类 Rainbow 继承了父类 Color，其构造方法中，除了父类的属性 red、green、blue 外，还增加了 orange、yellow、cyan、purple 属性。注意，#18 行是调用父类的构造方法，用于 red、green、blue 三个属性的初始化。#25~#28 行是利用字符串连接的方式，得到要显示的颜色字符串。

【例 7-14】 为学校人事部门设计一个简单的人事管理程序，需满足如下要求：

（1）学校人员分为教师、学生、职员三类；

（2）三类人员的共同属性是姓名、性别、年龄、部门；

（3）教师的特别属性是职称、主讲课程；

（4）学生的特别属性是专业、入学日期；

（5）职员的特别属性是工资。

程序可以统计学校总人数和各类人员的人数，并随着新人入校注册和离校注销而动态变化。

程序代码如下：

```
#1   class Member:                                              # 定义基类
#2       count=0                                                # 人数，类属性
#3       def __init__(self,name,sex,age,department):            # 构造方法
#4           self.name=name                                     # 姓名
#5           self.sex=sex                                       # 性别
#6           self.age=age                                       # 年龄
#7           self.department=department                         # 部门
#8
#9   class Teacher(Member):                                     # 定义教师子类
#10      count=0                                                # 人数，类属性
#11      def __init__(self,name,sex,age,department,title,course):
#12          super().__init__(name,sex,age,department)          # 调用父类构造方法
#13          self.title=title                                   # 职称
#14          self.course=course                                 # 主讲课程
#15          Teacher.count += 1
#16          Member.count += 1
#17
#18      def __del__(self):                                     # 析构方法
```

211

```
#19              Teacher.count -= 1
#20              Member.count -= 1
#21
#22    class Student(Member):                              # 定义学生子类
#23        count=0                                         # 人数，类属性
#24                                                        # 构造方法
#25        def __init__(self,name,sex,age,department,major,time_enrollment):
#26            super().__init__(name,sex,age,department)   # 调用父类构造方法
#27            self.major=major                            # 专业
#28            self.time_enrollment=time_enrollment        # 入学日期
#29            Student.count += 1
#30            Member.count += 1
#31
#32        def __del__(self):                              # 析构方法
#33            Student.count -= 1
#34            Member.count -= 1
#35
#36    class Staff(Member):                                # 定义职员子类
#37        count=0                                         # 人数，类属性
#38        def __init__(self,name,sex,age,department,salary):    # 构造方法
#39            super().__init__(name,sex,age,department)   # 调用父类构造方法
#40            self.salary=salary                          # 工资
#41            Staff.count += 1
#42            Member.count += 1
#43
#44        def __del__(self):                              # 析构方法
#45            Staff.count -= 1
#46            Member.count -= 1
#47
#48    t1=Teacher("Holly","female",30,"Computer","Professor","Network")
#49    t2=Teacher("John","male",40,"Computer","Lecture","OS")
#50    t3=Teacher("Jenny","female",50,"Maths","Professor","Matrix")
#51    stu1=Student("Ada","female",20,"Computer","Network Engineering",
       "Sept 1,2023")
#52    stu2=Student("Jorge","male",21,"Computer","Network Engineering",
       "Sept 1,2024")
#53    stf1=Staff("Rose","famale",35,"Maths",3500)
#54
#55    print("Before:")
#56    print(" 教师有 :",Teacher.count)
#57    print(" 学生有 :",Student.count)
#58    print(" 职员有 :",Staff.count)
#59
#60    del t1
#61    del stu1
#62    del stf1
#63
#64    print("After:")
#65    print(" 教师有 :",Teacher.count)
```

```
#66 print(" 学生有 :",Student.count)
#67 print(" 职员有 :",Staff.count)
```

运行程序，结果如下：

```
Before:
教师有 :3
学生有 :2
职员有 :1
After:
教师有 :2
学生有 :1
职员有 :0
```

本程序中的 Member 类是所有身份人员的基类，定义了类属性 count 用于记录所有人员的人数，子类也各有一个类属性 count，用于记录各类人员的人数，在创建对象时，调用 __init__( ) 方法会将人数递增，例如 #15、#16 行分别对总人数和教师人数递增，删除对象时调用 __del__( ) 方法，会将人数递减，例如 #19、#20 行分别对总人数和教师人数递减。

7.8 习题

1. 简述面向对象程序设计的三大特性。

2. 什么是类？什么是对象？两者之间有何关系？

3. Python 中如何定义类和对象？

4. Python 中类的属性有哪几种？如何访问它们？

5. self 在类中有何意义？

6. 公有成员和私有成员有什么不同？命名时如何区分公有成员和私有成员？

7. 继承和派生有何关系？如何实现类的继承？

8. 什么是多态？Python 中是如何体现多态的？

9. 在 Python 中如何实现运算符重载？

10. 定义一个圆的类 Circle，该类中属性包括半径 r、周长 l、面积 s，方法包括 perimeter( )（求周长）、area( )（求面积）、show( )（输出周长与面积）。输入 1 个半径值，创建一个 circle 类的对象 c1 并输出其周长及面积（均保留两位小数），π 取 3.14。运行结果如下（第 1 行为输入，第 2 行为输出）。

测试一：

```
2
该圆周长是 12.56, 面积是 12.56
```

测试二：

```
10.5
该圆周长是 65.94, 面积是 346.19
```

11. 定义一个日期的类 Date，该类中属性包括年、月、日等，方法包括 dayinyear( )（求该天在该年中第几天）、dayinweek( )（求该天是星期几）。输入一组年、月、日的值，创建一个 Date 类的对象 day1 并输出其该日期是该年中的第几天、该天是星期几。求星期几的代码如下。

```
W=((Y-1)+((Y-1)//4)-((Y-1)//100)+((Y-1)//400)+D)%7
```

Y 指这一年是公元多少年，D 指这一天是这一年的第几天，W 是指星期几。

运行结果如下（第 1 行为输入，第 2、3 行为输出）。

测试一：

```
2023,1,15
15
星期天
```

测试二：

```
2022,11,8
312
星期二
```

12. 定义一个矩阵类 Matrix，具有一个列表属性，并且具有 rotate90( ) 方法、rotate180( ) 方法、rotate270( ) 方法，分别实现将原矩阵顺时针旋转 90°、180°、270°，show( ) 方法输出矩阵。输入一个 3×3 的矩阵创建并初始化一个 Matrix 类对象 m1，再输入一个旋转角度，根据要求输出旋转后的矩阵（每个数据输出宽度为 3，左对齐）。运行结果如下（第 1~3 行为输入矩阵，第 4 行为输入旋转度数，第 5~7 行为输出矩阵）。

测试一：

```
1 2 3
4 5 6
7 8 9
270
3   6   9
2   5   8
1   4   7
```

测试二：

```
1 2 3
4 5 6
7 8 9
90
7   4   1
8   5   2
9   6   3
```

第 8 章

文件及目录操作

8.1 文件概述

文件是以计算机辅助存储设备（如硬盘、U 盘、光盘等）为载体，存储在计算机上的信息集合，可以是文本文件、图片、程序等。计算机中，任何一个文件都有文件名，文件名是存取文件的依据。

根据文件中存储数据的方式和结构，可以将文件分为顺序存取文件和随机存取文件。

（1）顺序存取文件。顺序存取文件的结构比较简单。查找数据时，只能从文件头部开始，按照顺序一个一个（或一行一行）数据读取。一般来说，每个数据或记录的长度不需要相同。

（2）随机存取文件。随机存取文件又称直接存取文件。查找数据时可以根据需要随机访问任意一条记录。这样的文件，通常每一条记录的长度都是固定的，所以可以根据记录长度推算出任意一条记录的位置。

根据数据性质，文件也可以分为文本文件和二进制文件。

（1）文本文件。这种文件以纯文本方式存储，如果用记事本打开文件可以清楚地看到数据内容，数据一般以 ASCII 码或其他字符集来存放。

（2）二进制文件。这种文件根据文件格式的不同，需要由相应的软件来处理，如果用普通的记事本打开，则读到的数据都是乱码。

为了找到文件所处的位置而表示的一系列文件夹序列就称为路径，例如 D:\Python\Chapter8\test.txt，或者 D:/Python/Chapter8/test.txt。Windows 在路径名中对文件夹与文件或文件夹之间的分隔符，可以使用斜杠"/"或反斜杠"\"，由于在字符串中反斜杠"\"经常与其他字符一起构成转义符，如"\n""\t"等都具有特殊含义，因此在使用文件时，表示文件名的字符串中应尽量使用"/"作为分隔符，或者使用双反斜杠"\\"，如 D:\\Python\\Chapter8\\test.txt。

程序运行时，数据既可以从键盘输入，也可以从文件中输入，从文件中输入数据也被称为"读文件"。同样，程序的运行结果既可以显示在屏幕上，也可以保存到文件中，将数据保存到文件中被称为"写文件"。不管是哪一类文件，Python 中对文件的操作一般都分为三步：第一步是打开文件；第二步是读写数据；第三步是文件使用完后关闭文件。

8.2 文件的打开与关闭

8.2.1 打开文件

访问文件时，必须先打开文件。在 Python 中内置函数 open( ) 可以打开或创建一个文件对象。这个文件对象并非文件本身，而是应用程序与要读写的文件之间的通道。这个通道在 Windows 系统中常被称为文件句柄。通过它，文件才能被有效地读写。

open( ) 函数的一般语法格式：

```
文件对象=open(file,mode='r',buffering=-1,encoding=None,errors=None,newline=None,closefd=True,opener=None)
```

函数参数中的 **file** 是字符串类型，指明要打开的文件的文件名，文件名中可包含路径。参数 **mode** 也是字符串类型，用于指定文件的打开方式，具体取值如表 8-1 所示。

表 8-1 open( ) 函数中参数 mode 的取值及功能

参数值	功　　能
'r'	以只读方式打开文本文件
'w'	以只写方式打开文本文件（会清空原有文件内容）
'a'	以追加方式打开文本文件（保留原有内容，在文件尾部添加信息）
'x'	写模式，新建一个文本文件，如果该文件已存在则会报错
'rb'	以只读方式打开二进制文件
'wb'	以只写方式打开二进制文件
'ab'	以追加方式打开二进制文件
'+'	设置为可读写的方式（需与其他参数合在一起使用）

关于参数 mode 用法的一些具体说明。

（1）以只读方式（包括 'r'、'r+'、'rb'、'rb+'）打开文件时要求文件已存在，否则将发生打开文件失败的异常 FileExistsError。

（2）以只写或追加方式（包括 'w'、'w+'、'wb'、'wb+'、'a'、'a+'）打开文件时，若文件不存在，则创建一个新文件。

（3）以 'x' 方式打开文件是新建一个文件，要求该文件原本不存在，否则将发生打开文件失败的异常 FileExistsError。

（4）'+' 不能单独使用，必须放在其他模式后面，使之具有读写功能，但是在读写方式上，不同的写法有不同的含义。例如：

① 'r+' 表示可读写，不清空原内容，可在任意位置写入数据，默认位置为起始位置。

② 'w+' 表示可读写，但是该方式要先清空文件内容，然后写入。

③ 'a+' 表示可读写，写入位置只能在文件末尾。

④ 'rb+'、'ab+'、'wb-' 与 'r+'、'a+'、'w+' 的含义类似，只是打开的不是文本文件，而是二进制文件。

⑤ 不指定参数 mode 时默认的打开方式为 'rt'，即读取文本文件。

参数 buffering 用于指定访问文件所采用的缓冲方式。其默认值是 −1，表示使用系统默认的缓冲区大小；如果 buffering=0，则表示不缓冲；如果 buffering=1，则表示只缓冲一行数据，也就是碰到换行就将缓冲区的内容写入磁盘；如果 buffering 是一个大于 1 的整数 n，则采用 n 作为缓冲区大小，也就是每当缓冲区中满了 n 字节后就写入磁盘。

参数 encoding 用于指明文本文件使用的编码格式，默认为 None，即不指定编码格式，此时采用系统默认的编码。至于系统的默认编码则与平台有关。Python 内置的编码包括 'utf-8'、'utf8'、'latin-1'、'latin1'、'iso-8859-1'、'mbcs'、'ascii'、'utf-16'、'utf-32' 等，中文系统一般使用 'utf8' 或 'utf-8'（两者等价），以及 'gbk'。

参数 newline 用于区分换行符，该参数只对文本模式有效，可以取的值有 None、'\n'、'\r'、'' 和 '\r\n'。当读取数据时 newline 参数为 None，则文件中的 '\n'，'\r\n'，'\r' 都会被转换为 '\n'。如果 newline=''，则行的结尾符号就不会被转换。

使用 open( ) 函数打开文件时，buffering、encoding、newline、errors、closefd、opener 参数通常都采用默认值，无须显式地设置。

8.2.2　关闭文件

文件使用完以后，应当关闭文件，以释放文件资源，并可避免文件中数据的丢失。关闭文件的一般格式：

```
文件对象 .close()
```

如果在写文件的程序中不调用 close( ) 方法关闭文件，有时会发生缓冲区中数据不能正确写入磁盘的现象。为了避免这种情况的发生，Python 引入了 with 语句来自动调用 close( ) 方法，语法格式：

```
with open( 文件名 , 访问模式 ) as 文件对象 :
    < 利用文件对象读写文件 >
```

当 with 内部的语句执行完毕后，文件将自动关闭，而不需要显式调用 close( ) 方法，这样可以简化代码。

8.3　文本文件的读写

8.3.1　读取文本文件

读取文本文件前应首先按照 'r' 模式打开文件，由此而产生了一个文件对象，此时文件的指针在文件头部，预示着将从文件的起始位置处读取数据。Python 中读取文本文件中的数据是利用文件对象的三个方法——read( )、readline( ) 或 readlines( )。

1. read( ) 方法

read( ) 方法可以读取文件内容，具体用法如下：

```
f.read(size=-1)
```

f 是要读取内容的文件对象，参数 size 是整数，用于指定要读取的最多字符个数，默认值为 -1，表示读取全部的文件内容，该方法的返回值是一个字符串，得到从文件的当前位置处读到指定数量的字符。例如，下面是用 read( ) 方法读取文件 test.txt 中全部内容的示例：

```
#1    f=open("test.txt")
#2    str=f.read()                    # 一次读取全部内容
#3    print(str)
#4    f.close()
```

注意，#1 行虽然没有指定打开文件的模式，但是这种用法等同于 f=open("test.txt","r")，因为默认的打开方式是读取文本文件。#2 行的写法没有指定一次读取多少字符，相当于 size=-1，因此读取文件时将把文件内容一次性全部读出来。对于很大的文件，例如一个 GB 大小级别的文件，一次性将文件全部内容读取出来将占用过多的内存，存在很大的风险。下面是用 read( ) 方法指定一次读 10 个字符的示例：

```
f=open("test.txt","r")
while True:
    block=f.read(10)              # 一次读 10 个字符
    if not block:                 # 如果读不到内容了，即 block 是空字符串，则退出循环
        break
    print(block,end="")
f.close()
```

由于事先无法确定文件中有多少字符，因此使用循环来反复读取 10 个字符，直至再也读不到内容了就退出循环。需注意的是，文件中的字符数不一定正好是 10 的倍数，因此最后一次可能读到的字符个数不满 10 个，此时就只读取这少于 10 个的字符。

2. readline( ) 方法

readline( ) 方法可以一次读取文件中的一行内容，具体用法如下：

```
f.readline()
```

f 是要读取内容的文件对象，返回值是个字符串，得到文件当前位置处读到的一行内容，包括其行尾的换行符 '\n'。下面的示例是使用 readline( ) 方法按行读取文件 test.txt 中的内容。

```
f=open("test.txt","r")
while True:
    line=f.readline()                    # 读取一行
```

```
      if not line:                      # 如果读不到内容了，则退出循环
          break
      print(line,end="")
 f.close()
```

这样读到的每一行字符串中都包括了换行符，如果在实际使用中不需要包括换行符，则可以通过字符串切片或使用 line.replace("\n","") 的方法将行尾的换行符过滤掉。

3. readlines( ) 方法

readlines( ) 方法可以一次读取文件中的所有行，具体用法如下：

```
 f.readlines()
```

f 是要读取内容的文件对象，其返回值是一个列表，列表中依次存放文件中每一行的字符串。下面是使用 readlines( ) 方法读取 test.txt 中全部内容的示例：

```
f=open("test.txt","r")
list=f.readlines()                     # 一次把所有行读到一个列表中
for line in list:
    print(line,end="")
f.close()
```

同 readline( ) 方法一样，readlines( ) 方法读到的每一行内容都是包括其行尾换行符的，如果需要去掉换行符，同样可以使用切片或 replace( ) 方法。

4. 直接遍历文件对象

前面的三种方法是使用文件对象提供的方法来读取文件内容，除此之外，也可以直接遍历文件对象，因为在 Python 中文件对象也是一种可迭代对象。可迭代对象可以使用 for 循环进行遍历。代码如下：

```
f=open("test.txt",'r')
for line in f:                         # 直接遍历文件对象
    print(line,end='')
f.close()
```

8.3.2 文本文件的写入

写文件前，首先要使用 'w' 或 'a' 模式打开文件，由此创建一个文件对象。当用 'w' 模式打开文件时，若该文件不存在，会新建该文件，文件指针指向文件头部。若该文件已存在，打开时会清空文件中的所有内容（实际上是先删除原文件，再创建新文件），因此原文件中内容会丢失。在使用 'w' 模式打开文件时务必要小心数据内容的丢失。当用 'a' 模式打开文件时，文件内容会得以保留，并且文件指针指向文件末尾，写入数据时将在尾部追加数据。Python 中写入数据是利用文件对象的两个方法——write( ) 和 writelines( )。

1. write( ) 方法

write( ) 方法可以向文件中写入内容，具体用法如下：

```
f.write(写入的内容)
```

f是要写入内容的文件对象,返回值是写入的字符长度。在文件关闭前或缓冲区刷新前,写入的内容（字符串）暂存在缓冲区中，这时在文件中是看不到写入的内容的。例如：

```
#1   f=open("result.txt",'w')                    # w 是覆盖写模式
#2   content=input("请输入要写入的内容：")
#3   f.write(content)
#4   print("文件已写完！")
#5   f.close()
```

运行以上代码，不管原先是否存在 result.txt 文件，以及文件中是否存在数据，都将重新生成一个空的文件，把数据写入文件中，也就是新数据将覆盖已有的数据。

如果要在文件 result.txt 中添加新的数据，应将以上代码的 #1 行改写成：

```
f=open("result.txt",'a')                          # a 是追加写模式
```

使用 'a' 模式打开的文件，执行写入操作后文件中多了新数据。注意，write( ) 方法在写入时不会自动产生换行符。如果希望写入数据结束后产生换行效果，则应在输入内容后人为添加换行符。

2. writelines( ) 方法

writelines( ) 方法可以向文件写入字符串序列，格式：

```
f.writelines(字符串序列)
```

f是要写入内容的文件对象，参数是一个由字符串构成的序列，包括列表、元组、集合、字典等。该方法没有返回值。下面是使用 writelines( ) 方法将菜单写入文件 menu.txt 的示例：

```
menulist=["香菇青菜 \n","红烧狮子头 \n","清蒸鲈鱼 \n","菌菇汤 \n"]
f=open("menu.txt",'w')
f.writelines(menulist)
print("文件已写完！")
f.close()
```

注意：如果序列中的字符串本身不带换行符，写入文件时是不会自动添加换行符的，因此必须人为控制换行符的产生。

8.4　CSV 文件的读写

8.4.1　CSV 文件简介

CSV 文件是一种常见的文件格式，主要用于不同程序之间的数据导入和导出。如果在 Windows 下双击打开此类文件，一般会用 Excel 关联打开文件。但事实上，CSV 文件是一种纯文本文件，可以用记事本打开查看内容。

CSV 是 comma separate values 的缩写，意思是"逗号分隔值"，就是将值与值之间用逗号分隔开。例如以下内容为一个 CSV 文件的典型示例。

```
学号 , 姓名 , 年龄 , 性别 , 学院
2201, 张三 ,21, 男 , 计算机学院
2202, 李四 ,19, 女 , 外国语学院
2306, 王五 ,20, 女 , 物理学院
2410, 赵六 ,21, 男 , 体育学院
```

可以看到 CSV 文件有如下特征：

- 第一行一般是标题行，存储的是字段名；
- 除第一行外的每一行代表一条记录，存储与字段名相对应的字段值；
- 记录不跨行，无空行，每条记录都有同样的字段序列；
- 字段间一般用半角逗号作为分隔符，但是也可以使用分号、制表符等作为分隔符。

虽然对 CSV 文件的处理完全可以使用普通文本文件的处理方式，但 Python 中有个专门的标准库 csv 模块，利用它的 reader 对象和 writer 对象可以很方便地读写 CSV 文件。

8.4.2 读取 CSV 文件

读取 CSV 文件中数据的一般步骤是：获取文件对象→读取表头→按逗号分隔符拆分表头字段→使用 for 循环语句获取表体记录数据。

csv.reader 对象用于读取 CSV 文件中的数据，语法格式：

```
csv.reader(csvfile,dialect ='excel',**fmtparams)
```

其中，csvfile 是一个文件对象；dialect 用于指定 CSV 方言参数；fmtparams 可以给出关键字参数来覆盖当前方言中的各个格式参数。实际使用中通常省略后两个参数。下面是利用 csv.reader 对象读取 csvTest.csv 文件中所有内容的示例：

```
import csv
with open("csvTest.csv",'r') as f:
    reader=csv.reader(f)
    for row in reader:
        print(row)
```

运行程序，结果如下：

```
[' 学号 ',' 姓名 ',' 年龄 ',' 性别 ',' 学院 ']
['2201',' 张三 ','21',' 男 ',' 计算机学院 ']
['2202',' 李四 ','19',' 女 ',' 外国语学院 ']
['2306',' 王五 ','20',' 女 ',' 物理学院 ']
['2410',' 赵六 ','21',' 男 ',' 体育学院 ']
```

reader 对象是一个迭代器，其元素是用于记录文件中一行数据的一个列表，列表元素以字符串形式存储字段。

8.4.3 写入 CSV 文件

将数据写入 CSV 文件的步骤与读取文件差不多，一般为：获取文件对象→写入表头 (标

题行）→使用 for 循环语句按行写入表体记录数据。

在 csv 模块中写文件可以通过 writer 对象写入，语法格式：

```
csv.writer(csvfile,dialect='excel',**fmtparams)
```

该函数返回一个 writer 对象。其参数的含义和用法与 reader 对象相同，可以参见上面的 reader 对象。

用 writer 对象写入数据时，可以使用 writerow( ) 方法一次写入一行，也可以使用 writerows( ) 方法一次写入多行。以下是利用 csv.writer 对象将学生信息按一次一行的方式写入 student.csv 文件中的示例。

```
import csv
with open("student.csv",'w',newline="") as f:
    writer=csv.writer(f)
    writer.writerow(['学号','姓名','年龄','性别'])
    writer.writerow(['1101','张三','20','男'])
    writer.writerow(['1102','李四','19','女'])
    writer.writerow(['1103','王五','20','女'])
print("文件已写完! ")
```

注意：打开 CSV 文件时必须指定 newline=""，如果这个参数省略，则写入的文件将会在每行数据后空一行，这将导致 CSV 文件的读取数据错误。

这种写法将要写入文件的每行数据分别单独保存在一个列表中。如果将所有数据按行保存在一个列表中，也可以用 writerow( ) 方法写入文件。以下是将学生信息按一次一行方式写入 student.csv 文件中的另一种方法。

```
import csv
data=[['学号','姓名','年龄','性别'],
      ['1101','张三','20','男'],
      ['1102','李四','19','女'],
      ['1103','王五','20','女']]
with open("student.csv",'w',newline="") as f:
    writer=csv.writer(f)
    for row in data:
        writer.writerow(row)
print("文件已写完! ")
```

上述方法是通过遍历列表数据的方式按行写入 CSV 文件。

除了按行写入方式外，也可以使用 csv 模块的 writerows( ) 方法将数据一次性写入。以下是利用 csv.writer 对象，将学生信息一次性写入 student.csv 文件的示例。

```
import csv
data=[['学号','姓名','年龄','性别'],
      ['1101','张三','20','男'],
      ['1102','李四','19','女'],
      ['1103','王五','20','女']]
```

```
with open("student.csv",'w',newline="") as f:
    writer=csv.writer(f)
    writer.writerows(data)
print("文件已写完！")
```

这种方法与上面的第二种方法一样，要求用一个二维列表，每一行的数据是一个子列表，将所有内容都存储在这个列表中。两者的区别是 writerow( ) 方法只能通过遍历列表方式，一次一行写入数据，而 writerows( ) 方法则是一次性写入全部数据。

8.5 文件内的移动

一般情况下，文件的读写位置都是顺序移动的，也就是文件指针从最前面（打开时的位置为 0）依次往后移动，直至文件尾（EOF）。但是在有些情况下，例如，在已知等长记录长度的情况下，可以推算出每条记录的位置，这样就可以通过移动文件指针，随机访问指定记录的内容。

8.5.1 移动文件指针

文件指针是一个标识当前读写位置的指针变量，通过文件指针就可以对它所指的文件进行各种操作。读写文件后，文件指针会自动往后移动，除了这种方式外，也可以使用 seek( ) 方法强行移动文件指针的位置，语法格式：

```
文件对象.seek(offset,whence=0)
```

该方法返回值为 None。参数 offset 用于指明需要移动的字节数，等于正数时向文件尾移动，等于负数时向文件头移动。

whence 表示要从哪个位置开始偏移，默认值为 0。取 0 时代表从文件头算起，取 1 代表从当前位置算起，取 2 代表从文件末尾算起。下面是 seek( ) 方法的使用示例：

```
#1   f=open("example.txt","w+")
#2   f.write("1234567890ABCDEFGHIJKLMNOPQRSTUVWXYZ")
#3   f.seek(0)                                      # 移到文件头
#4   s=f.read(10)                                   # 读取 10 个字符
#5   print(s)
#6   f.close()
```

运行程序，结果如下：

```
1234567890
```

上述代码的 #1 行打开文件的方式是允许同时读和写的，#2 行把字符串 "1234567890 ABCDEFGHIJKLMNOPQRSTUVWXYZ" 写入文件后，文件指针指向文件尾。#3 行通过 seek( ) 方法，把文件指针移到文件头，然后读取 10 个字符，就能读到 "1234567890"。

如果把 #3 行代码改为 f.seek(-5,2)，试图从文件末尾位置，向前移动 5 个字符，就会发现运行程序发生了异常。这是因为文本文件不使用 'b' 模式（二进制模式）打开，只允许从文件头开始计算相对位置，也就是说，对于文本文件，seek( ) 方法的 whence 参数只能取 0，取 1 和 2 的用法只能在二进制文件中使用。

8.5.2 获取文件指针的位置

使用 tell( ) 方法可以获取文件指针所指向的当前位置，其用法如下：

```
pos= 文件对象 .tell()
```

tell( ) 方法返回的是一个整数，表示文件当前的读写位置。

【例 8-1】 tell( ) 方法的使用示例。

```
f=open("test.txt","r")
pos=f.tell()                              # 获取当前文件位置
print(" 打开文件时的初始位置 : ",pos,sep="")
s1=f.read(1)
pos=f.tell()
print(" 读完 1 个字符后的位置 : ",pos,sep="")
s2=f.readline(12)
print(" 读取的数据为 : ",s2,sep="")
print(" 已读取的长度为 : ",len(s1+s2)  ,sep="")
pos=f.tell()                              # 再次获取当前文件位置
print(" 当前位置 : ",pos,sep="")
f.close()
```

假设在文件 test.txt 中存放的内容是：

```
Hello Python!Yes,I like Python.
```

运行程序，结果如下：

```
打开文件时的初始位置 :0
读完 1 个字符后的位置 :1
读取的数据为 :ello Python!
已读取的长度为 :13
当前位置 :13
```

在刚打开文件尚未读取数据时，当前的文件指针位置是 0，当读取了 1 个字符后，文件指针的位置变成了 1。继续读取 12 个字符后，查看读取的数据，是 "ello Python!"，与前面的 H 合在一起，"Hello Python!" 中总共有 13 个字符，同时文件指针也移动了 13 个字符的位置。

*8.6 二进制文件的读写

二进制文件直接由比特 0 和 1 组成，没有统一的字符编码，如果用记事本打开，一般显示为一些乱码。例如，一个正整数 12345，其二进制码是 0011 0000 0011 1001，总共占 2 字节，而用文本表示时需要用 5 个字符来表示，也就是占 5 字节。二进制文件相比于文本文件，有节约存储空间、读写速度快的优点，并且具有一定的加密保护作用。

二进制文件一般需要使用专门的软件才能打开和处理。不同文件格式的二进制文件有自己的组织结构，例如，.png 文件、.avi 文件等可以在媒体处理软件中打开，.docx 文件可以在 Word 或 WPS 中打开……

在 Python 中，二进制文件是按照"字节串"来处理的。对于内存中的一个数据对象，如一个 16 位整数，应该是由 2 字节合在一起构成的一个整体才能解读这个整数，但是在写入二进制文件时，把这个整体分隔成一个由 2 字节构成的字节串，按照原有的次序，分别写入文件，这一过程就称为"序列化"。把文件中的字节串拼装回原有数据，这一过程称为"反序列化"。

Python 中的序列化和反序列化是通过一些标准模块或第三方模块中的函数进行的，很多模块都有类似功能，例如 pickle、struct、json、marshal、PyPerSyst、shelve 等都提供了不同的函数供用户使用。下面介绍 Python 自带的标准模块 pickle，它能以二进制形式序列化后保存到文件中。pickle 模块主要有两类接口，即序列化和反序列化。

1. 序列化

最常用的序列化方法是 dump( ) 方法，语法格式：

```
pickle.dump(obj,file,protocol=0)
```

该方法将对象 obj 序列化后以二进制形式写入文件 file 中。参数 protocol 一共有 5 种不同的类型，即 0、1、2、3、4。其中，0 表示使用 ASCII 协议，1 表示使用旧版二进制协议，2 表示 Python 2.3 使用的二进制协议，3 表示 Python 3.0 使用的二进制协议，4 则表示 Python 3.4 使用的二进制协议。一般情况下可以选择默认值 0。

【例 8-2】 使用 pickle 模块将各种数据保存到二进制文件 data.dat 中。

```
import pickle
a=[1,2,3]
b={"name":"John","age":38}
c={20,30}
f=open("data.dat","wb")                  # 以写模式打开二进制文件
pickle.dump(a,f)                         # 序列化
pickle.dump(b,f)
pickle.dump(c,f)
print(" 二进制文件已写完！")
f.close()
```

运行上述程序，可以看到创建了一个文件 data.dat。如果用记事本打开该文件，显示的内容为：

```
€]q (KKKe.€}q (X    nameqX    JohnqX    ageqK&u.€cbuiltins
set
q ]q(KK-e 卯 Rq.
```

需要注意，上面的文件必须使用 'wb' 模式打开。

2. 反序列化

要读取二进制文件中的内容，必须通过反序列化将字节串拼回原有数据。pickle 模块中的反序列化功能是通过 load( ) 方法实现的，语法格式：

```
pickle.load(file)
```

该方法实现的就是将序列化的对象从文件 file 中读取出来。

【例 8-3】 使用 pickle 模块将例 8-2 中建立的 data.dat 文件中的数据读取出来。

```
import pickle
f=open("data.dat","rb")                # 以读模式打开二进制文件
a=pickle.load(f)                        # 反序列化
print(a)
b=pickle.load(f)                        # 反序列化
print(b)
c=pickle.load(f)                        # 反序列化
print(c)
f.close()
```

运行程序，结果如下：

```
[1,2,3]
{'name':'John','age':38}
{20,30}
```

通过 pickle 模块中的 load( ) 方法，可以把用 dump( ) 方法序列化的对象完全恢复成原样。

*8.7　文件与目录管理

计算机中一般会有成千上万个文件，为了便于管理这些文件，需要有目录系统对这些文件进行归类。多数计算机系统采用的是树形目录结构，目录又称为文件夹。

Python 中有关文件及目录管理的功能，都是通过一些专门的模块实现的。比较常用的与文件和目录相关的模块是 os 模块和 shutil 模块。

8.7.1　文件管理

1. 复制文件

shutil 模块中的 copyfile( ) 函数可以复制文件，用法如下：

```
shutil.copyfile(src,dst)
```

其中，src 表示源文件名，dst 表示目标文件名，两者都可包含路径。

以下示例可以将 C 盘根目录下的 unintall.log 复制到 D 盘根目录下，文件名为 copy.log。

```
>>> import shutil
>>> shutil.copyfile("C:/unintall.log","D:/copy.log")
```

运行程序以后，在 D 盘根目录下多了一个文件 copy.log，内容与 C 盘下的 unintall.log

一模一样。

2. 移动文件

shutil 模块中的 move( ) 函数可以移动文件，用法如下：

```
shutil.move(src,dst)
```

参数的用法与含义跟复制文件时类似，两者都可包含路径。

以下示例可以将 D 盘根目录下的 copy.log 移动到 E 盘根目录下。

```
>>> import shutil
>>> shutil.move("D:/copy.log","E:/")
```

3. 删除文件

os 模块中的 remove( ) 函数可以删除文件，用法如下：

```
os.remove(src)
```

src 指明要删除的文件。

以下示例可以删除 E 盘根目录下的 copy.log。

```
>>> import os
>>> os.remove("E:/copy.log")
```

4. 重命名文件（目录）

os 模块中的 rename( ) 函数可以重命名文件，用法如下：

```
os.rename(old,new)
```

参数 old 是原文件名，new 是新文件名。

以下示例可以将 E 盘根目录下的 out.txt 文件重命名为 out2.txt。

```
>>> import os
>>> os.rename("E:/out.txt","E:/out2.txt")
```

需要注意的是，如果新旧文件的路径不一致，将发生异常。

5. 获取或判断关于文件的各项信息

os 模块及其子模块 os.path 中有很多函数可以用于获取或判断文件的各项信息，常用的函数如表 8-2 所示。

表 8-2　os 及 os.path 模块中获取或判断文件各项信息的常用函数

函　数　名	功　　能
os.stat(path)	获取 path 指定的路径的信息
os.path.exists(path)	判断指定路径（目录或文件）是否存在
os.path.getatime(filename)	返回指定文件最近的访问时间
os.path.getctime(filename)	返回指定文件的创建时间
os.path.getmtime(filename)	返回指定文件最新修改时间
os.path.getsize(filename)	返回指定文件的大小，单位是字节

8.7.2　目录管理

1. 获取当前目录

当前目录又称"当前工作目录"，是指用相对路径表示时的起始位置。os 模块中的 getcwd( ) 函数可以获取当前目录，用法如下：

```
os.getcwd()
```

以下示例可以打印当前工作目录。

```
>>> import os
>>> print(os.getcwd())
```

2. 改变当前目录

os 模块的 chdir( ) 函数可以改变当前目录，用法如下：

```
os.chdir(path)
```

参数 path 指明要设定为当前目录的路径。

以下示例可以将 E 盘的根目录设置为当前目录。

```
>>> import os
>>> os.chdir("E:/"))
```

3. 列出目录内容

os 模块的 listdir( ) 函数可以获得指定目录中的内容，用法如下：

```
os.listdir(path)
```

参数 path 指明要获得内容的目录路径，其返回值是一个列表，分别列出存放在该目录下的所有文件和文件夹的名称。

以下示例可以打印 C 盘根目录的内容。

```
>>> import os
>>> print(os.listdir("C:/"))
```

4. 创建目录

os 模块的 mkdir( ) 函数可以创建目录，用法如下：

```
os.mkdir(path)
```

参数 path 指明要创建的目录。

以下示例可以在 E 盘根目录下创建目录 mydir。

```
>>> import os
>>> os.mkdir("E:/mydir")
```

5. 删除空目录

os 模块的 rmdir( ) 函数可以删除目录，用法如下：

```
os.rmdir(path)
```

参数 path 指明要删除的目录。

以下示例可以删除 E 盘上的 aaa 文件夹。

```
>>> import os
>>> os.rmdir("E:/aaa")
```

需要注意的是，只能删除空文件夹，如果文件夹不为空的话会发生异常。

6. 遍历目录

os 模块中的 walk( ) 函数可以遍历指定目录，用法如下：

```
os.walk(top)
```

参数 top 代表要遍历的目录，得到 top 路径下所有的子目录，返回值是一个三元组：(dirpath,dirnames,filenames)。其中，dirpath 是一个字符串，代表目录的路径；dirnames 是一个列表，包含了 dirpath 下所有子目录的名字；filenames 是一个列表，包含了非目录文件的名字。这些名字不包含路径信息，如果要得到全路径，则需要使用 os.path.join(dirpath,name)。

【例 8-4】　遍历输出当前目录中的所有文件和文件夹。

```
import os
all_file=[]
path=os.getcwd()                                    # 得到当前工作目录
file_list=os.walk(path)
for dirpath,dirnames,filesnames in file_list:
    for dir in dirnames:
        all_file.append(os.path.join(dirpath,dir))  # 子文件夹的完整路径
    for file in filesnames:
        all_file.append(os.path.join(dirpath,file)) # 文件的完整路径
for file_list1 in all_file:
    print(file_list1)
```

在上述代码中，第 1 个 for 循环里面有 2 个内嵌的 for 循环，其中第 1 个内嵌 for 循环是把所有子目录的名称处理成绝对路径的写法，第 2 个内嵌 for 循环是把所有文件名处理成绝对路径的写法。最后一个 for 循环是打印输出所有的文件夹和文件的名字。程序的运行结果如下（取决于当前目录中的实际情况）：

```
E:\Python 教材例子 \__pycache__
E:\Python 教材例子 \a.py
E:\Python 教材例子 \b.py
E:\Python 教材例子 \c.py
E:\Python 教材例子 \csvTest.csv
E:\Python 教材例子 \data.bin
E:\Python 教材例子 \data.dat
E:\Python 教材例子 \student.csv
E:\Python 教材例子 \test.py
E:\Python 教材例子 \test.txt
```

```
E:\Python教材例子\__pycache__\b.cpython-35.pyc
E:\Python教材例子\__pycache__\c.cpython-35.pyc
E:\Python教材例子\__pycache__\test.cpython-35.pyc
```

*8.8 文件压缩

文件经过压缩以后可以减少文件所需的存储空间。目前主流的文件压缩格式有 zip、rar 以及 7-Zip 等格式。zipfile 是 Python 内置的标准库，可以用来解决压缩和解压缩等问题。

8.8.1 文件压缩

压缩文件的基本步骤通常是：

（1）创建 ZipFile 对象；

（2）添加指定文件到压缩文件；

（3）关闭 Zip 文件。

1. 创建 ZipFile 对象

ZipFile 对象表示一个 zip 文件。创建 ZipFile 对象的语法格式：

```
f=zipfile.ZipFile(file[,mode[,compression[,allowZip64]]])
```

该函数的用法说明如下：

- 参数 file 表示压缩包文件的路径。
- 参数 mode 有三种模式，用于指示打开 zip 文件的模式。与 open( ) 函数中的模式类似，其默认值为 'r'，表示读已经存在的 zip 文件，也可以为 'w' 或 'a'，'w' 表示新建一个 zip 文件或覆盖一个已经存在的 zip 文件，'a' 表示将数据添加到 zip 文件中。
- 参数 compression 表示压缩格式，可选的压缩格式有 ZIP_STORED 和 ZIP_DEFLATED。ZIP_STORED 是默认值，表示只打包不开启压缩功能；ZIP_DEFLATED 表示开启压缩，这是压缩文件时必须指定的。
- 如果要操作的 zip 文件大小超过 2GB，应该将 allowZip64 设置为 True。
- 函数的返回值是一个 ZipFile 对象。

2. 添加指定文件到压缩文件

ZipFile 的 write( ) 方法可以将指定文件添加到 zip 文件中，使用方法如下：

```
ZipFile.write(filename[,arcname[,compress_type]])
```

参数 filename 为文件路径；参数 arcname 为添加到 zip 文件后保存的名称；参数 compress_type 表示压缩方法，它的值可以是 ZIP_STORED 或 ZIP_DEFLATED。

3. 关闭 zip 文件

zip 文件处理完后，必须关闭，否则写入的文件在关闭之前不会真正被写入磁盘。关闭文件的用法如下：

```
ZipFile.close()
```

【例 8-5】 将"E:\Python 教材例子"文件夹下的 **a.py**、**b.py** 和 **c.py** 压缩到 **py.zip** 文件中。

```
import zipfile
zipFile=zipfile.ZipFile("E:/Python 教材例子 /py.zip","w",zipfile.ZIP_DEFLATED)
zipFile.write("a.py")                    # 压缩文件中添加文件
zipFile.write("b.py")                    # 压缩文件中添加文件
zipFile.write("c.py")                    # 压缩文件中添加文件
zipFile.close()
print(" 文件已压缩完！ ")
```

8.8.2　解压文件

解压文件的基本步骤跟压缩文件类似，首先也要创建 ZipFile 对象，接着是解压，最后是关闭文件。第一步和最后一步的做法跟压缩时类似，这里重点介绍如何解压文件。

解压文件主要是调用 ZipFile 对象的 extractall( ) 方法或 extract( ) 方法。

（1）解压所有文件。使用方法如下：

```
ZipFile.extractall(path=None,members=None,pwd=None)
```

如果参数 path 省略，则默认解压到当前工作目录，否则解压到 path 所表示的路径，没有该路径时会创建该路径。

参数 members 为 infolist( ) 函数返回的 ZipInfo 实例或文件名称列表，例如假设压缩文件中包含 a.py 和 b.py，则可以指定 members=["a.py","b.py"] 解压这两个文件。

（2）解压单个文件。使用方法如下：

```
ZipFile.extract(member,path=None,pwd=None)
```

其作用是将 zip 文件内的指定文件解压到指定目录。参数 member 为 zip 文件内的文件名称，指定要解压的文件名称或对应的 ZipInfo 对象；参数 path 与 extractall( ) 方法中的 path 参数相同；参数 pwd 为解压密码。

【例 8-6】 将例 8-5 建立的 **py.zip** 文件中的所有文件解压到 E 盘根目录下。

```
import zipfile
zipFile=zipfile.ZipFile("E:/Python 教材例子 /py.zip")
zipFile.extractall("E:/")                # 解压所有文件
zipFile.close()
print(" 文件已解压完！ ")
```

8.9　文件操作应用举例

【例 8-7】 将九九乘法表按照如下格式输入文件中。

```
1*1=1
1*2=2        2*2=4
```

```
1*3=3      2*3=6      3*3=9
1*4=4      2*4=8      3*4=12      4*4=16
......
```

程序代码如下：

```
with open('multiplication.txt','w') as f:
    for i in range(1,10):
        for j in range(1,i+1):
            result=str(j)+'*'+str(i)+'='+str(i*j)+'\t'      # 乘法表达式形式
            print(result,end='')
            f.write(result)
        print()
        f.write('\n')
```

运行程序，结果如下：

```
1*1=1
1*2=2    2*2=4
1*3=3    2*3=6     3*3=9
1*4=4    2*4=8     3*4=12   4*4=16
1*5=5    2*5=10    3*5=15   4*5=20   5*5=25
1*6=6    2*6=12    3*6=18   4*6=24   5*6=30   6*6=36
1*7=7    2*7=14    3*7=21   4*7=28   5*7=35   6*7=42   7*7=49
1*8=8    2*8=16    3*8=24   4*8=32   5*8=40   6*8=48   7*8=56   8*8=64
1*9=9    2*9=18    3*9=27   4*9=36   5*9=45   6*9=54   7*9=63   8*9=72   9*9=81
```

本程序除了在屏幕上显示九九乘法表以外，同时在源程序所在的文件夹中创建文件 multiplication.txt，里面存储的内容与屏幕上显示的内容一致。

【例 8-8】 将诗歌《静夜思》的内容按行写入文件 poet.txt 中，并且要求编码格式为 utf8，同时需要判断文件夹是否存在，如果不存在则先创建文件夹再写入。

```
静夜思
作者：李白
床前明月光
疑是地上霜
举头望明月
低头思故乡
```

程序代码如下：

```
import os
poet=[" 静夜思 \n"," 作者：李白 \n",
      " 床前明月光，\n"," 疑是地上霜，\n",
      " 举头望明月，\n"," 低头思故乡。"]
path="E:/Python 教材例子 "
if not os.path.exists(path):                        # 测试 path 是否存在
    print(" 文件夹不存在，先创建文件夹！")
    os.makedirs(path)                               # 创建文件夹
    print(" 文件夹创建成功！")
```

```
f=open("E:/Python 教材例子 /poet.txt",'w',encoding="utf8")
f.writelines(poet)          # 写入全部内容
f.close()
print(" 写入成功！ ")
```

本程序用 writelines( ) 方法写入全部内容，要先把诗歌内容准备好，存放在一个序列中，序列元素是一行内容，需要特意添加换行符才能取得换行效果。

【例 8-9】 从文件 members.txt 中以字典形式读取数据，名字作为键，年龄作为值。文件中的内容如下，以制表符（ '\t' ）分隔数据。

```
Name      age
Andy      32
Bob       20
Jenny     43
Holly     48
Danie     27
```

要求输出每个字典的内容。

程序代码如下：

```
content=[]
with open('members.txt','r') as f:
    for line in f.readlines():
        line_list=line.strip('\n').split('\t')        # 去除换行符，以制表符分隔
        content.append(line_list)
    keys=content[0]
    for i in range(1,len(content)):
        content_dict={}
        for k,v in zip(keys,content[i]):
            content_dict[k]=v
        print(content_dict)
```

运行程序，结果如下：

```
{'Name':'Andy','age':'32'}
{'Name':'Bob,'age':'20'}
{'Name':'Jenny','age':'43'}
{'Name':'Holly','age':'48'}
{'Name':'Danie','age':'27'}
```

本程序的 content 是一个二维列表，子列表中依次存放每一行中的各列内容。第一行是标题行，将作为字典的键，字典的值是其余行中的数据。

【例 8-10】 一个班级的成绩以文本文件的方式存放在 score.txt 中，每行为一个学生的成绩，其中第 1 列为姓名，第 2 列为平时成绩，第 3 列为期中成绩，第 4 列为期末成绩。要求读出该文件中所有学生的成绩，并按照"总评成绩 ＝ 平时成绩 ×20%+ 期中成绩 ×20%+ 期末成绩 ×60%"计算出总评成绩，将总评成绩降序写入文件 score_sorted.txt 中。

score.txt 中的内容如下：

```
张三 85 75 78
李四 80 84 82
王五 90 88 85
赵六 70 63 71
```

程序代码如下：

```
#1   def total(regular,midterm,final):                    # 计算总评成绩
#2       return regular*0.2+midterm*0.2+final*0.6
#3
#4   def main():
#5       with open('score.txt','r') as f:                 # 读取文件的内容
#6           content=f.readlines()
#7           i=0
#8           for line in content:
#9               line_list=line.strip('\n').split()
#10              content[i]=line_list
#11              t=total(int(content[i][1]),int(content[i][2]),
                     int(content[i][3]))
#12              content[i].append(t)
#13              i=i+1
#14      content.sort(key=lambda x:x[4],reverse=True)
#15      with open('score_sorted.txt','w') as f:          # 写入文件
#16          for line_list in content:
#17              print(line_list)
#18              line=''.join(line_list)
#19              line=line+'\n'
#20              f.write(line)
#21
#22  main()
```

运行程序，结果如下：

```
[' 王五 ','90','88','85',86.6]
[' 李四 ','80','84','82',82.0]
[' 张三 ','85','75','78',78.8]
[' 赵六 ','70','63','71',69.2]
```

本程序的 #1、#2 行定义了一个函数，用于计算总评成绩。#9 行是将一行记录去除换行符后用 split( ) 方法分隔出字段值，存在一个子列表中，子列表元素是字符串，因此求总评成绩时必须转换为整数类型。

【例 8-11】 编写程序制作英文学习词典。词典有三个基本功能：添加单词、查询和退出。词典是一个文本文件 dict.txt，里面每一行存放一对中英文翻译，前面是英文单词，后面是中文翻译，中间用逗号分隔。程序运行后，当输入数字 1、2、3 时，可以分别对应添加单词、查询和退出功能。

程序代码如下：

```
#1    import sys
#2    while True:
#3        choose=int(input("请输入您的选择:(1--添加,2--查询,3--退出):"))
#4        if choose ==1:                          # 添加
#5            f=open("dict.txt",'a')
#6            str1=input("请输入要添加的英文单词:")
#7            str2=input("请给出中文解释:")
#8            line=str1+","+str2+'\n'
#9            f.write(line)
#10           f.close()
#11       elif choose == 2:                       # 查询
#12           flag=0
#13           f=open("dict.txt",'r')
#14           word=input("请输入要查询的单词:")
#15           while True:
#16               s=f.readline()
#17               if nct s:
#18                   pos=s.find(',')
#19                   s1=s[0:pos]
#20                   if word == s1:
#21                       print("单词释义:{}".format(s[pos:len(s)]))
#22                       flag=1
#23                       break
#24               else:
#25                   break
#26           if flag == 0:
#27               print("字典中没有这个单词!")
#28           f.close()
#29       elif choose == 3:                       # 退出
#30           sys.exit()
#31       else:
#32           print("选择错误,请重输!")
```

本程序的 #4~#10 行是添加字典项功能,打开文件时利用 'a' 模式追加记录。
#11~#28 行是查询功能,打开文件时利用 'r' 模式按行读取数据,找到分隔英文和中文释义的逗号所在位置,利用切片分离出英文和中文释义。#29、#30 行是退出功能。

8.10 习题

1. 为什么使用文件前必须打开文件?打开文件的方式主要有哪几种?

2. 为什么要关闭文件?不关闭文件有何危害?

3. 简述什么是文件指针。

4. 读写文本文件的基本操作步骤是怎样的?

5. 访问二进制文件有哪些注意事项?

6. Python 中如何实现文件更名和删除?

7. Python 如何实现压缩文件的读取和写入操作？

8. 假设 in.txt 是一个英文文本文件，编写程序读取其内容，并将其中的大写字母转换为小写字母，小写字母转换为大写字母，其余不变，转换后的结果写入文件 out.txt 中。假设 in.txt、out.txt 文件都在当前目录（和源程序在同一目录）下。以下分别是文件内容示例。

[FILE=in.txt]

```
HELLO, Suda!
```

[FILE=out.txt]

```
hello, sUDA!
```

9. 编写程序，读取一个文本文件 in.txt（不超过 30 行），每一行前面加一个行号后（行号所占宽度为 4 个字符并左对齐），输出到 out.txt 文件。假设 in.txt、out.txt 文件都在当前目录（和源程序在同一目录）下。以下分别是文件内容示例。

[FILE=in.txt]

```
Tom      367
Jack     402
Lily     398
```

[FILE=out.txt]

```
1    Tom      367
2    Jack     402
3    Lily     398
```

10. 编写程序，读取一个存放 Python 源代码的 in.txt 文件，去掉其中的空行和注释（只考虑 # 的单行注释），然后写入另一个文件 out.txt 中。

（1）假设 in.txt、out.txt 都在当前目录（和源程序在同一目录）下。

（2）# 注释可以出现在单独一行，也可以在一行末尾，但 # 不出现在任何带有定界符的字符串中。

（3）处理后 out.txt 中代码应和原文件保持一致地缩进，注意每行末尾的换行符不要少。

以下分别是文件内容示例。

[FILE=in.txt]

```
import turtle                           # 导入乌龟画图模块

turtle.screensize(600,450)
p=turtle.Turtle()
p.shape("turtle")
p.hideturtle()
p.pensize(1)
p.color('red','yellow')
```

```
p.begin_fill()
# 循环画出太阳
while True:
    p.forward(200)                          # 画线
    p.left(170)                             # 转向
    if abs(p.pos()) < 1:
        break
p.end_fill()
```

[FILE=out.txt]

```
import turtle
turtle.screensize(600,450)
p=turtle.Turtle()
p.shape("turtle")
p.hideturtle()
p.pensize(1)
p.color('red','yellow')
p.begin_fill()
while True:
    p.forward(200)
    p.left(170)
    if abs(p.pos())<1:
        break
p.end_fill()
```

11. 编写程序，假设文本文件 in.txt 中存放了若干 0~9 的数字，数字之间用空格分隔，统计出每个数字的出现次数，并将前 5 个出现次数最多的数字及其次数输出到 out.txt 文件中。

（1）假设 in.txt、out.txt 都在当前目录（和源程序在同一目录）下。

（2）输出格式每行为"数字 : 次数"，并按次数由大到小输出前 5 个，如果次数相同，则按数字升序排列。若出现的不足 5 个数字，则全部输出。

以下分别是文件内容示例。

[FILE=in.txt]

```
4 4 6 2 3 0 1 4 9 3 1 7 8 9 6 4 3 2 1 3 4 2 3 6 7 8 4
```

[FILE=out.txt]

```
4:6
3:5
1:3
2:3
6:3
```

12. 编写一个程序，读取 in.txt 中的数据，计算并输出每个学生的平均分及总分，按总分降序排序后，将排序后结果写入 out.txt 中。程序的相关说明和要求如下。

（1）假设 in.txt 文件在当前目录（和源程序在同一目录）下，字段之间用英文逗号分

237

隔。该文件中存放学生的语文、数学、英语的成绩等数据。

（2）学生的平均分精确到小数点后 1 位。

以下分别是文件内容示例。

[FILE=in.txt]

```
学号,姓名,语,数,英
1001,张敏,80,80,82
1002,王斌,80,89,68
1003,刘涛,67,90,69
1004,方正,70,88,99
1005,李军,82,80,89
```

[FILE=out.txt]

```
学号,姓名,语,数,英,平均,总分
1004,方正,70,88,99,85.7,257
1005,李军,82,80,89,83.7,251
1001,张敏,80,80,82,80.7,242
1002,王斌,80,89,68,79.0,237
1003,刘涛,67,90,69,75.3,226
```

*第 9 章

图形界面程序设计

图形用户界面（graphical user interface，GUI，又称图形用户接口）是指采用图形方式显示的计算机操作用户界面，对于用户来说在视觉上更易于接受。GUI 通过在显示屏的特定位置，以各种美观而不单调的视觉消息提示用户状态的改变，极大地方便了非专业用户的使用。人们不再需要死记硬背大量命令，取而代之的是通过窗口、菜单、按键等方式方便地进行操作。

9.1 tkinter 库创建图形用户界面

9.1.1 tkinter 库

虽然前面介绍的 Python 程序都以命令行方式输入和输出信息，但其实 Python 也提供了内置库 tkinter，以及种类繁多的第三方库，如 wxPython、PyGTK、PyQt、PySide、wxWidgets、easygui 等可用于图形界面编程。

tkinter 模块（Tk interface，Tk 接口）是 Python 的标准 Tk 图形用户界面工具包的接口。Tk 通过调用操作系统提供的本地 GUI，完成最终的 GUI。tkinter 模块中定义了一些类和函数封装 Tk 的接口，通过调用这些接口就可以进行图形用户界面的设计和编程。

tkinter 库由若干模块组成：_tkinter、tkinter、tkinter.constants、tkinter.ttk、tkinter.font 等。_tkinter 是二进制扩展模块，tkinter 是主模块，tkinter.constants 模块定义了很多常量。

导入 tkinter 模块一般采用以下两种方法：

```
import tkinter
from tkinter import *
```

用第一种方法导入 tkinter 模块，调用模块中的函数时需要加上模块名作为前缀。而第二种方法导入 tkinter 模块的所有内容后，调用模块中的函数就不需要加模块名作为前缀了。

以下程序代码可创建包含一个标签控件和一个按钮控件的窗口。

```
import tkinter
win=tkinter.Tk()                # 创建主窗口对象 win
win.title('Hello Python!')      # 修改主窗口标题栏上显示的内容
```

```
L1=tkinter.Label(win,text='Label1')              # 创建标签控件对象 L1
B1=tkinter.Button(win,text='Command1')           # 创建按钮控件对象 B1
L1.pack()                      # 用 pack 布局管理器将标签 L1 放到窗口 win 的合适位置
B1.pack()                      # 用 pack 布局管理器将命令按钮 B1 放到窗口 win 的合适位置
win.mainloop()                 # 进入主窗口事件循环
```

tkinter 没有可视化界面设计工具，需要通过代码来完成窗口设计和元素布局。

9.1.2 创建图形用户界面的基本步骤

Python 的图形用户界面包括一个主窗口，主窗口是一个容器，里面包含各种界面元素，例如，命令按钮、文本框、标签、列表框等控件。主窗口及其包含的界面元素都是对象。用 tkinter 模块创建图形用户界面应用程序的基本步骤如下。

Step1：创建主窗口及设置主窗口的属性；

Step2：在主窗口中添加各种控件并设置其属性；

Step3：调整对象的位置和大小；

Step4：为控件定义事件处理程序；

Step5：进入主窗口的事件循环。

以上步骤中 Step2～Step4 的顺序可以打乱进行，例如先创建一个控件，设置其属性、位置、大小及定义事件处理程序，再创建另一个控件对象并设置相关内容。

9.1.3 设置主窗口或控件的属性

对于 tkinter 中主窗口或控件的属性，一种方法是在创建对象时设置，例如 9.1.1 节中的 L1=tkinter.Label(win,text='Label1') 语句，就是在创建标签对象 L1 时，将其 text 属性设置为 'Label1'。

另一种方法是通过如下形式修改属性：

```
对象名 [' 属性名 ']= 属性值
```

例如，L1['text']='Label1'，也可以将标签对象 L1 的 text 属性设置为 'Label1'，text 属性是对象上显示的文字，很多控件如命令按钮、单选按钮等都有 text 属性。

tkinter 的主窗口或有些控件还提供了 configure( ) 方法（可简写为 config）用于同时修改多个属性，格式：

```
对象名 .configure( 属性名 1= 属性值 1, 属性名 2= 属性值 2)
```

例如，代码 mywindows.config(height=100,width=150) 中，mywindows 为主窗口，调用其 config( ) 方法将窗口的高度和宽度设为 100 和 150。

9.1.4 创建主窗口

创建主窗口需要调用 tkinter 库中的 Tk( ) 函数，调用该函数时一般无参数。格式如下：

```
import tkinter
窗口名 =tkinter.Tk()
```

或

```
from tkinter import *
窗口名 =Tk()
```

创建窗口后，可以设置窗口属性或调用窗口方法，使窗口具有不同的外观或特征。表 9-1 给出了窗口对象常用的属性和方法。

表 9-1　窗口对象常用的属性和方法

属性和方法	含义或作用
background 属性	窗口的背景颜色，该属性可简写为 bg
height 属性	窗口的高度
width 属性	窗口的宽度
attributes(self,*args)	设置窗口的属性，注意，属性前面的短横杠（-）不能少。 -toolwindow：可设置窗口为工具栏样式。 -alpha：可设置透明度，0 为完全透明，1 为不透明。 -fullscreen：设置全屏。 -topmost：设置窗口置顶。两个同时被置顶的窗口为同级（能互相遮挡），它们都能同时遮挡没有被设置为置顶的窗口。 例如： win.attributes("-toolwindow",True) win.attributes("-fullscreen",True)
geometry(self,newGeometry =None)	参数 newGeometry 用于指定窗口的大小和位置，其格式为 width×height±m±n，无参时返回窗口的大小和位置
minsize(self,width=None,height=None)	设置窗口的最小尺寸，参数 width 指定最小宽度，参数 height 指定最小高度
maxsize(self,width=None,height=None)	设置窗口的最大尺寸，参数 width 指定最大宽度，参数 height 指定最大高度
overrideredirect(self,boolean=None)	若参数 boolean 为 True，则去掉窗口的框架，脱离 Windows 窗口管理，此时不能拖动窗口，也不会出现在任务栏
winfo_screenwidth( )	获取屏幕分辨率的宽度
winfo_screenheight( )	获取屏幕分辨率的高度
title(self,string=None)	参数 string 指定窗口的新标题内容，无参时返回现有标题的内容
resizable(self,width=None,height=None)	width 参数指定窗口的宽度是否可调，height 参数指定窗口的高度是否可调
state(self,newstate=None)	参数 newstate 指定窗口的模式
mainloop(n=0)	调用该方法进入窗口的主事件循环

【例 9-1】 创建并设置窗口。

```
#1   from tkinter import *
#2
#3   mainWin=Tk()
```

241

```
#4   btn1=Button(mainWin,text=' 关闭 ',command=mainWin.destroy)
#5   mainWin['width']=350
#6   btn1.place(x=0,y=0)
#7
#8   mainWin.config(background="pink")
#9   mainWin.resizable(True,False)              # 窗口的高度和宽度是否可变
#10  mainWin.title("I'm peppig!")
#11
#12  mainWin.minsize(200,200)                   # 窗口的最小缩放
#13  mainWin.maxsize(600,400)                   # 窗口的最大缩放
#14
#15  # 以下代码行测试利用 attributes() 方法改变窗口的状态
#16  #mainWin.attributes("-alpha",0.9) # 设置窗口的透明度,1 为不透明,0 为完全透明
#17  #mainWin.attributes("-toolwindow",1)       # 设置为 toolwindow 模式
#18  #mainWin.attributes("-topmost",1)          # 设为窗口置顶模式
#19  #mainWin.attributes("-fullscreen",1)       # 全屏窗口, 需注释掉 #13 行
#20
#21  # 以下代码行演示如何控制窗口最大化、最小化、图标化等
#22  #mainWin.overrideredirect(True)            # 无边框窗口
#23  #mainWin.state("zoomed")                   # 窗口最大化
#24  #mainWin.state("iconic") # 参数还可是 "withdrawn"( 隐藏 ),"icon"( 最小化 )
#25  #mainWin.iconify()                         # 窗口最小化
#26  #mainWin.deiconify()                       # 还原窗口
#27  print('1111'+mainWin.state())             # 获取当前窗口状态
#28
#29  SrnWidth=mainWin.winfo_screenwidth()      # 获得屏幕分辨率的宽度
#30  SrnHeight=mainWin.winfo_screenheight()    # 获得屏幕分辨率的高度
#31  print(SrnWidth,SrnHeight)
#32
#33  mainWin.mainloop()
```

图 9-1　创建并设置窗口

本程序的运行结果如图 9-1 所示，读者可以将代码 #16~#26 行中的起始注释 # 逐个去掉后，再运行本例，观察窗口的变化。

窗口的大小和位置的设定除了使用 width 和 height 属性外，还可以通过窗口的 geometry( ) 方法设置，该方法的设置格式如下：

```
窗口名 .geometry(newGeometry)
```

参数 newGeometry 是一个字符串，其格式为 width x height ± m ± n，width、height 是窗口的宽度和高度，两者之间是小写英文字符 x；± m ± n 用于指定窗口在屏幕上的位置，若 m、n 之前用 + 号，则 m、n 分别是窗口距离屏幕左边和上边的距离，若 m、n 之前用 − 号，则 m、n 分别是窗口距离屏幕右边和下边的距离。

注意：newGeometry 字符串中不能含有空格。

例如，以下代码用于创建指定大小和位置的窗口。

```
from tkinter import *
mainw=Tk()
mainw.geometry('200x300+400+200')
mainw.mainloop()
```

窗口的 mainloop( ) 方法将使窗口及控件显示出来，进入消息处理循环，等待各种消息并准备响应事件，例如鼠标的移动或单击、敲击键盘等操作。除非关闭窗口，否则程序将一直处于消息处理循环中。

9.2 常用控件

9.2.1 常用控件概述

tkinter 提供的控件对应 tkinter 模块中相应的类。建立图形用户界面时，创建的是控件类对应的一个个对象实例。tkinter 中提供了以下常用控件，如表 9-2 所示。

表 9-2 tkinter 的常用控件

控　件	tkinter 类	功　能　介　绍
按钮	Button	主要对鼠标的单击做出响应
标签	Label	用来显示文字或图片
消息	Message	类似标签，但可以显示多行文本
文本框	Entry	单行文字域，用来收集键盘输入
文本域	Text	多行文字区域，用来收集或显示用户输入的文字
单选按钮	Radiobutton	一组按钮，其中只有一个可被"按下"
复选框	Checkbutton	一组方框，可以选择其中的任意多个
列表框	Listbox	一个选项列表，用户可以从中选择一个或多个条目
框架	Frame	包含其他组件的纯容器
滚动条	Scrollbar	对其支持的组件（如文本域、画布、列表框、文本框等）提供滚动功能
进度条	Scale	线性"滑块"组件，可设定起始值和结束值，会显示当前位置的精确值
菜单	Menu	单击菜单按钮后弹出的一个选项列表，用户可以从中选择
菜单按钮	Menubutton	用来包含菜单的组件（有下拉式、层叠式等）
顶级	Toplevel	类似框架，但提供一个独立的窗口容器
画布	Canvas	提供绘图功能（如直线、椭圆、多边形、矩形等），可以包含图形或位图

1. 创建控件实例

创建控件实例的一般格式：

```
[tkinter.]控件类名（父窗口对象 [,其他参数 ]）
```

控件类名前的前缀取决于导入 tkinter 模块的方法（参见 9.1.1 节）。控件类名见表 9-2。其他参数用于指定创建的控件对象的某些属性，视控件不同而有所不同，也可以不使用其他参数。

父窗口对象是指控件放置的窗口，可以省略，此时系统自动生成一个容纳当前控件的父窗口，但是因没有获得指向父窗口的变量，该父窗口是不可控的。例如：

```
>>> import tkinter
>>> btn1=tkinter.Button(text=' 自动生成父窗口 ')
>>> btn1.pack()
```

创建完对象后，要让对象在父窗口中显示出来，需要调用对象的 pack( ) 方法或 grid( ) 方法及 place( ) 方法，具体将在 9.4 节详细介绍。

2. 控件的公共属性

很多控件都具有共同的属性，例如：

（1）height 和 width 属性。height 是控件的高度，width 是控件的宽度。不同控件的高度和宽度的度量单位是不同的，有些是像素，有些是字符。

（2）font 属性。font 属性用于控制控件的字体。有以下两种格式。

格式 1：

```
font=' 字体 - 字号 bold italic underline overstrike'
```

格式 2：

```
font=(' 字体 ', 字号 ,'bold','italic','underline','overstrike')
```

表示字体格式的参数有 6 项，第 1 项是字体，第 2 项是字号大小，后面 4 项的顺序可以任意，也可以不出现。

格式 1 是一个字符串，里面 6 项格式信息之间有空格，字号前有一个负号。

格式 2 是一个元组，其中的字号可以是整数也可以是字符串，其他项是字符串。字体和字号设为空字符串时，采用系统默认的设置。

（3）command 属性。当对控件进行特定操作时，调用 command 属性指定的代码。例如，代码 b1=Button(mainw,text=' 按钮 ',command=CallBack) 是单击该按钮控件时执行 CallBack( ) 函数，CallBack( ) 函数也称为回调函数。

9.2.2 按钮

按钮（Button）控件表示各种按钮。按钮能够包含文本或图像，并能与一个 Python 函数或方法相关联。当这个按钮被按下时，tkinter 自动调用关联的函数或方法。

创建 Button 实例的常用格式：

```
变量 =Button ( 父容器对象名 [,text= 显示文本 [,command= 事件响应函数或命令 ]])
```

text 属性和 command 属性是两个最常被用到的 Button 属性，此外还有表 9-3 中的属性。

表 9-3 Button 控件的属性

属　性	作用及用法
text	按钮表面的提示文字
command	对按钮单击时系统会执行的响应代码

续表

属　性	作用及用法
width	宽度，度量单位为字符
height	高度，度量单位为字符
bitmap	显示系统内置的图标，可选图标参数有 error、hourglass、info、questhead、question、warning、gray12、gray25、gray50、gray75
image	显示自定义的图片
bg	背景色
fg	前景色
bd	按钮的边框粗细，默认为 1 像素或 2 像素
state	按钮的状态，可以设为正常（normal）、激活（active）和禁用（disabled）
relief	按钮边框的 3D 效果，可以设为 FLAT、GROOVE、RAISED、RIDGE、SOLID、SUNKEN 等

【例 9-2】 图标按钮的演示。

```
#1   from tkinter import *
#2
#3   bm=['error','hourglass','info','questhead','question',
#4        'warning','gray12','gray25','gray50','gray75']
#5   i=0
#6   def CallBack():
#7       global i
#8       i=(i+1)%10
#9       b1['bitmap']=bm[i]          # 修改按钮 b1 的 bitmap 属性，令按钮图标改变
#10  mainw=Tk()
#11  b1=Button(mainw,text=' 请反复 \n 单击我 ',command=CallBack)
#12  b1['fg']='red'                 # 指定按钮的前景色
#13  b1['bd']=5
#14  b2=Button(mainw,text=' 不可用按钮 ',state=DISABLED)
#15  b2['relief']=GROOVE            # 指定按钮边框的 3D 效果
#16  b1.pack()
#17  b2.pack()
#18  # b1.place(x=10,y=30)          # 若启用 #16、#17 行，则注释掉 #14、#15 行
#19  # b2.place(x=10,y=100)
#20  mainw.mainloop()
```

程序运行结果如图 9-2 所示。本例中，按钮表面一开始是文字提示，单击之后就是系统内置的图标，单击一次按钮则按钮表面的图标发生一次改变。#11 行中的 command 属性被设置为单击按钮则调用 CallBack 函数，注意此处调用时只需要写自定义函数名即可。

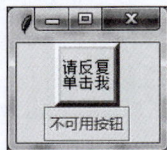

图 9-2　图标按钮的演示

9.2.3　标签和消息

1. 标签控件

标签（Label）控件用于显示文本。创建 Label 实例的常用格式：

变量 =Label(父容器对象名 [,text= 显示文本])

Label 控件文本的内容由 text 属性指定。Label 控件还可以使用 bitmap 属性显示系统图标，或使用 image 属性显示自定义图片。此外，表 9-4 列出了 Label 控件的常用属性。

表 9-4　Label 控件的常用属性

属　性	作用及用法
text	显示的文字内容
width	宽度，度量单位为字符
height	高度，度量单位为字符
bitmap	显示系统内置的图标，可选图标参数有 error、hourglass、info、questhead、question、warning、gray12、gray25、gray50、gray75
image	显示自定义的图片
bg	背景色
fg	前景色
bd	按钮的边框粗细，默认为 1 像素或 2 像素
wraplength	指定多少单位后开始换行，用于多行文本显示
justify	多行文本的对齐方式，可以设为左对齐（LEFT）、居中（CENTER）或右对齐（RIGHT）
relief	按钮边框的 3D 效果，可以设为 FLAT、GROOVE、RAISED、RIDGE、SOLID、SUNKEN 等

【例 9-3】　标签控件的演示。

```
from tkinter import *

mainw=Tk()
L1=Label(mainw,text='Python 程序设计 ')
L1['fg']='green'
L1['bg']='pink'
L1['bd']=3
L1['wraplength']=80                      # 标签换行的位置
L1['relief']=RAISED                      # 指定标签的边框 3D 效果
L1['justify']=RIGHT                      # 指定标签中多行文本的对齐方式
L1.pack()
mainw.mainloop()
```

程序的运行结果如图 9-3 所示。

图 9-3　标签控件的演示

2. 消息控件

消息（Message）控件与 Label 控件的用法基本一致，但显示的是多行文本。其属性与 Label 控件基本一致，但无 wraplength 属性。创建 Message 实例的常用格式：

```
变量 =Message( 父容器对象名 [,text= 显示文本 ])
```

Message 控件的文本行数是系统自动选择的。

【例 9-4】　消息控件的演示。

```
from tkinter import *
```

```
mainw=Tk()
M1=Message(mainw,text='Python 程序设计 ')
M1['fg']='blue'
M1['bg']='white'
M1['bd']=3
M1['relief']=SOLID        # 指定消息控件的边框 3D 效果
M1['justify']=RIGHT       # 指定消息控件中多行文本的对齐方式
M1.pack()
mainw.mainloop()
```

程序的运行结果如图 9-4 所示。

图 9-4　消息控件的演示

9.2.4　文本框

文本框用于输入和编辑文本，输入过程中可以进行编辑，如光标定位、修改和插入等。Python 提供了两种文本框，单行文本框（Entry）控件和多行文本框（Text）控件。

1. Entry 控件

Entry 控件主要实现单行文本的输入和编辑。创建 Entry 实例的常用格式：

变量 =Entry（父容器对象名 [,textvariable= 变量 1]）

（1）获取文本框的输入内容有以下办法：

① 调用文本框 Entry 对象的 get( ) 方法。

② 为文本框 Entry 对象的 textvariable 属性指定一个 tkinter 模块定义的 StringVar 类型的变量，即文本框 Entry 对象的 textvariable 属性会与该变量绑定，调用变量的 get( ) 方法可以获得用户输入的内容。

（2）用代码设置文本框的内容有以下办法：

① 调用文本框的 delete（字符起始位置，结束字符的位置 +1）方法。

② 调用与 textvariable 属性绑定的变量的 set（指定字符串）方法。

表 9-5 列出了 Entry 控件的常用属性和用法。

表 9-5　Entry 控件的常用属性及用法

属性	用　　　法
width	宽度，度量单位为字符（文本框无 height 属性）
bg	背景色
fg	前景色
bd	文本框的边框粗细
justify	多行文本的对齐方式，可以设为左对齐（LEFT）或右对齐（RIGHT）
relief	按钮边框的 3D 效果，可以设为 FLAT、GROOVE、RAISED、RIDGE、SOLID、SUNKEN 等
state	按钮的状态，可以设为正常（normal）、激活（active）和禁用（disabled）
show	指定输入的文本都显示为该属性字符

【例 9-5】 单行文本框的基本功能演示。

```python
from tkinter import *
def Butt1_Call():
    L1['text']=eTxt1.get()
    L2['text']=sv.get()
def Butt2_Call():
    eTxt1.delete(4,len(eTxt1.get()))
def Butt3_Call():
    sv.set('')
def Butt4_Call():
    sv.set('Hi，我是小智，我很聪明的哦！')
def Butt5_Call():
    eTxt1['show']='?'

mainw=Tk()
mainw.geometry('220x240')

sv=StringVar()
eTxt1=Entry(mainw,width=24,textvariable=sv)
eTxt1.place(x=20,y=10)

L1=Label(mainw,text=' 无内容！')
L1.place(x=20,y=40)
L2=Label(mainw,text=' 无内容！')
L2.place(x=20,y=80)

b1=Button(mainw,text=' 显示输入的内容 ',command=Butt1_Call)
b1.place(x=20,y=120)
b2=Button(mainw,text=' 清空文本框 1',command=Butt2_Call)
b2.place(x=120,y=120)
b3=Button(mainw,text=' 清空文本框 2',command=Butt3_Call)
b3.place(x=120,y=160)
b4=Button(mainw,text=' 打招呼 ',command=Butt4_Call)
b4.place(x=20,y=200)
b5=Button(mainw,text=' 密码文本框 ',command=Butt5_Call)
b5.place(x=20,y=160)

mainw.mainloop()
```

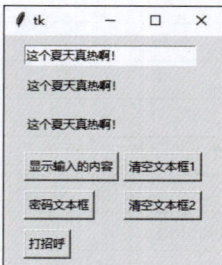

图 9-5 单行文本框的基本功能演示

程序的运行结果如图 9-5 所示。

2. Text 控件

Text 控件主要支持多行文本的输入与编辑，其基本用法与 Entry 控件类似，但用途更广泛，允许设置文本的格式，甚至超链接文本等。创建 Text 实例的常用格式：

变量 =Text （父容器对象名）

其运行结果是一个允许文本编辑的多行区域。与

Entry 控件不同的是，Text 控件不允许绑定 StringVar 变量，它通过表 9-6 所列的方法获取、删除、插入和替换文本。

表 9-6　Text 控件的常用方法

方　　法	作用及用法
get(index1,index2=None)	获取从 index1 开始到 index2 为止的文本，不包含 index2
delete(index1,index2=None)	删除从 index1 开始到 index2 为止的文本，不包含 index2
insert(index,chars)	在 index 前插入 chars 的文本内容
replace(index1,index2,chars)	用 chars 替换从 index1 开始到 index2 为止的文本，不包含 index2

表 9-6 中的参数 index 代表了多行文本的位置。格式：

```
标号 1. 标号 2
```

说明：

（1）index 可以是字符串，也可以是一个实数，建议优先选择字符串。例如，'4.10' 表示第 4 行第 10 个字符，但 4.10 表示的是第 4 行第 1 个字符，末尾的 0 被无视了。

（2）小数点是分隔符；标号 1 代表行号，行号从 1 开始编号；标号 2 代表行中字符的位置，行中字符从 0 开始编号。

（3）index 后面可以跟 linestart、lineend、wordstart 或 wordend 辅助关键字，其含义见表 9-7。

（4）index 也可以直接使用表 9-7 中的大写常量。

表 9-7　文本位置常量

关键字	作　　用
linestart	文本位置为 index 中标号 1 所指的一行的首字符
lineend	文本位置为 index 中标号 1 所指的一行的最后一个字符
wordstart	文本位置为 index 中标号 1 所指的一行、编号为标号 2 的单词的首字符
wordend	文本位置为 index 中标号 1 所指的一行、编号为标号 2 的单词的最后一个字符之后的位置
INSERT	文本位置为光标的插入点
CURRENT	文本位置为光标的当前位置
END	文本位置为文本框的最后一个字符之后的位置
SEL_FIRST	文本位置为选中文本的第一个字符
SEL_LAST	文本位置为选中文本的最后一个字符之后的位置

【例 9-6】　多行文本框的基本功能演示。

```
from tkinter import *
def Butt1_Call():
    L1.config(text=mTxt1.get(1.0,3.0))
def Butt2_Call():
    mTxt1.delete('4.2','4.10')
def Butt3_Call():
```

```
    mTxt1.insert('5.8 linestart','aaaa')
def Butt4_Call():
    mTxt1.replace(INSERT,'8.9','bbbbb')

mainw=Tk()
mainw.geometry('600x360')
sv=StringVar()
mTxt1=Text(mainw)
mTxt1.config(height=12)
b1=Button(mainw,text=' 获取文本 ',command=Butt1_Call)
b2=Button(mainw,text=' 删除文本 ',command=Butt2_Call)
b3=Button(mainw,text=' 插入文本 ',command=Butt3_Call)
b4=Button(mainw,text=' 替换文本 ',command=Butt4_Call)
L1=Label(mainw,text=' 无内容！ ')

b1.pack()
b2.pack()
b3.pack()
b4.pack()
mTxt1.pack()
L1.place(x=20,y=280)

mainw.mainloop()
```

程序的运行结果如图 9-6 所示。Text 控件不支持滚动条，tkinter 的子模块 scrolledtext 中包含有带滚动条的多行文本框。

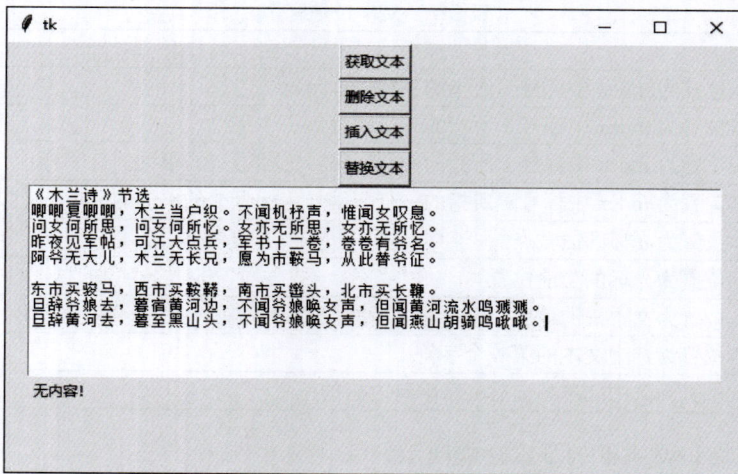

图 9-6　多行文本框的基本功能演示

9.2.5　单选按钮和复选框

1. 单选按钮控件

单选按钮（Radiobutton）控件外观上是一个小圆圈加上邻近的描述性文字，未选中时小圈内空白，选中后小圈内会出现一个圆点。创建 Radiobutton 实例的常用格式：

> 变量 =Radiobutton (父容器对象名 [,text= 显示文本 [,variable= 变量 [,value= 值 [,command= 事件响应函数或命令]]]])

variable 属性与变量绑定，选中该单选按钮时，value 属性对应的值会被存入该变量。其中的变量应为 tkinter 模块中的 IntVar 或 SrtingVar 类型的变量，若 value 属性值为整型则应选 IntVar 类型，若 value 属性值为字符串则应选 SrtingVar 类型。利用与 variable 属性绑定的变量可了解单选按钮是否被选中。

单选按钮功能特征是同组的多个单选按钮中只能有一个被选定，即多选一。同组的所有单选按钮的 variable 属性都要与同一个变量绑定。对 variable 属性绑定变量值的判定代码一般放置在 command 属性对应的事件函数代码中。

表 9-8　Radiobutton（或 Checkbutton）控件的常用属性和方法

属性 / 方法	作用及用法
text	单选按钮（或复选框）附近的提示文字
command	对单选按钮（或复选框）单击时系统会执行的响应代码
variable	指定与单选按钮（或复选框）绑定的变量
value	单击单选按钮（或复选框）后对应的取值
state	按钮的状态，可以设为正常（normal）、激活（active）和禁用（disabled）
select( )	令单选按钮（或复选框）变为选中状态
deselect( )	取消单选按钮（或复选框）的选中状态

【例 9-7】　单选按钮的功能演示。

```
#1   from tkinter import *
#2
#3   def Radio1_Call():
#4       L1.config(fg=color.get())
#5   def Radio2_Call():
#6       L1.config(font=(' 宋体 ',size.get()))
#7   def Button_Call():
#8       if R20['state']!='disabled':
#9           R20.config(state='disabled')
#10          b1['text']=' 启用 '
#11      else:
#12          R20.config(state='normal')
#13          b1.config(text=' 禁用 ')
#14
#15  mainw=Tk()
#16  mainw.geometry('240x120')
#17  L1=Label(mainw,text='GUI 设计 ',fg='green')
#18  L1.place(x=20,y=10)
#19
#20  color=StringVar()
#21  color.set('green')
```

```
#22 Radiobutton(mainw,text=' 红色 ',variable=color,value='red',
#23                        command=Radio1_Call).place(x=20,y=50)
#24 Radiobutton(mainw,text=' 蓝色 ',variable=color,value='blue',
#25                        command=Radio1_Call).place(x=70,y=50)
#26 Radiobutton(mainw,text=' 绿色 ',variable=color,value='green',
#27                        command=Radio1_Call).place(x=120,y=50)
#28 Radiobutton(mainw,text=' 黄色 ',variable=color,value='yellow',
#29                        command=Radio1_Call).place(x=170,y=50)
#30
#31 size=IntVar()
#32 size.set=12
#33 Radiobutton(mainw,text='12',variable=size,value=12,
#34                        command=Radio2_Call).place(x=20,y=80)
#35 Radiobutton(mainw,text='16',variable=size,value=16,
#36                        command=Radio2_Call).place(x=60,y=80)
#37 R20=Radiobutton(mainw,text='20',variable=size,value=20,
#38                        command=Radio2_Call)
#39 R20.place(x=100,y=80)
#40 b1=Button(mainw,text=' 禁用 ',command=Button_Call)
#41 b1.place(x=180,y=10)
#42
#43 mainw.mainloop()
```

程序的运行结果如图 9-7 所示。

2. 复选框控件

复选框（Checkbutton）控件外观上是一个小方框加上邻近的描述性文字，未选中时小方框内空白，选中后小方框内会出现一个对勾。创建 Checkbutton 实例的常用格式：

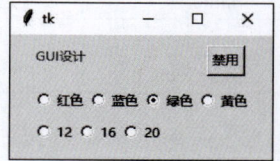

图 9-7 单选按钮的功能演示

```
变量 =Checkbutton( 父容器对象名 [,text= 显示文本 [,variable= 变量 [,value= 值
[,command= 事件响应函数或命令 ]]]])
```

复选框也有两种状态，勾选或未被勾选，但每个复选框都是独立的，与其他复选框的状态无关。复选框的属性和方法基本与单选按钮相同，参见表 9-8。

复选框的 variable 属性绑定的变量只能是 IntVar 类型的变量，不可以是 SrtingVar 类型。未被勾选对应值 0，被勾选对应值 1。

与单选按钮不同，每个复选框往往绑定不同的变量，且其对应的响应事件函数也是各不相同的。

【例 9-8】改写例 9-7，增加两个复选框。

修改例 9-7 的 #16 行代码：

```
#16 mainw.geometry('240x160')
```

将窗口的高度调大后，在例 9-7 的 #14 行增加以下代码：

```
def Check_Call():
```

```
        Flist=[' 宋体 ',12,'bold','italic']
        if v1.get()==0:
            Flist.remove('bold')
        if v2.get()==0:
            Flist.remove('italic')
        L1.config(font=tuple(Flist))
def Button2_Call():
        c1.select()
        c2.select()
        L1.config(font=(' 宋体 ',12,'bold','italic'))
```

再在例 9-7 的 #42 行增加以下代码：

```
v1=IntVar()
v2=IntVar()
c1=Checkbutton(mainw,text=' 粗体 ',variable=v1,
                command=Check_Call)
c1.place(x=20,y=110)
c2=Checkbutton(mainw,text=' 斜体 ',variable=v2,command=Check_Call)
c2.place(x=70,y=110)
b2=Button(mainw,text=' 一键粗斜体 ',command=Button2_Call)
b2.place(x=140,y=110)
```

程序的运行结果如图 9-8 所示。

9.2.6 列表框

列表框（Listbox）控件显示由单行文本所组成的多个条目，通过列表浏览其中的内容，选择一个或者多个条目。创建 Listbox 实例的常用格式：

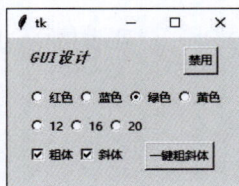

图 9-8 单选按钮和复选框的功能演示

```
变量=Listbox(父容器对象名[,listvariable=变量[,selectmode=MULTIPLE|
BROWSE| EXPANDED,…]]])
```

列表框中的条目有对应的索引值，索引编号从 0 开始，每个条目显示的内容为该条目的值。listvariable 属性与 StringVar 类型的变量绑定，列表框的所有条目值都会存储在变量中。

列表框有一组方法用于对列表框进行控制，各属性和方法的作用和用法参见表 9-9。tkinter 的子模块 ttk 中包含了下拉列表框（Combobox）控件，与列表框相似度很高。

表 9-9 Listbox 控件的常用属性和方法

属性 / 方法	作用及用法
width	宽度，度量单位为字符
height	高度，度量单位为字符
listvariable	指定与列表框绑定的变量，变量中存放的是所有条目的值，修改绑定变量即可修改列表框的条目内容和数量

续表

属性 / 方法	作用及用法
selectmode	指定是否可以多选，不设置该属性则为单选，该参数的可选值为： MULTIPLE：允许多选； BROWSE：通过鼠标移动来选中 Listbox 中的位置； EXPANDED：使 Listbox 支持 Shift 键和 Ctrl 键
insert(index,*elements)	向 Listbox 中添加一个条目。参数 index 指定添加为索引值，索引值可以为整数，也可以为 ACTIVE 和 END，ACTIVE 是向当前选中的条目前插入一项（即使用当前选中的索引作为插入位置），END 是向 Listbox 的最后一项后插入一项；参数 elements 为添加的值
delete(first,last=None)	删除索引值从 first 到 last（包含）的条目，若省略 last 则只删除索引值为 first 的条目
selection_set(first,last=None)	选中索引值从 first 到 last（包含）的条目，若省略 last 则只选中索引值为 first 的条目
size( )	当前 Listbox 中的 item 个数
get(first,last=None)	获取从 first 到 last（包含）的条目内容，若省略 last 则只获取索引值为 first 的一个条目内容
curselection( )	获取选中条目的索引值
selection_includes(index)	判断索引值为 index 的条目是否被选中，若选中则返回 1

【例 9-9】 列表框的功能演示之一。

```python
from tkinter import *
def CallBack1():
    # selection_includes() 方法可以判定指定条目是否被选中
    for i in range(listb1.size()):
        if listb1.selection_includes(i):
            # get() 方法获取相关条目的内容
            print(listb1.get(i))
    for i in range(listb2.size()):
        if listb2.selection_includes(i):
            print(listb2.get(i))
def CallBack2():
    # 通过修改绑定变量来改变列表框的值
    lv1.set((' 桃子 ',' 西瓜 ',' 芒果 '))

mainw=Tk()
mainw.geometry('400x200')

lv1=StringVar()
listb1=Listbox(mainw,listvariable=lv1)
#insert() 方法可以插入新的条目
listb1.insert(END,' 语文 ')
listb1.insert(END,' 数学 ')
listb1.insert(END,' 英语 ')
listb1.insert(END,' 物理 ')
```

```
lv2=StringVar()
l=[' 小升初 ',' 中考 ',' 高考 ',' 研考 ',' 博考 ']
listb2=Listbox(mainw,listvariable=lv2,selectmode=MULTIPLE)
for i in l:
    listb2.insert(ACTIVE,i)

listb1.pack(side=LEFT)
listb2.pack(side=LEFT)

b1=Button(mainw,text=' 选了什么？ ',command=CallBack1)
b1.place(x=300,y=20)
b2=Button(mainw,text=' 改头换面 ',command=CallBack2)
b2.place(x=300,y=60)

mainw.mainloop()
```

程序的运行结果如图 9-9 所示。

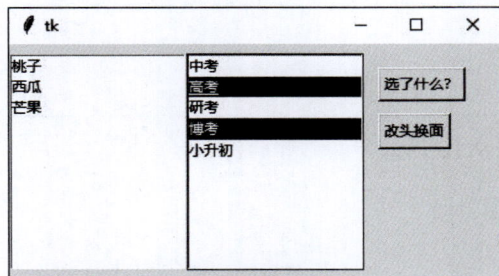

图 9-9　例 9-9 的运行结果

【例 9-10】 列表框的功能演示之二。

```
from tkinter import *
def CallBack1():
    global item
    l=(' 周日 ',' 周一 ',' 周二 ',' 周三 ',' 周四 ',' 周五 ',' 周六 ')
    listb1.insert(END,l[item])
    item=(item+1)%7
def CallBack2():
    listb1.delete(3,5)
def CallBack3():
    listb1.selection_set(0,2)
def CallBack4():
    print(listb1.get(5))
def CallBack5():
    print(listb1.curselection())
def CallBack6():
    print(listb1.selection_includes(1))

mainw=Tk()
```

```
mainw.geometry('300x200')

lv1=StringVar()
listb1=Listbox(mainw,listvariable=lv1)
listb1.pack(side=LEFT)    #side=LEFT 令控件自左向右排列

item=0
b1=Button(mainw,text=' 插入条目 ',command=CallBack1)
b1.place(x=160,y=5)
b2=Button(mainw,text=' 删除第 3~5 项 ',command=CallBack2)
b2.place(x=160,y=35)
b3=Button(mainw,text=' 选中第 0~2 项 ',command=CallBack3)
b3.place(x=160,y=65)
b4=Button(mainw,text=' 第 5 项的值 ',command=CallBack4)
b4.place(x=160,y=95)
b5=Button(mainw,text=' 选中项的值 ',command=CallBack5)
b5.place(x=160,y=125)
b5=Button(mainw,text=' 选第 1 项了吗 ',command=CallBack6)
b5.place(x=160,y=155)

mainw.mainloop()
```

程序的运行结果如图 9-10 所示。

9.2.7　滚动条和刻度条

1. 滚动条控件

滚动条（Scrollbar）控件用于辅助有较多显示内容的界面元素，只能与控件 Canvas、Entry、Listbox、Text 相结合。创建 Scrollbar 实例的常用格式：

```
变量 =Scrollbar( 父容器对象名 [,orient=HORIZONTAL])
```

参数 orient 省略时，默认为垂直滚动条，指定为 HORIZONTAL 后为水平滚动条。滚动条一般不单独使用，而与其他控件结合时，应按以下步骤设置。

Step1：设置其他控件的 yscrollcommand 属性为 Scrollbar 控件的 set( ) 方法；

Step2：设置 Scrollbar 控件的 command 属性为该控件的 yview( ) 方法。

【例 9-11】　列表框与滚动条绑定的功能演示。

```
from tkinter import *

mainw=Tk()
sb=Scrollbar(mainw)                # 垂直滚动条
sb.pack(side=RIGHT,fill=Y)        # side 指定滚动条的位置靠右, fill 指充满剩余区域
# 创建 Listbox 时，指定列表框的 yscroll 的回调函数为滚动条的 set() 方法
lb=Listbox(mainw,yscrollcommand=sb.set)
for i in range(1000):
    lb.insert(END,i)
lb.pack(side=LEFT,fill=BOTH)
```

```
# 设置滚动条的 command 回调函数是列表框的 yview() 方法
sb.config(command=lb.yview)

mainloop()
```

程序的运行结果如图 9-11 所示。

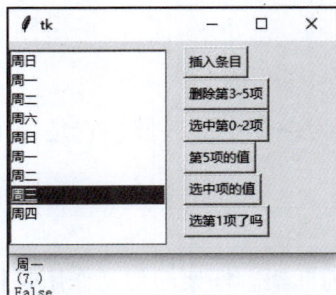

图 9-10　例 9-10 的运行结果

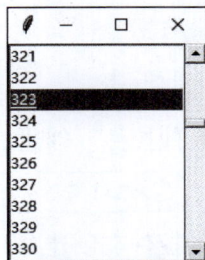

图 9-11　列表框与滚动条绑定的功能演示

2. 刻度条控件

刻度条（Scale）控件可以输出限定数字区间内的某个数值。创建 Scale 实例的常用格式：

```
变量 =Scale( 父 容 器 对 象 名 [,from_= 最 小 值 [,to= 最 大 值 [,resolution= 步 长
[,orient=HORIZONTAL[,variable= 变量 [,command= 事件响应函数或命令 ]]]]]])
```

注意：参数 from_ 后的下画线不能缺少，这是为了不与系统的关键字 from 混淆。该控件的 command 属性对应的响应函数有一个 value 参数，value 的值代表刻度条的当前值。

Scale 控件的常用属性参见表 9-10。

表 9-10　Scale 控件的常用属性

属　　性	作用及用法
from_	限定区间的最小值，默认值为 0
to	限定区间的最大值，默认值为 100
resolution	指定移动滑块跳动一下递增递减的值，默认值为 1.0
orient	参数 orient 省略时，默认为垂直滚动条，指定为 HORIZONTAL 后为水平滚动条
variable	指定与刻度条绑定的变量
command	刻度值发生变化时系统会执行的响应

【例 9-12】　刻度条的功能演示。

```
from tkinter import *
def CallBack1(value):                           # 响应函数需要有个参数 value
    L1.config(font=(' 宋体 ',int(scv1.get())))   # 或使用 int(value)
mainw=Tk()
scv1=StringVar()
sc=Scale(mainw,from_=8,to=32,resolution=2,orient=HORIZONTAL,
        variable=scv1,command=CallBack1)        # 垂直滚动条
```

```
sc.pack()
L1=Label(mainw,text='GUI 界面设计 ',fg='green')
L1.pack()
mainloop()
```

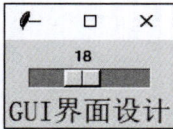

图 9-12　刻度条的功能演示

程序的运行结果如图 9-12 所示。

9.2.8　框架

1. 框架控件

框架（Frame）控件显示为一个矩形区域，它是一个容器控件，用于包含其他控件。创建 Frame 实例的常用格式：

变量 =Frame(父容器对象名 [,bd= 边框粗细 [,relief= 边框 3D 效果 [,…]]])

被框架包含的控件在创建时，第一个参数需要设置为框架。框架的常见作用是将不同作用的控件分组，或利用框架进行空间分隔或填充。

bd 属性指定框架边框的粗细，relief 属性指定边框 3D 效果。不指定 relief 属性，框架无边框，bd 属性也就无效。还有其他一些外观属性，可参考 Button 控件及其他控件。

【例 9-13】框架的功能演示。

```
from tkinter import *
mainw=Tk()
f=Frame(mainw,bd=2,relief=GROOVE)
f.pack()
Radiobutton(f,text=' 红色 ').pack()
Radiobutton(f,text=' 蓝色 ').pack()
mainw.mainloop()
```

程序的运行结果如图 9-13 所示。

2. 标题框架控件

标题框架（LabelFrame）控件比 Frame 控件多了文字提示部分，且默认的边框线是 3D 风格的。创建 LabelFrame 实例的常用格式：

变量 =LabelFrame(父容器对象名 [,text= 文字提示 [,…]])

【例 9-14】标题框架的功能演示。

```
from tkinter import *
mainw=Tk()
f=LabelFrame(mainw,text=' 字体颜色 ')
f.pack()
Radiobutton(f,text=' 红色 ').pack()
Radiobutton(f,text=' 蓝色 ').pack()
mainw.mainloop()
```

程序的运行结果如图 9-14 所示。

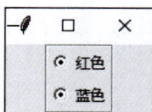

图 9-13　框架的功能演示

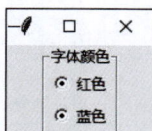

图 9-14　标题框架的功能演示

9.2.9　菜单

一个窗体的菜单由顶层菜单条、菜单组和菜单项组成，窗体中放置菜单条，菜单条中放置菜单，菜单中放置菜单项，而菜单项引发相应的动作事件。菜单的结构如图 9-15 所示。tkinter 模块提供了菜单（Menu）控件用于创建菜单。

1. 菜单创建步骤和格式

菜单创建的一般步骤如下。

（1）创建顶层菜单条。

创建顶层菜单条的常用格式：

```
顶层菜单条变量 =Menu([ 父窗口变量 ] [[,] tearoff=0])
```

（2）将顶层菜单条关联到父窗口。

顶层菜单条关联到父窗口的常用格式：

格式 1：

```
父窗口变量 .config(menu= 顶层菜单条变量 )
```

格式 2：

```
父窗口变量 ['menu']= 顶层菜单条变量
```

（3）分别创建菜单组。

创建菜单组的常用格式：

```
菜单组变量 =Menu([ 顶层菜单条变量 | 父窗口变量 [,tearoff=0]])
```

属性 tearoff 默认值为 1，表示整组菜单可以游离在屏幕上，值为 0 则不能游离。单击图 9-15 中"菜单二"上的|-------|区域，即出现游离的"菜单二"。

（4）将菜单组关联到顶层菜单条。

菜单组关联到顶层菜单条的常用格式：

```
顶层菜单条变量 .add_cascade(label= 菜单组提示文字 ,menu= 菜单组变量 )
```

（5）为菜单组添加菜单项。

菜单组添加菜单项的常用格式有三种。

格式 1：

```
菜单组变量 .add_command(label= 菜单项提示文字 ,command= 响应函数或代码 )
```

格式 2：

> 菜单组变量 .add_radiobutton(label= 菜单项提示文字 ,command= 响应函数或代码 ,
> variable= 与单选按钮绑定的变量)

格式 3：

> 菜单组变量 .add_checkbutton(label= 菜单项提示文字 ,command= 响应函数或代码 ,
> variable= 与复选框绑定的变量)

add_command 创建的是普通菜单项，还可以用 add_radiobutton 创建单选按钮菜单项，用 add_checkbutton 创建复选按钮菜单项。

（6）为菜单组添加分隔线。

图 9-15 中，"菜单 1_2" 和 "菜单 1_3" 之间的灰线就是分隔线，用于区域分隔。

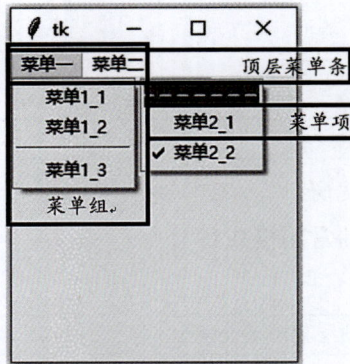

图 9-15　菜单结构

菜单组添加分隔线的常用格式：

> 菜单组变量 .add_separator()

上述的步骤不是每步都必须做，且某些步骤的顺序可前可后。

【例 9-15】　菜单的功能演示。

```
#1   from tkinter import *
#2   mainw=Tk()
#3   def funpass():
#4       pass
#5   topmenu=Menu()                              # 创建顶层菜单
#6   mainw.config(menu=topmenu)                  # 顶层带单与窗口关联
#7   # 创建两个菜单，并添加到顶层菜单
#8   m1=Menu(topmenu,tearoff=0)
#9   topmenu.add_cascade(label=' 菜单一 ',menu=m1)
#10  m2=Menu()
#11  topmenu.add_cascade(label=' 菜单二 ',menu=m2)
#12
#13  # 添加菜单项到菜单一上
```

```
#14  m1.add_command(label=' 菜单 1_1',command=funpass)
#15  m1.add_command(label=' 菜单 1_2',command=funpass)
#16  m1.add_separator()
#17  m1.add_command(label=' 菜单 1_3',command=funpass)
#18
#19  # 添加菜单项到菜单二上
#20  m2.add_radiobutton(label=' 菜单 2_1',command=funpass)
#21  m2.add_radiobutton(label=' 菜单 2_2',command=funpass)
#22
#23  mainw.mainloop()
```

程序的运行结果如图 9-15 所示。本程序的菜单项的响应代码为空，即选择菜单后不做任何操作。

2. 菜单控件的常用方法

菜单控件除了以上方法外，还有表 9-11 中的一些常用的方法。

表 9-11　菜单控件的常用方法

方　　法	作　　用
add_command(选项)	在菜单中添加一个菜单项
add_radiobutton(选项)	创建单选按钮菜单项
add_checkbutton(选项)	创建一个复选按钮菜单项
add_cascade(选项)	通过将给定的菜单与父菜单相关联来创建新的分层菜单
add_separator()	在菜单中添加分隔线
add(类型 , 选项)	在菜单中添加一个特定类型的菜单项
delete(startindex[,endindex])	删除从 startindex 到 endindex 的菜单项
entryconfig(index,options)	允许修改由索引标识的菜单项，并更改其选项
index(item)	返回给定菜单项标签的索引号
insert_separator(index)	在 index 指定的位置插入一个新的分隔符
invoke(index)	调用与位置索引选择相关联的命令回调。如果是一个复选按钮，其状态在设置和清除之间切换；如果是一个单选按钮，则选中该单选按钮
type(index)	返回由 index 指定的选项的类型：cascade, checkbutton, command, radiobutton, separator 或 tearoff

3. 上下文菜单

上下文菜单也叫快捷菜单，它是右击对象时弹出的菜单，会随着对象的不同而出现不同的内容。制作快捷菜单的步骤如下。

Step1：建好菜单组并添加上必要的菜单项，或直接使用普通菜单中的某个菜单组，甚至顶层菜单。

Step2：定义以下格式的响应函数。

```
def 响应函数名 (event):
    菜单组变量 | 顶层菜单条变量 .post(event.x_root,event.y_root)
```

Step3：设置需要弹出快捷菜单的对象的事件绑定。

```
控件对象变量 .bind('<Button-3>', 响应函数名 )
```

【例 9-16】　修改例 9-15，使之增加上下文菜单，并修改"菜单一"。

在例 9-15 的代码 #22 行，插入以下代码：

```
# 增加 " 退出 " 菜单项
m1.add_command(label=' 退出 ',command=lambda :exit())
def popup(event):
    m1.post(event.x_root,event.y_root)
mainw.bind('<Button-3>',popup)
```

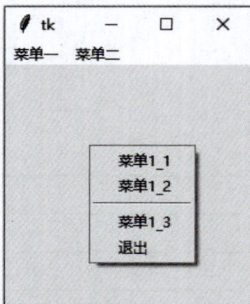

程序的运行结果如图 9-16 所示。

9.2.10　ttk 子模块

tkinter 模块下的 GUI 控件看上去特别"复古"，仿佛是从 20 年前的程序上抠出来的组件。为了弥补这点不足，tkinter 导入了一个 ttk 子模块作为补充，对各种控件进行了美化，并使用功能更强大的下拉列表框（Combobox）控件取代了原来的 Listbox，且新增了 LabeledScale（带标签的 Scale）、Notebook（多文档窗口）、Progressbar（进度条）、Treeview

图 9-16　快捷菜单的功能演示

（树）等组件。ttk 子模块的 Style 对象可以统一设置控件的样式。

9.3　对话框

9.3.1　弹出式消息框

消息对话框是独立于窗口的弹出式提示信息。一个消息框分成四个区域：标题区、图标区、提示区、按钮区，如图 9-17 所示。

使用弹出式的消息对话框，需要先导入 tkinter 的子模块 messagebox，导入方式有两种：

方式 1：

图 9-17　消息框的结构

```
import tkinter.messagebox [as 别名 ]
```

方式 2：

```
from tkinter.messagebox import *
```

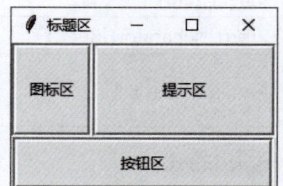

在多数情况下，调用 messagebox 模块中的函数时只要设置标题区和提示区的字符串即可，至于图标区的图标、按钮区的按钮则都有默认设置。

messagebox 模块对不同类型的消息框提供了相应的消息框函数，例如 showinfo( )、showwarning( )、showerror( )、askquestion( )、askyesnocancel( )、askokcancel( ) 和

askretrycancel( ) 等。消息框函数的调用格式:

> 变量 = 消息框函数 (title= 标题文字 ,message= 提示文字 ,icon= 图标类型 ,type= 按钮类型)

属性 title 用于设置标题区的文字。属性 message 用于设置提示区的文字。如有必要,可用属性 icon 指定别的图标,可选的属性值有 'error'、'info'、'question'、'warning';也可用属性 type 指定不同的命令按钮组合,可选的属性值有 'abortretryignore'(取消、重试、忽略)、'ok'(确定)、'okcancel'(确定、取消)、'retrycancel'(重试、取消)、'yesno'(是、否)、'yesnocancel'(是、否、取消)。

1. 提示消息框

提示消息框是给出一定的提示信息,消息框中只有一个"确定"按钮,使用的函数名都以 show 开头。

1)showinfo( ) 函数

showinfo( ) 函数产生的提示消息框中,图标是一个圆形的惊叹号,并返回字符串 'ok'。例如:

```
>>> from tkinter.messagebox import *
>>> btxt=showinfo(title=' 提示 ',message=' 再见! 欢迎下次光临! ')
```

上述代码生成的消息框如图 9-18 所示。

2)showwarning( ) 函数

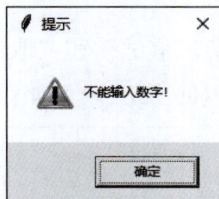

showwarning( ) 函数产生的警告消息框中,图标是一个三角形的惊叹号,并返回字符串 'ok'。例如:

```
>>> from tkinter.messagebox import *
>>> btxt=showwarning(title=' 提示 ',message=' 不能输入数字! ')
```

上述代码生成的消息框如图 9-19 所示。

3)showerror( ) 函数

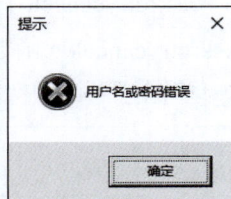

showerror( ) 函数产生的错误消息框中,图标是一个圆形的 × 符号,并返回字符串 'ok'。例如:

```
>>> from tkinter.messagebox import *
>>> btxt=showerror(title=' 提示 ',message=' 用户名或密码错误 ')
```

上述代码生成的消息框如图 9-20 所示。

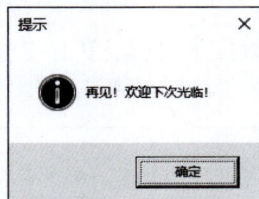

图 9-18　showinfo 消息框　　　图 9-19　showwarning 消息框　　　图 9-20　showerror 消息框

2. 疑问消息框

疑问消息框在给出提示信息的同时，会给出不同数量和种类的按钮，供用户进行选择，使用的函数名都以 ask 开头。

1）askquestion( ) 函数

askquestion( ) 函数产生一个带"是"和"否"按钮的疑问消息框，单击"是"按钮返回字符串 'yes'，单击"否"按钮则返回字符串 'no'。例如：

```
>>> from tkinter.messagebox import *
>>> btxt=askquestion(title=' 提示 ',message=' 是否删除该同学？ ')
```

上述代码生成的消息框如图 9-21 所示。

2）askyesnocancel( ) 函数

askyesnocancel( ) 函数产生一个带"是""否"和"取消"按钮的疑问消息框，单击"是"按钮返回字符串 'yes'，单击"否"按钮返回字符串 'no'，单击"取消"按钮则返回 None。例如：

```
>>> from tkinter.messagebox import *
>>> btxt=askyesnocancel (title=' 提示 ',message=' 是否删除该同学？ ')
```

上述代码生成的消息框如图 9-22 所示。

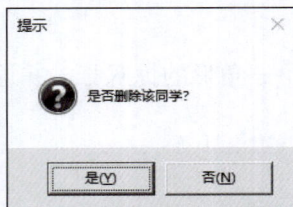

图 9-21　askquestion 消息框

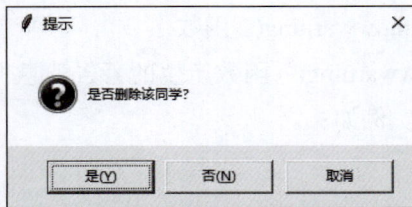

图 9-22　askyesnocancel 消息框

3）askokcancel( ) 函数

askokcancel( ) 函数产生一个带"确定"和"取消"按钮的疑问消息框，单击"确定"按钮返回 True，单击"取消"按钮返回 False。例如：

```
>>> from tkinter.messagebox import *
>>> btxt=askokcancel(title=' 提示 ',message=' 是否确定退出系统 ')
```

上述代码生成的消息框如图 9-23 所示。

4）askretrycancel( ) 函数

askretrycancel( ) 函数产生一个带"重试"和"取消"按钮的疑问消息框，单击"重试"按钮返回 True，单击"取消"按钮返回 False。例如：

```
>>> from tkinter.messagebox import *
>>> >>> btxt=askretrycancel(title=' 提示 ',message=' 消息无法发送，请选择 ')
```

上述代码生成的消息框如图 9-24 所示。

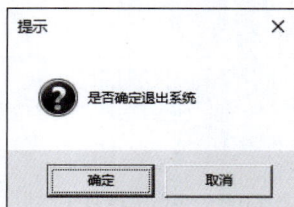

图 9-23　askokcancel 消息框

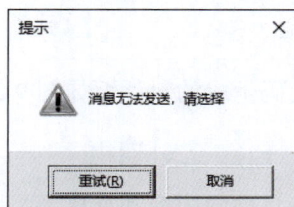

图 9-24　askretrycancel 消息框

9.3.2　文件选择对话框

多数实用程序都有打开文件进行读写的功能，有些还需要提供选择目录功能。tkinter 中的 filedialog 子模块提供了相关函数，用于调用系统的文件浏览、打开和保存的标准对话框，包括 askopenfilename( )、asksaveasfilename( ) 等函数。例如：

```
>>> from tkinter impcrt *
>>> from tkinter.filedialog import *
>>> askopenfilename(title=' 打开 Python 程序文件 ',
        filetypes=[('Python 源文件 ','.py'),(' 所有文件 ','*.*')])
```

上述代码生成的对话框如图 9-25 所示。

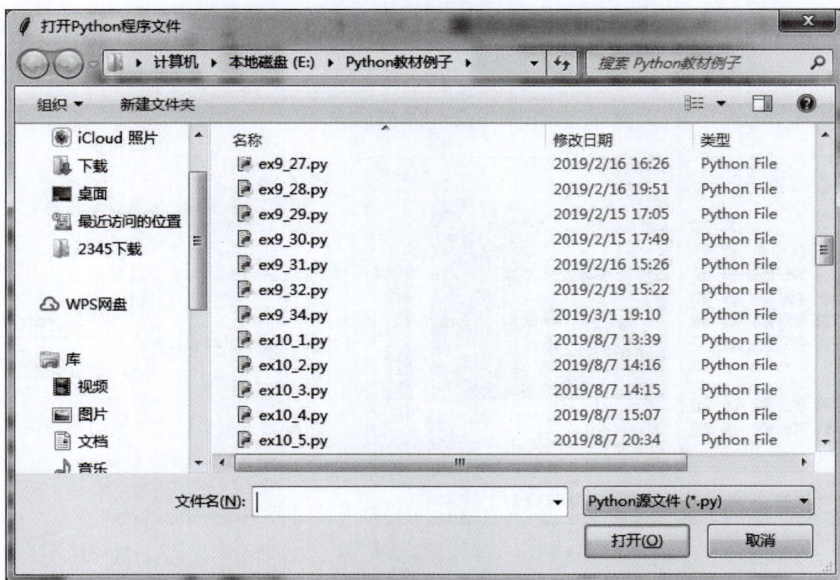

图 9-25　文件选择对话框

9.3.3　颜色选择对话框

有些程序需要选择颜色，tkinter 中的 colorchooser 子模块提供了 askcolor( ) 函数，用于调用系统的颜色选择的标准对话框。例如：

265

```
>>> from tkinter import *
>>> from tkinter.colorchooser import *
>>> askcolor(title=' 请选择颜色 ')
```

上述代码生成的对话框如图 9-26 所示。

9.3.4　自定义对话框

以上消息框的内容和结构都是限定的，当想要自我定制时，可以直接创建新的窗口或顶层窗口 Toplevel 来实现，这种自定义对话框与其他窗口是一样的。

【例 9-17】　创建自定义对话框。

```
from tkinter import *
def callback1():
    selfd=Toplevel()
    Label(selfd,text='Toplevel 自定义对话框，可以给添加更多的控件 ').pack()
def callback2():
    sectk=Tk()
    Label(sectk,text='Tk 自定义对话框 ').place(x=20,y=20)

mainw=Tk()
mainw.title(' 标题区 ')
Button(mainw,text=' 自定义对话框 1-Toplevel',command=callback1).place(x=20,
y=40)
    Button(mainw,text=' 自定义对话框 2-Tk',command=callback2).place(x=20,y=80)
mainw.mainloop()
```

上述代码生成的自定义对话框如图 9-27 所示。

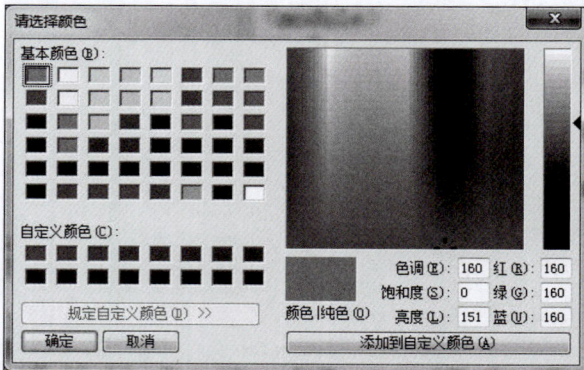

图 9-26　颜色选择对话框

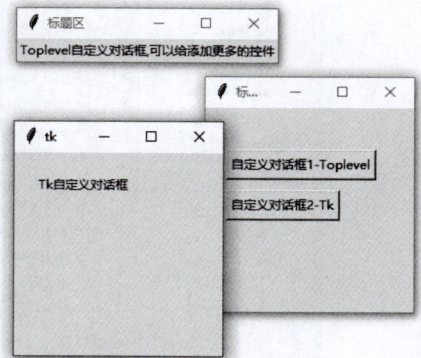

图 9-27　自定义对话框

9.4　布局管理器

布局指的是子控件在父控件中的位置安排。tkinter 模块提供了三种布局管理器：pack、grid 和 place，可以根据任务的需要来选择合适的布局管理器排列控件。

9.4.1　tkinter 模块绘图坐标系

tkinter 控件的位置可以用父控件坐标系的值来表示。父控件的坐标系是以父控件的左上角为原点，原点水平向右是 x 轴正方向，原点垂直向下为 y 轴正方向，如图 9-28 所示。tkinter 的相对位置可使用方位值 N、S、W、E、CENTER 分别表示上、下、左、右、中心点，还可以取 NW、SW、NE、SE 表示左上角、左下角、右上角、右下角。

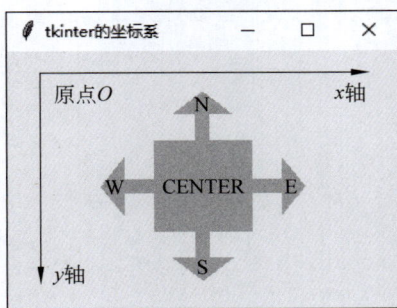

图 9-28　tkinter 模块的坐标系

9.4.2　pack 布局管理器

pack 布局管理器将所有控件排列成一行或一列。每个控件对象都有 pack() 方法，调用控件的 pack() 方法即可通知 pack 布局管理器放置控件。控件以系统默认的大小依次排列在父控件中。pack() 方法的调用格式：

```
控件对象 .pack([ 选项 1= 值 1[, 选项 2= 值 2[,..]]])
```

pack() 方法的常用选项如表 9-12 所示。

表 9-12　pack() 方法的常用选项

选项	作　　用
side	控件靠在窗口的位置。左：LEFT；上：TOP；右：RIGHT；下：BOTTOM
fill	指定控件是否在 x 和 y 方向上填充（占满）父控件的空闲空间。取值为 X，则在 x 方向上填充；取值为 Y，则在 y 方向上填充；取值为 BOTH，则在 x 和 y 方向上都填充；取值为 NONE 或省略时，不填充
expand	指定如何使用额外的"空白"空间。取值为 1，则随着父控件的大小变化而变化；取值为 0，则子控件大小不能扩展
padx	设置子控件外部在 x 方向的间隙。默认单位为像素，可选单位为 c（厘米）、m（毫米）、i（英寸）、p（打印机的点，即 1/27 英寸），在属性值后加上一个后缀即可
pady	设置子控件外部在 y 方向的间隙。单位同 padx 选项
ipadx	设置子控件内部在 x 方向与其他控件之间的间隙。单位同 padx 选项
ipady	设置子控件内部在 y 方向与其他控件之间的间隙。单位同 padx 选项
after	将控件置于其他控件之后
before	将控件置于其他控件之前
anchor	设置控件的锚点。锚点可用的方位值有 N、S、E、W、CENTER、NE、SE、NW、SW

【例 9-18】 pack 布局管理器的功能演示。

```
from tkinter import *
mainw=Tk()
mainw.title('tkinter 的坐标系 ')
Button(mainw,text='A1').pack(side=LEFT,
                            expand=YES,fill=Y)
Button(mainw,text='A2').pack(side=LEFT)
Button(mainw,text='B1').pack(side=TOP,expand=YES,
                            fill=BOTH,pady=4)
Button(mainw,text='B2').pack(side=TOP,expand=NO)

Button(mainw,text='C').pack(side=RIGHT,expand=YES,fill=NONE)
b1=Button(mainw,text='D')
b1.pack(side=LEFT,expand=NO,fill=Y,ipadx=10)
Button(mainw,text='E').pack(side=TOP,expand=YES,fill=BOTH,before=b1)
Button(mainw,text='F').pack(side=BOTTOM,expand=YES)
Button(mainw,text='G').pack(anchor=SE)
mainw.mainloop()
```

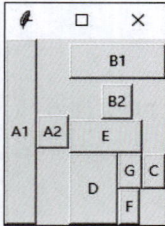

图 9-29 pack 布局管理器的功能演示

上述代码的运行结果如图 9-29 所示。

9.4.3 grid 布局管理器

grid 布局管理器是将父控件逻辑上分隔成由行和列组成的表格，在指定位置放置子控件。每个控件对象都有 grid( ) 方法，调用控件的 grid( ) 方法即可通知 grid 布局管理器放置控件。grid 布局管理器并不指定每个网格的大小，而是根据其中的控件自动调节网格大小。grid( ) 方法的调用格式：

控件对象 .grid([column=值 1[,row=值 2[,sticky=值 3[,..]]]])

grid 布局管理器使用的行和列都从 0 开始编号。控件定位时，使用 column 选项指定列编号，row 选项指定行编号。若行、列上没有控件占位，则这些行、列不可见，即没有高度、宽度。

如果子控件的大小比单元格小，未能填满单元格，则可以通过设置 sticky 选项来指定控件的对齐方式。

grid( ) 方法的常用选项如表 9-13 所示。

表 9-13 grid( ) 方法的常用选项

选 项	作 用
column	控件所在单元格的列号
columnspan	从控件所在单元格算起，控件占据的列数
row	控件所在单元格的行号
rowspan	从控件所在单元格算起，控件占据的行数

续表

选 项	作 用
padx	设置子控件外部在 x 方向的间隙。默认单位为像素，可选单位为 c（厘米）、m（毫米）、i（英寸）、p（打印机的点，即 1/27 英寸），在属性值后加上一个后缀即可
pady	设置子控件外部在 y 方向的间隙，单位同 padx 选项
ipadx	设置子控件内部在 x 方向与其他控件之间的间隙，单位同 padx 选项
ipady	设置子控件内部在 y 方向与其他控件之间的间隙，单位同 padx 选项
sticky	设置控件处在单元格中的方位，默认值为 CENTER。其他方位值包括 N、S、E、W、CENTER、NE、SE、NW、SW

【例 9-19】 grid 布局管理器的功能演示。

```
from tkinter import *
mainw=Tk()
mainw.title(' 登录 ')

v1=StringVar()
v2=StringVar()
Label(mainw,text=' 用户名 ').grid(column=0,row=0,padx=6,pady=4)
Label(mainw,text=' 密  码 ').grid(column=0,row=1,padx=6,pady=4)
e1=Entry(mainw,textvariable=v1)
e1.grid(column=1,row=0,columnspan=2,padx=4,pady=4)
e2=Entry(mainw,textvariable=v2)
e2.grid(column=1,row=1,columnspan=2,padx=4,pady=4)
Button(mainw,text=' 确定 ').grid(column=1,row=3,padx=6,pady=4,ipadx=6)
Button(mainw,text=' 取消 ').grid(column=2,row=3,padx=6,pady=4,ipadx=6)

mainw.mainloop()
```

上述代码的运行结果如图 9-30 所示。

9.4.4 place 布局管理器

place 布局管理器是使用绝对坐标来排列控件。每个控件对象都有 place( ) 方法，调用控件的 palce( ) 方法将根据指定的坐标值放置控件。place( ) 方法的调用格式如下：

图 9-30 grid 布局管理器的功能演示

```
控件对象 .place( 坐标 [, 其他选项…])
```

坐标有如下两种方式。

方式 1：

```
x= 值 1,y= 值 2
```

方式 2：

```
relx= 值 1,rely= 值 2
```

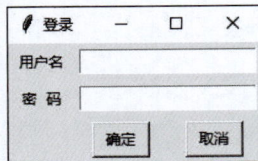

269

方式 1 是绝对坐标，例如，x=100，y=100 表示子控件放置在父控件坐标系的 (100,100) 点处。方式 2 是相对坐标，例如，relx=0.2，rely=0.4 表示子控件放置在父控件的水平方向自左向右的 1/5 和垂直方向自上向下 2/5 的点位处。

方式 1 和方式 2 指向的都是父控件的一个点的位置，而子控件是有一定面积的矩形，place 布局管理器中的 anchor 选项就是用来指定子控件的锚点，使得父控件的坐标点与子控件的锚点重合。anchor 的默认值为 NW，即控件的左上角，其他可取的值还有 N、S、E、W、CENTER、NE、SE、NW、SW，其含义参见 9.4.1 节的介绍。

place 布局管理器中还有 height 和 width 选项，用于指定控件的绝对高度和宽度。选项 relheight 和 relwidth，用于指定子控件的相对于父控件的高度比例和宽度比例。

place( ) 方法的常用选项如表 9-14 所示。

表 9-14　place( ) 方法的常用选项

选项	作　用
x,y	设置子控件放置到父控件中的绝对坐标
relx,rely	设置子控件放置到父控件中的比例坐标
height	子控件的绝对高度
width	子控件的相对宽度
relheight	子控件相对于父控件的高度比例
relwidth	子控件相对于父控件的宽度比例
anchor	设置控件的锚点。锚点可用的方位值有 N、S、E、W、CENTER、NE、SE、NW、SW

【例 9-20】　place 布局管理器的功能演示。

```
from tkinter import *
mainw=Tk()
mainw.title('place 管理器 ')

l1=Label(mainw,text='PYTHON',bg='white')
l1.place(x=120,y=20)
l2=Label(mainw,text='Windows',bg='yellow')
l2.place(relx=0.4,rely=0.8,width=60,height=60,anchor=SE)
mainw.mainloop()
```

上述代码的运行结果如图 9-31 所示。

图 9-31　place 布局管理器的功能演示

9.5 事件处理

9.5.1 tkinter 的事件处理机制

事件处理是图形界面程序中不可或缺的重要内容，也是实现人机交互的关键。事件处理机制允许为不同的控件绑定相应的事件和事件处理函数，例如单击、键盘输入和窗口操作等，使应用程序能够提供交互性和响应性。

最简单的用法是设置控件的 command 属性，为控件绑定某个函数，单击该控件时就会自动去调用被绑定的函数。

除单击外还有很多别的事件发生，例如按下某组合键、右击、鼠标拖曳等。实用程序需要对不同的操作动作做出不同的反应，tkinter 中可以使用 bind( ) 方法来进行更丰富多样的事件处理。

tkinter 的事件处理机制如图 9-32 所示。事件处理过程大致如下：

Step1：在 Python 程序中创建 GUI 控件，把需要事件处理的控件存放在变量中。

Step2：创建用户自定义的回调函数，也就是自定义一个包含 event 参数的函数。定义回调函数的格式如下：

```
def 函数名（参数）：              # 参数名可以任意
    函数体
```

回调函数的参数名可以任意，但一般多使用 event 作为参数。

Step3：调用 bind( ) 方法建立控件和回调函数间的绑定。

Step4：调用窗口的 mainloop( ) 函数激活窗体及其包含的控件后，tkinter 将监控用户的动作，并生成相应的 event 对象。一旦建立了事件处理绑定的控件发生指定的事件，立即调用回调函数，执行其中的代码。

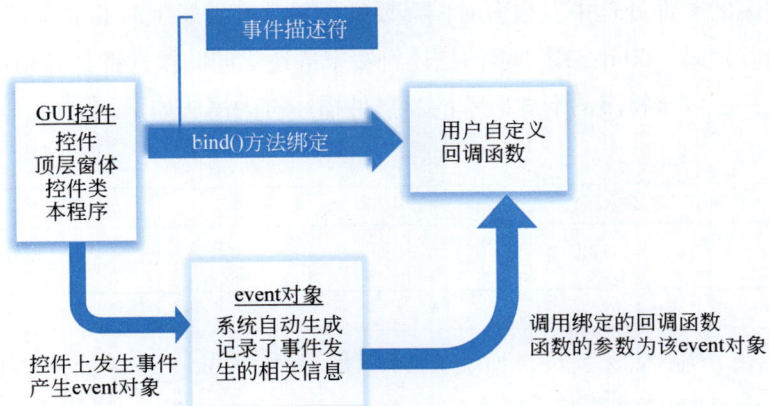

图 9-32　tkinter 的事件处理机制

9.5.2　event 类

event 类是 tkinter 用来记录事件发生时的环境参数的专用类。event 类不区分键盘事件或鼠标事件,通过丰富的 event 类属性,详细记录了事件发生时的环境状态。当事件发生时,tkinter 会自动生成一个 event 对象,并作为回调函数参数传递给回调函数。在回调函数中,通过访问 event 对象参数的各种属性来了解事件发生时的环境状态,供回调函数做不同的处理。event 对象的属性的使用格式:

```
event.属性
```

例如, print('X:',event.x, 'Y:',event.y) 是显示鼠标的相对位置的命令。

event 类的常用属性如表 9-15 所示。

表 9-15　event 类的常用属性

属　性	说　　明
char	键盘事件,按键的字符
delta	鼠标滚动事件,鼠标滚动的距离
height,width	仅用于 Configure 事件,即当控件形状发生变化之后的宽度和高度,相当于 SizeChanged 事件
keycode	键盘事件,按键码
Keysym,keysym_num	按键事件
num	鼠标事件,鼠标按键码,1 为左键,2 为中建,3 为右键
serial	相当于 event 对象的 ID
state	用来表示修饰键的状态,即 Ctrl、Shift、Alt 等修饰键的状态
x,y	鼠标事件,鼠标的相对坐标位置
x_root,y_root	鼠标事件,鼠标的绝对坐标系

9.5.3　事件描述

在应用程序的事件处理中,很多时候需要细致区分事件发生时的动作,不同的动作要对应不同的响应代码。tkinter 用 "事件描述符" 来描述不同的鼠标键盘等动作。

事件描述符是以字符串的形式表示的。事件描述符的语法如下。

格式 1:

```
可打印的单个字符
```

格式 2:

```
<modifier-type-detail>
```

格式 1 是用户输入该字符,所有的可打印字符都可以这样使用。例如, mainw.bind('A',callback3) 是指在窗口上输入字符 A (注意区分大小写),回调函数会被调用。

格式 2 中各部分的说明:

(1)事件序列必须包含在尖括号 <…> 中,连接符 (-) 前后有无空格都可以。

（2）type 部分的内容是最重要的，它通常用来描述普通的数据类型，例如鼠标 Button 表示鼠标事件，Key 表示键盘事件。

（3）detail 部分描述具体的键，例如 <Button-1> 表示用户单击鼠标左键，<Key-H> 表示用户按下 H 键。

（4）modifier 部分是可选的，常用于描述组合键，例如 <Control-Shift-Key-H> 表示用户同时按下 Ctrl+Shift+H 快捷键。

事件描述符各部分的常用表述方式如表 9-16 所示。

表 9-16　事件描述符各部分的常用表述方式

部分	值	说　明
type	Button	用户单击鼠标按键
	ButtonRelease	用户释放鼠标按键
	KeyPress	用户按下键盘，简写为 key
	Enter	鼠标指针进入控件范围。注意，该事件不是用户按下 Enter 键的意思
	Leave	鼠标指针离开控件范围
	FocusIn	键盘焦点切换到这个控件或者子控件
	FocusOut	键盘焦点从一个控件切换到另外一个控件
modifier	Alt	用户按下 Alt 键
	Control	用户按下 Ctrl 键
	Any	任何类型的按键被按下
	Double	后续两个事件被连续触发
	Lock	打开大写字母
	Shift	按下 Shift 键
	Triple	后续三个事件被触发

事件描述符举例：

（1）<Button-1>：左键单击。<Button-2>、<Button-3> 分别是中键单击、右键单击。

（2）<B1-Motion>：当鼠标左键被按下时移动鼠标（B2 代表中键，B3 代表右键），鼠标指针的当前位置将会以 event 对象的 x、y 成员的形式传递给回调函数。

（3）<ButtonRelease-1>：鼠标左键被释放，鼠标指针的当前位置将会以 event 对象的 x、y 成员的形式传递给回调函数。

（4）<Double-Button-1>：鼠标左键被双击，可以使用 Double 或者 Triple 前缀。如果同时绑定了一个单击和一个双击，则两个回调函数都会被调用。

（5）<Key>：用户按下键盘上的任何键。

（6）<KeyPress-A> 或 <Key-A> 或 A：A 键被按下，其中的 A 可以换成其他键位。

（7）<Control-V>：Ctrl 和 V 键被同时按下，V 可以换成其他键位。

（8）<F1> 或 <Return>：按下 F1 或按下 Enter 键。可以映射键盘上所有的特殊按键，包括 Cancel、BackSpace、Tab、Return、Shift_L、Shift、Control_L、Control、Alt_L、Alt、

Pause、Caps_Lock、Escape、Prior、Next、End、Home、Left、Up、Right、Down、Print、Insert、Delete、F1、F2、F3、F4、F5、F6、F7、F8、F9、F10、F11、F12、Num_Lock、Scroll_Lock。

（9）<Shift-Up>：用户在按住 Shift 键的同时，按下向上箭头键↑。

（10）'1' 和 <1>：'1' 表示键盘数字按键 1。<1> 表示鼠标左键，<2> 表示鼠标中键，<3> 表示鼠标右键。

9.5.4 事件绑定

tkinter 事件绑定有四种方式：控件绑定、窗口绑定、类绑定和应用程序绑定。

1. 控件绑定

控件绑定的格式：

```
控件对象 .bind( 事件描述符，事件回调函数 )
```

当在控件对象上发生了事件描述符对应的事件时，自动调用事件回调函数。例如：

```
b1.bind('<Return>',callback1)                          # b1 为按钮对象
```

2. 窗口绑定

窗口绑定的格式：

```
窗口对象 .bind( 事件描述符，事件回调函数 )
```

窗口绑定的事件，是在窗口或窗口的控件上发生了事件描述符对应的事件时，调用事件回调函数。例如，以下代码中，若在按钮获得焦点时按 Enter 键则回调函数 callback1( ) 和 callback2( ) 都会被调用。

```
b1.bind('<Return>',callback1)                          # b1 为按钮对象
mainw.bind('<Return>',callback2)                       # mainw 为窗口对象
```

3. 类绑定

类绑定的格式：

```
任意对象 .bind_class( 控件类描述符，事件描述符，事件回调函数 )
```

类绑定时，调用任意对象的 bind_class( ) 方法绑定。控件类描述符为控件类的字符串。类绑定后，所有控件类的实例都会响应该事件。例如，以下代码中，窗口中所有的命令按钮都会响应右击事件。

```
mainw.bind_class('Button','<Button-3>',callback4)      # mainw 为窗口对象
```

4. 应用程序绑定

应用程序绑定的格式：

```
任意对象 .bind_all( 事件描述符，事件回调函数 )
```

应用绑定时，调用任意对象的 **bind_all( )** 方法绑定。应用绑定后，当前程序中所有控件都会响应该事件。例如，以下代码中，应用程序中所有的控件都会响应右击事件。

```
mainw.bind_all('<3>',callback4)                    # mainw 为窗口对象
```

当某个控件的事件响应与四种类别的绑定都相关时，按控件绑定、类绑定、窗口绑定和应用程序绑定的顺序回调绑定函数。

【例 9-21】 事件绑定演示。

```
from tkinter import *
def b1_callback(event):
    print('控件绑定，对象 Id 为 ',event.serial)
def Win_callback(e):
    print('窗口绑定，对象 Id 为 ',e.serial)
def Class_callback(e):
    print('类绑定，对象 Id 为 ',e.serial)
def App_callback(e):
    print('应用程序绑定，对象 Id 为 ',e.serial)
    print()

mainw=Tk()
mainw.title('事件驱动')
mainw.geometry("250x100")
b1=Button(text='按钮一')
b1.pack()
b2=Button(text='按钮二')
b2.pack()
e1=Entry(mainw)
e1.pack()

b1.bind('<Button-3>',b1_callback)                  # 控件绑定，右击
mainw.bind('<3>',Win_callback)                     # 窗口绑定，右击
e1.bind_class('Button','<3>',Class_callback)       # 类绑定
b2.bind_all('<3>',App_callback)                    # 应用程序绑定

mainw.mainloop()
```

运行上述程序，先右击"按钮一"，然后右击"按钮二"，再右击文本框，最后在窗口空白处右击。运行结果如图 9-33 所示。

9.6 图形用户界面应用举例

【例 9-22】 设计并实现一个简单计算器，其界面如图 9-34 所示。计算器包含菜单，若干按键能实现基本的算术运算。按键包括数字键、小数点键、括号键、加减乘除键、退格键（←）、清除键（C）和等号键。

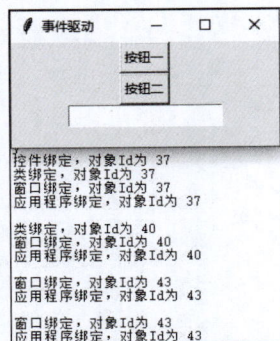

图 9-33　事件绑定演示

利用数字键、小数点键、括号键、加减乘除键可以输入连续的算式。单击等号键计算算式并显示结果。退格键删除现有算式的最后一个字符，清除键删除所有已输入的内容。菜单中包括"关于简单计算器"和"退出"两个菜单项。

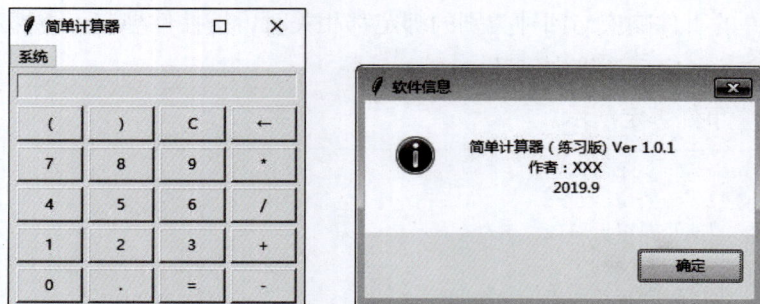

图 9-34　简单计算器界面

程序如下：

```
#1   from tkinter import *
#2   # 导入子模块 ttk 和子模块 messagebox
#3   from tkinter import ttk
#4   from tkinter.messagebox import *
#5   #---- 定义各个响应函数
#6   def pressb(char):
#7       if char =='=':                    # 单击等号键，则进行计算
#8           try:
#9               tmp=eval(alltext.get())
#10          except:
#11              alltext.set('Error')
#12          else:
#13              alltext.set(str(tmp))
#14      elif char =='C':                  # 单击 C 键，则删除末尾的一个字符
#15          alltext.set('')
#16      elif char =='←':                  # 单击←键，则删除已输入的所有内容
#17          alltext.set(alltext.get()[:-1])
#18      else:                             # 将当前按键的内容添加到现有表达式字符串的末端
#19          alltext.set(alltext.get()+char)
#20  def showver():
#21      showinfo(title=' 软件信息 ',message=' 简单计算器（练习版） Ver 1.0.1'.
#22              center(30)+'\n'+' 作者：钱毅湘 '.center(40)
#23              +'\n'+'2019.9'.center(50))
#24  #---- 创建窗口
#25  mainw=Tk()
#26  mainw.title(' 简单计算器 ')
#27  #---- 创建菜单
#28  topmenu=Menu()
#29  mainw.config(menu=topmenu)
#30  m1=Menu(topmenu,tearoff=0)
```

276

```
#31 topmenu.add_cascade(label='系统',menu=m1)
#32 m1.add_command(label='关于简单计算器',command=showver)
#33 m1.add_separator()
#34 m1.add_command(label='退出',command=lambda :exit())
#35 #---- 变量初始化
#36 alltext=StringVar()
#37 #----GUI 布置控件
#38 #---- 第 1 行放置一个单行文本框
#39 m1frame=Frame(mainw)
#40 m1frame.pack(side=TOP,expand=YES,fill=BOTH,padx=4)
#41 stxt=Entry(m1frame,textvariable=alltext,width=32,state=DISABLED,
    justify=RIGHT)
#42 stxt.pack(expand=YES,fill=BOTH,padx=2,pady=4)
#43 #---- 第 3~6 行放置数字和运算按钮
#44 for key in ('()C←','789*','456/','123+','0.=-'):
#45     mframe=Frame(mainw)
#46     mframe.pack(side=TOP,expand=YES,fill=BOTH,padx=4)
#47     for ch in key:
#48         c2=Button(mframe,text=ch,width=6,command=lambda y=ch:pressb(y))
#49         c2.pack(side=LEFT,expand=YES,fill=BOTH,padx=2,pady=2)
#50 mainw.mainloop()
```

9.7 习题

1. 简述 tkinter 创建图形用户界面的基本步骤。

2. 写出导入 tkinter 模块并创建一个窗口的代码。

3. tkinter 的图形用户界面中，绘图坐标系与数学中的坐标系有什么区别？

4. tkinter 模块中有哪三种布局管理器？它们分别是如何布局控件的？

5. 简述 tkinter 模块的事件处理机制。

6. tkinter 模块中如何为控件的事件绑定回调函数？有哪几种绑定方式？它们的事件响应顺序是怎样的？

Python

## 第 10 章

综合应用案例

本章将设计并实现一个简单的小测验游戏软件 QuizGame。该软件是基于图形用户界面的桌面程序，可以完成包括选择题、填空题、判断题的小测验。在此基础上，建议读者扩展并完善它的功能。

10.1 基本功能说明

10.1.1 登录

运行本程序，进入登录的图形用户界面，如图 10-1 所示。

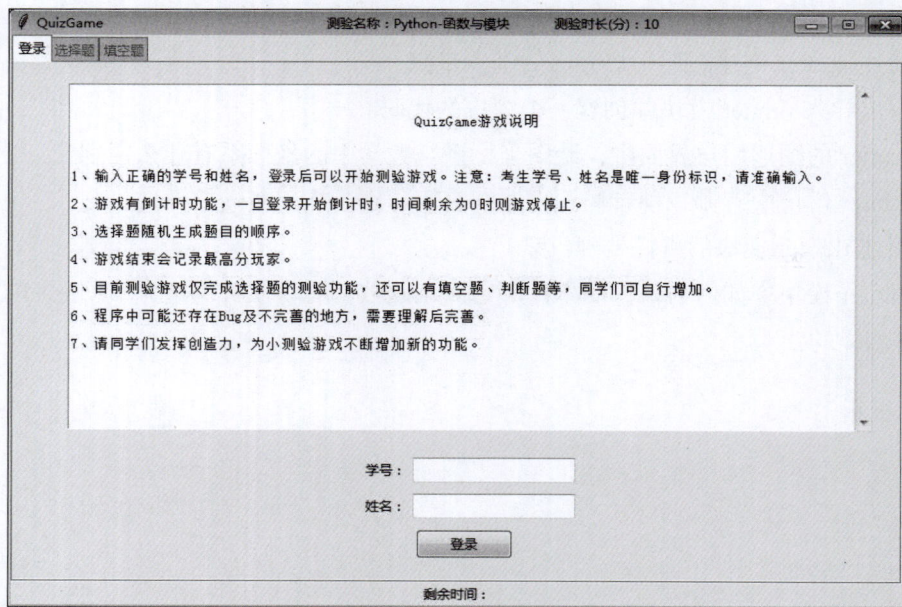

图 10-1 软件登录界面

在登录界面中可以看到关于测验名称、测验时长、QuizGame 游戏说明等信息，其中，测验名称及测验时长信息存储在一个 Excel 文件 Quiz.xlsx 中的"测验信息"工作表中，如图 10-2 所示，该文件的其他工作表用于存放各种题型的具体题目。QuizGame 游戏说明的信息则存储在"小测验游戏说明 .txt"文件中,程序需要去读取该文件中的内容,并显示在登录界面的文本框中。

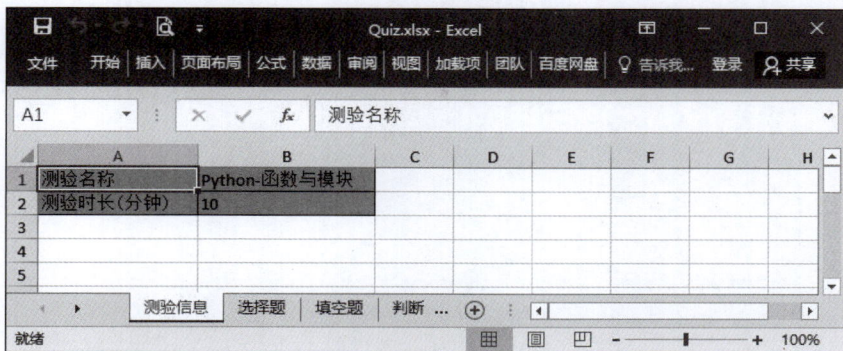

图 10-2　"测验信息"工作表

　　某班的学生名单记录在 Excel 文件"名单 .xlsx"中,只有在名单中的学生才被允许使用自己的学号和姓名登录系统完成测验。Excel 文件中的数据格式如图 10-3 所示。

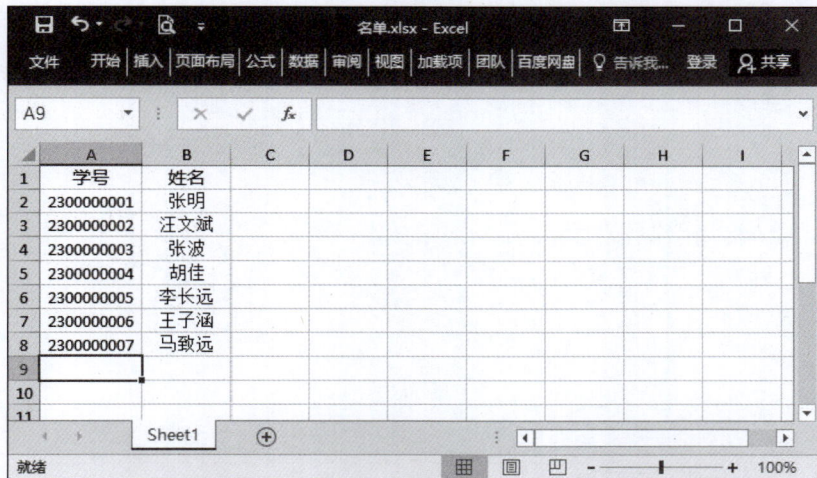

图 10-3　学生名单 Excel 文件

10.1.2　答题

　　前面提到过 Quiz.xlsx 文件中有多张工作表,除了"测验信息"工作表外,选择题、填空题及判断题均用一个工作表存储在该文件中。例如,"选择题"工作表中存储有选择题的题目、选项、参考答案及解析内容,格式如图 10-4 所示。填空题、判断题与此类似,在此不一一展示。

　　登录成功后,开始选择题的测验,其答题界面如图 10-5 所示。在选择题答题时,如果用户答案正确,则右下方显示"正确"信息;如果答案错误,则右侧给出正确答案及解析,

图 10-4　"选择题"工作表

同时右下方显示"错误"的信息，如图 10-6 所示。一旦该题做完，将不能重新选择答案，只能做下一题。

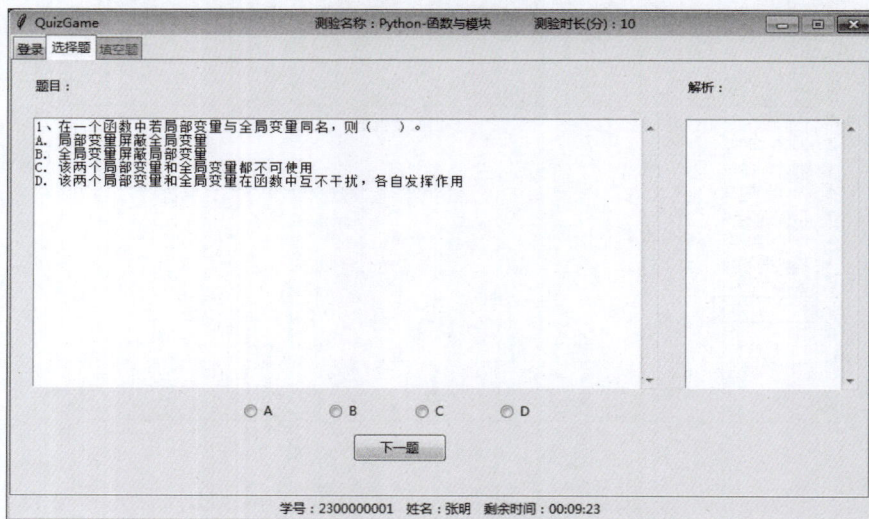

图 10-5　选择题答题界面

填空题和判断题的答题与选择题有一定的相似性，请读者自行设计与完善。

10.1.3　辅助功能

（1）测验倒计时。

用户登录成功后就开始测验，系统进入倒计时，剩余时间将在界面的下方显示（可参考图 10-5）。如果剩余时间为 0，则测验结束，程序应处理结束的相关工作。

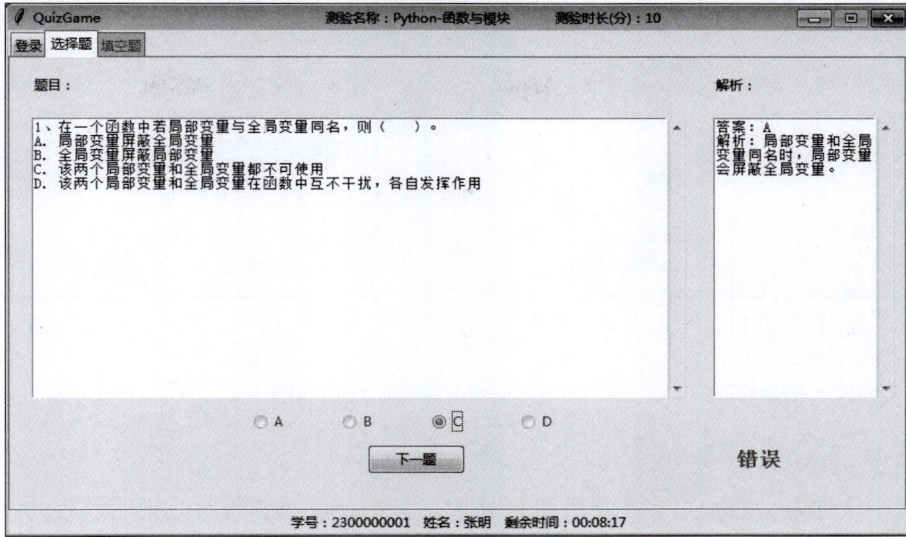

图 10-6 选择错误答案时出现解析和错误提示

（2）题目顺序随机。

选择题题目要求能以随机的顺序出现在测验中，且相应的答案也按照随机顺序来判断对错。

（3）选项顺序随机。

选择题的答案选项 A、B、C、D 也可以以随机顺序出现，这部分功能请读者参考题目顺序随机的处理方式自行设计与完善。

（4）记录最高分玩家。

当所有测验完成时，计算该玩家小测验游戏的总得分，并保存最高分记录。最高分保存在 Record.txt 文件中，记录了学号、姓名和得分情况，如图 10-7 所示。

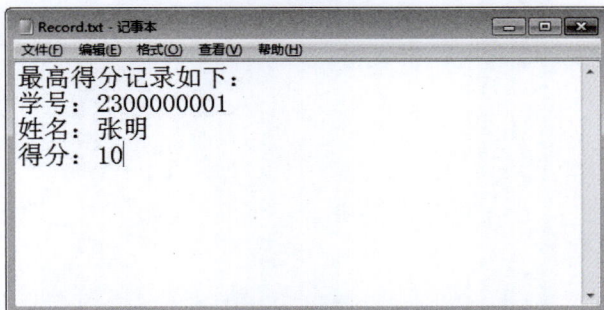

图 10-7 最高分记录

如果该玩家得分超过目前最高分，应给出提示，如图 10-8 所示，并更新最高分记录到 Record.txt 中。

同样，若玩家没有打破记录，则给出相应的提示，如图 10-9 所示。

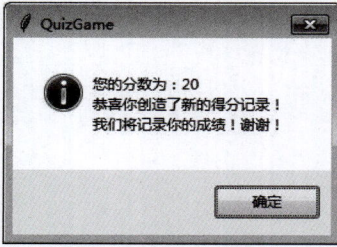

图 10-8　破得分记录提示

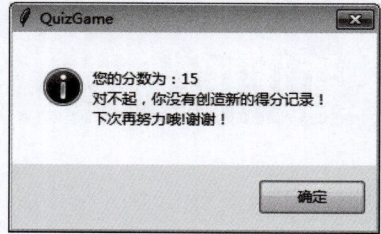

图 10-9　未破记录提示

10.2　软件实现

10.2.1　Exam 模块

在整个软件中，需要对多个文件进行处理，包括存放小测验游戏说明内容的"小测验游戏说明 .txt"、存放学生名单的"名单 .xlsx"、存放测验信息及试题的 Quiz.xlsx 以及存放得分记录的 Record.txt 文件，这里单独写一个模块专门完成文件操作，该模块文件名为 Exam.py，主要设计了如下三个类。

1. TxtFile 类

该类是文本文件处理类，主要包括三个类方法，分别用于：

（1）读取"小测验游戏说明 .txt"中的内容，放入系统登录界面的文本框内。

（2）读取 Record.txt 文件中的最高分记录数据。

（3）写入新的最高分记录信息到 Record.txt 文件中。

Exam.py 中 TxtFile 类的参考代码如下：

```python
import openpyxl as px
import random
# 文本文件处理类
class TxtFile:
    # 读取 " 小测验游戏说明 .txt" 内容
    @classmethod
    def getGameInfo(cls):
        s=""
        try:
            f=open(" 小测验游戏说明 .txt")
        except:
            return s
        else:
            while True:
                line=f.readline()
                if not line:
                    break
                s+=line+"\n"
```

```
                f.close()
                return s


        # 读取 Record.txt 中内容
        @classmethod
        def getMaxScore(cls):
            try:
                f=open("Record.txt")
            except:
                # 文件不存在，第一个玩家创记录
                return -1
            else:
                # 已有旧记录，将得分读出来
                r=f.readlines()
                f.close()
                return int(r[3][3:].strip())


        @classmethod
        def setNewRecord(cls,sno,sname,score):
            f=open("Record.txt","w")
            f.write(" 最高得分记录如下 :\n")
            f.write(" 学号 :"+sno+"\n")
            f.write(" 姓名 :"+sname+"\n")
            f.write(" 得分 :"+str(score)+"\n")
            f.close()
```

2. Stu 类

该类是学生类，主要功能是将存放学生名单的文件"名单 .xlsx"中的所有学生的学号和姓名读出来，用于登录时验证玩家输入的学号和姓名是否合法。

Exam.py 中 Stu 类的具体实现可参考以下代码：

```
# 学生类
class Stu:
    data=0
    sheet=0

    def __init__(self):
        Stu.data=px.load_workbook(" 名单 .xlsx")
        Stu.sheet=Stu.data.active

    def getStu(self):
        stu_info=[]
        row_num=Stu.sheet.max_row                # 获取最大的行数
        rows=Stu.sheet["A2":"B%d"%row_num]
        for row in rows:
            stu_info.append((str(row[0].value),str(row[1].value)))
        return stu_info
```

需要说明的是，该类中关于读取 Excel 文件，需要用到第三方库 openpyxl。应事先安装好该库，安装 openpyxl 的命令如下：

```
pip install openpyxl
```

关于 openpyxl 库的使用见 10.4 节内容。

3. QusAndAns 类

该类是测验试卷类，主要功能是处理存放测验信息及试题的 Quiz.xlsx 文件，需要将测验名称、测验时长、选择题数量、选择题分数、填空题数量、填空题分数、选择题题干及选项、选择题答案等信息全部读取出来。下面所给的参考答案只完成了选择题的相关处理，填空题、判断题需要读者自行扩充与完善。同时，QusAndAns 类中设计了相应的方法，将选择题题目顺序随机打乱。

Exam.py 中 QusAndAns 类的参考代码如下：

```python
# 测验试卷类
class QusAndAns:
    data=0
    sheet1=0
    sheet2=0
    sheet3=0
    cnt_select=0
    cnt_blank=0
    examName=""
    examTime=0
    totalSelect=0
    iselectScore=0
    qus_select=[]
    ans_select=[]
    analyze_select=[]

    def __init__(self):
        QusAndAns.data=px.load_workbook("Quiz.xlsx")
        QusAndAns.sheet1=QusAndAns.data["选择题"]
        QusAndAns.sheet2=QusAndAns.data["填空题"]
        QusAndAns.sheet3=QusAndAns.data["测验信息"]
        QusAndAns.cnt_select=QusAndAns.sheet1.cell(1,8).value
        QusAndAns.cnt_blank=QusAndAns.sheet2.cell(1,8).value
        #print(type(QusAndAns.cnt_select),QusAndAns.cnt_select)

    # 获取测验名称和测验时长
    def getEnameAndEtime(self):
        QusAndAns.examName=QusAndAns.sheet3.cell(1,2).value
        QusAndAns.examTime=int(QusAndAns.sheet3.cell(2,2).value)
        return (QusAndAns.examName,QusAndAns.examTime)

    # 获取选择题总分和每题分数
    def getTotalAndiScore(self):
        QusAndAns.totalSelect=QusAndAns.sheet1.cell(1,4).value
```

```
        QusAndAns.iselectScore=int(QusAndAns.sheet1.cell(1,6).value)
        return (QusAndAns.totalSelect,QusAndAns.iselectScore)

    # 获取选择题题目
    def getQusOfSelect(self):

        for row in range(3,3+QusAndAns.cnt_select):
            con=QusAndAns.sheet1["A%d"%row:"F%d"%row]
            #str(con[0][0].value)+
            temp1="、"+str(con[0][1].value)+"\n"
            temp2="A. "+str(con[0][2].value)+"\n"+"B. "+str(con[0]
            [3].value)+ "\n"+"C. "+str(con[0][4].value)+"\n"+"D.
            "+str(con[0][5].value)
            QusAndAns.qus_select.append((temp1+temp2))
        return QusAndAns.qus_select

    # 获取选择题答案
    def getAnsOfSelect(self):
        for row in range(3,3+QusAndAns.cnt_select):
            con=QusAndAns.sheet1["G%d"%row:"G%d"%row]
            QusAndAns.ans_select.append(str(con[0][0].value))
        return QusAndAns.ans_select

    # 获取选择题解析
    def getAnalyzeOfSelect(self):
        for row in range(3,3+QusAndAns.cnt_select):
            con=QusAndAns.sheet1["H%d"%row:"H%d"%row]
            QusAndAns.analyze_select.append(str(con[0][0].value))
        return QusAndAns.analyze_select

    # 获取填空题题目
    def getQusOfBlank(self):
        pass

    # 获取填空题答案
    def getAnsOfBlank(self):
        pass

    # 生成选择题题目的随机顺序
    def getRandQusOfSelect(self):
        randselect=[n for n in range(QusAndAns.cnt_select)]
        random.shuffle(randselect)
        return randselect

    # 生成选择题选项的随机顺序
    def getRandAnsOfSelect(self):
        pass

    # 生成填空题题目的随机顺序
```

```
        def getRandQusOfBlank(self):
            pass
```

10.2.2　图形用户界面实现

根据 10.1 节中给出的相关界面效果图，使用 tkinter 库设计其图形用户界面，代码保存在 QuizGame.py 文件中。下面所给的代码并不严格按照文件中出现的顺序描述，有些是可以打乱顺序的，但有些必须按照先定义后使用的原则安排代码的先后次序。

1. 导入所有相关库

本程序使用 tkinter 库及其子模块设计图形用户界面，使用 openpyxl 模块读取 Excel 文件，使用 datetime 和 time 库处理倒计时问题，使用 sys 库退出系统，并且需要将 Exam 模块导入后方可使用。导入相关库的代码如下：

```
import tkinter as tk
import tkinter.ttk as ttk
import tkinter.messagebox as mb
import tkinter.scrolledtext as sc
import openpyxl as px
import sys
import datetime
import time
from Exam import *
```

2. 主界面设计

主界面的相关代码如下：

```
# 定义界面控件
mWin=0                                        # 主窗口
tno=0                                         # "学号"文本框
tname=0                                       # "姓名"文本框
note=0                                        # 选项卡
tqus=0                                        # 显示题目文本框
blogin=0                                      #"登录"按钮
L_info=0                                      # 显示剩余时间标签
bnext=0                                       # "下一题"按钮
v=0                                           # "选择题"选项绑定变量
Lresult=0                                     # 显示结果标签
tans=0                                        # 答案解析文本框
ba=0                                          # 选项 A
bb=0                                          # 选项 B
bc=0                                          # 选项 C
bd=0                                          # 选项 D

    # 定义主界面函数
    def main():global mWin,tno,tname,note,tqus,blogin,L_info,bnext,v,
    Lresult,tans,ba,bb,bc,bd
    mWin=tk.Tk()
```

```
x=mWin.winfo_screenwidth()
y=mWin.winfo_screenheight()
x=(x-800)//2
y=(y-600)//2
mWin.geometry(f"800x600+{x}+{y}")
mWin.resizable(width=False,height=False)
mWin.title("QuizGame"+" "*50+"测验名称:"+eName+" "*10+ \
"测验时长(分):"+str(eTime))
#"剩余时间"标签
L_info=ttk.Label(mWin,text="剩余时间:")
L_info.pack(side=tk.BOTTOM)
note=ttk.Notebook(mWin)
note.pack(fill="both",expand=True)

#"登录"选项卡
frm1=ttk.Frame(note)
frm1.pack(fill="both",expand=True)
note.add(frm1,text="登录")
text1=sc.ScrolledText(frm1,height=30,width=100,wrap=tk.WORD)
text1.insert("0.0","\n\n"+"QuizGame 游戏说明".center(100))
text1.insert("25.0 linestart","\n\n\n\n"+TxtFile.getGameInfo())

lno=ttk.Label(frm1,text="学号:")
lname=ttk.Label(frm1,text="姓名:")
tno=ttk.Entry(frm1)
tname=ttk.Entry(frm1)
blogin=ttk.Button(frm1,text="登录",command=loginCall)    #"登录"按钮

# 布局"登录"选项卡
text1.grid(column=0,row=0,columnspan=8,rowspan=30,padx=50,pady=20,
sticky=tk.E)
lno.grid(column=3,row=30,padx=2,pady=5,sticky=tk.E)    # 右对齐
tno.grid(column=4,row=30,padx=2,pady=5,sticky=tk.W)    # 左对齐
lname.grid(column=3,row=31,padx=2,pady=5,sticky=tk.E)
tname.grid(column=4,row=31,padx=2,pady=5,sticky=tk.W)
blogin.grid(column=4,row=32,padx=5,pady=5,sticky=tk.W)

#"选择题"选项卡
frm2=ttk.Frame(ncte)
frm2.pack(fill="bcth",expand=True)
note.add(frm2,text="选择题",state="disabled")
Lqus=ttk.Label(frm2,text="题目:")
tqus=sc.ScrolledText(frm2)                              # 题目
tqus.config(state="disabled")
v=tk.StringVar()
ba=ttk.Radiobuttcn(frm2,text="A",variable=v,value="A",
command=radioCall)                                     # 选项
bb=ttk.Radiobuttcn(frm2,text="B",variable=v,value="B",
command=radioCall)
```

287

```
        bc=ttk.Radiobutton(frm2,text="C",variable=v,value="C",
        command=radioCall)
        bd=ttk.Radiobutton(frm2,text="D",variable=v,value="D",
        command=radioCall)
        bnext=ttk.Button(frm2,text=" 下一题 ",command=nextCall)
        # " 下一题 " 按钮
        Lans=ttk.Label(frm2,text=" 解析 :")
        tans=sc.ScrolledText(frm2)                    # 答案解析
        tans.config(state="disabled")
        tqus.bind("<FocusIn>",load)
        Lresult=tk.Label(frm2)
        #tqus.bind('<Activate>',load)

        # 布局 " 选择题 " 选项卡
        Lqus.grid(column=0,row=1,padx=20,pady=15,sticky=tk.W)
        Lans.grid(column=9,row=1,padx=5,pady=15,sticky=tk.W)
        tqus.config(height=30,width=80)
        tqus.grid(column=0,row=2,columnspan=9,rowspan=30,padx=20,pady=5,
        sticky=tk.E)
        tans.config(height=30,width=20)
        tans.grid(column=9,row=2,columnspan=3,rowspan=30,padx=5,pady=5,
        sticky=tk.E)
        ba.grid(column=2,row=33,padx=2,pady=5,sticky=tk.E)
        bb.grid(column=3,row=33,padx=2,pady=5,sticky=tk.E)
        bc.grid(column=4,row=33,padx=2,pady=5,sticky=tk.E)
        bd.grid(column=5,row=33,padx=2,pady=5,sticky=tk.E)
        bnext.grid(column=3,row=36,columnspan=2,padx=2,pady=5,sticky=tk.E)
        Lresult.grid(column=9,row=36,padx=2,pady=5)

        # " 填空题 " 选项卡
        frm3=ttk.Frame(note)
        frm3.pack(fill="both",expand=True)
        note.add(frm3,text=" 填空题 ",state="disabled")

        note.bind("<Button-1>",click)              # 单击选项卡事件
        mWin.mainloop()

if __name__=="__main__":
    main()
```

3. 控件的事件处理

（1）部分控件的属性值需要从文件中读取，例如登录界面的 text1 控件显示的是"小测验游戏说明 .txt"中的内容，窗口标题栏上显示的测验名称和测验时长信息都来自文件 Quiz.xlsx 中，这些文件操作都需要使用前面介绍的 Exam.py 模块来获取信息，并且保存在全局变量中，以方便后续的相关控件发生相应事件时调用，所以程序中添加了一些全局变量，具体代码如下（可添加在定义控件界面代码的前面）：

```
# 全局变量
# 获取选择题 \ 答案 \ 随机顺序 \ 测验名称和时长等
# QusAndAns 类在 Exam 模块中定义
qusAndAns=QusAndAns()                                    # 创建对象
qus=qusAndAns.getQusOfSelect()                           # 获取选择题题目
ans=qusAndAns.getAnsOfSelect()                           # 获取选择题答案
analyze=qusAndAns.getAnalyzeOfSelect()                   # 获取答案解析
eName,eTime=qusAndAns.getEnameAndEtime()                 # 获取测验名称和测验时长
randselect=qusAndAns.getRandQusOfSelect()               # 生成随机抽题顺序
totalSelect,iselectScore=qusAndAns.getTotalAndiScore()
# 获取选择题总分和每题分数
totalScore=0                                            # 记录玩家得分
logstate=0                                              # 登录状态
indexofselect=1                                         # 选择题序号
```

由于使用了 Exam 模块，因此在 QuizGame.py 的开头需要导入该模块（本行代码前面已出现，无须再次输入）：

```
from Exam import *
```

（2）各控件的事件处理。

① "登录" 按钮的处理

当用户单击 "登录" 按钮时，系统的主要工作就是验证用户输入的学号和姓名是否在 "名单.xlsx" 中存在，如果存在则登录成功，界面切换到选择题的 "答题" 选项卡，否则提示错误信息。相关参考代码如下：

```
# "登录" 按钮事件
def loginCall():
    #mWin.destroy()#sys.exit()
    global logstate
    sno=tno.get()
    sname=tname.get()
    # 验证用户名和姓名是否存在
    stu=Stu()
    stu_info=stu.getStu()
    #print(stu_info)
    if (sno,sname) in stu_info:                # 判断学号、姓名是否存在
        logstate=1
        mb.showinfo("QuizGame","登录成功，开始游戏！")
        note.tab(1,state="normal")
        #note.tab(2,state="normal")
        tqus.config(state="normal")
        tqus.focus_set()
        tno.config(state="disable")
        tname.config(state="disable")
        blogin['state']="disable"
        #mWin.title(mWin.title()+(sno+" "+sname).center(160))
        # 切换到 "选择题" 选项卡
```

```
        tab1=note.tabs()[1]
        note.select(tab1)
        # 添加计时器
        T1=myTimer(mWin,L_info,eTime*60)
        T1.start()
    else:
        mb.showinfo("QuizGame","学号或姓名错误，请重新输入！")
```

② 未登录单击其他选项卡事件

若用户未登录就想开始做题，则给出提示必须先登录才可以答题，代码如下：

```
# 未登录单击选项卡的事件处理
def click(event):
    global logstate
    if logstate==0:
        mb.showinfo（"QuizGame"，"请先登录然后开始测验游戏！")
```

③ 加载"选择题"选项卡处理事件

一旦登录成功，切换到"选择题"选项卡，并激活该选项卡，代码如下：

```
# 加载 " 选择题 " 选项卡处理事件（激活 tqus）
def load(event):
    #tqus.config(state="normal")
    global indexofselect
    tqus.insert("0.0",str(indexofselect)+qus[randselect[0]])      # 第一题
    tqus.config(state="disable")
```

④ 选择题答题（勾选选项）处理事件

当用户对该题做出选择时，系统需要判断所选答案是否正确，并给出"正确 / 错误"的提示。如果答案错误，还需要给出该题的正确答案及解析。相关参考代码如下：

```
# 选择题答题（勾选选项）处理事件
def radioCall():
    global indexofselect,totalScore
    #print(indexofselect)
    #print(ans[indexofselect-1])
    #print(v)
    if(v.get()!=ans[randselect[indexofselect-1]]):
        Lresult['fg']="red"
        Lresult.config(text=" 错误 ",font=(" 宋体 ",14,"bold"))
        tans.config(state="normal")
        s=" 答案 :"+ans[randselect[indexofselect-1]]+"\n"+" 解析 :"+analyze
        [randselect[indexofselect-1]]
        tans.insert("0.0",s)
        tans.config(state="disable")
    else:
        Lresult['fg']="green"
        Lresult.config(text=" 正确 ",font=(" 宋体 ",14,"bold"))
        totalScore+=iselectScore
```

```
# 答题错误时禁止重新选择
ba.config(state="disable")
bb.config(state="disable")
bc.config(state="disable")
bd.config(state="disable")
```

⑤ 单击"下一题"按钮处理事件

当用户单击"下一题"按钮时，将相关控件的显示内容切换成下一题的内容，且答案和解析的内容清空，同时还要判断是否已经到达最后一题，如果已经全部做完，则要切换到"填空题"选项卡（若没有填空题则结束游戏，处理最后的成绩）。相关参考代码如下：

```
# 单击 " 下一题 " 按钮事件
def nextCall():
    global indexofselect
    global v
    v.set("E")
    indexofselect+=1
    Lresult.config(text="")
    #print(indexofselect)
    if(indexofselect>len(qus)):
        indexofselect=len(qus)
        bnext.config(state="disable")
        mb.showinfo("QuizGame"," 选择题结束，进入填空题！ ")
        note.tab(2,state="normal")
        # 切换到 " 填空题 " 选项卡
        tab2=note.tabs()[2]
        note.select(tab2)
        # 游戏结束
        GameOver()

    ba.config(state="normal")
    bb.config(state="normal")
    bc.config(state="normal")
    bd.config(state="normal")
    tqus.config(state="normal")
    tans.config(state="normal")
    tqus.delete("0.0","40.200")
    tans.delete("0.0","40.200")
    tqus.insert("0.0",str(indexofselect)+ \
    qus[randselect[indexofselect-1]])
    tqus.config(state="disable")
    tans.config(state="disable")
```

⑥ 游戏结束

游戏结束时需要统计用户的得分，读取 Record.txt 中的最高得分记录后，判断是否破记录，并做出相应处理。如果破记录则将当前玩家的学号、姓名、得分写入 Record.txt 文件中，如未破记录则给出提示。相关参考代码如下：

```
# 游戏结束，题目做完结束游戏，记录最高分
def GameOver():
    result=TxtFile.getMaxScore()
    if result==-1 or totalScore>result:
        mb.showinfo(title="QuizGame",message=" 您的分数为 :%d\n \
        恭喜你创造了新的得分记录！ \n 我们将记录你的成绩！ 谢谢！ "%totalScore)
        sno=tno.get()
        sname=tname.get()
        TxtFile.setNewRecord(sno,sname,totalScore)
    else:
        mb.showinfo(title="QuizGame",message=" 您的分数为 :%d\n \
        对不起，你没有创造新的得分记录！ \n 下次再努力哦！谢谢！ "%totalScore)
    mWin.destroy()
    sys.exit()
```

⑦ 游戏倒计时

测验游戏开始后，根据给定的测验时长，计算出时、分、秒的总数，开始倒计时，当倒计时为 0 时，游戏结束。对于倒计时的处理，这里设计了一个 Timer 类来专门处理，相关参考代码如下：

```
# 计时器类
class myTimer:
    def __init__(self,window,label,seconds):
        self.hours=0
        self.minutes=0
        self.seconds=0
        self.is_running=False              # 计时器计时状态
        self.start_time=0                  # 计时器开始时间（秒）
        self.window=window
        self.label=label
        self.duration=seconds              # 计时器持续时间（秒）

    # 时间转换
    def format_time(self,seconds):
        self.hours=seconds//3600           # 转换为小时
        self.minutes=(seconds%3600)//60    # 转换为分钟
        self.seconds=seconds%60            # 转换为秒
        return "%02d:%02d:%02d"%(self.hours,self.minutes,self.seconds)

    # 更新时间函数
    def update_time(self):
        if self.is_running:
            remaining_time=self.duration-(datetime.datetime.now()-self.
            start_time).total_seconds()
            #print(remaining_time)
            if remaining_time <=0:
                # 计时结束，停止计时
                self.is_running=False
                self.label.config(text=" 剩余时间 :"+self.format_time(0))
```

```
                # 游戏结束
                GameOver()
        else:
                # 更新计时时间
                t=self.format_time(int(remaining_time))
                # 每隔一秒更新一次
                self.label.config(text=" 学 号 :%s     姓 名 :%s     剩 余 时
                间 :%s"%(tno.get(),tname.get(),t))
                #print(" 剩余时间 :"+t)
                self.window.after(1000,self.update_time)

    # 开始计时
    def start(self):
        #self.duration=self.seconds
        self.start_time=datetime.datetime.now()
        self.is_running=True
        self.update_time()

    # 停止计时（暂时不用）
    def stop(self):
        self.is_running=False
        self.format_time(0)
```

10.3　PyInstaller 库生成可执行文件

当完成开发后，需要将源代码文件（.py）打包或生成可执行文件，可以使用第三方库 PyInstaller 来完成。若尚未安装 PyInstaller，则可以在命令行窗口中通过 pip 命令完成安装。安装命令如下：

```
pip install PyInstaller
```

需要注意的是，PyInstaller 模块的工作不是在 Python 解释器或 IDLE 中，而是在控制台进行的。

假设本案例项目是存放在 C 盘的文件夹 QuizGame 内，如图 10-10 所示。

现在需要将项目打包生成可执行的 .exe 文件，可以打开命令行窗口，将命令行转至 C:\QuizGame 目录下（输入命令：cd C:\QuizGame），如图 10-11 所示。

接着使用已安装的第三方库 PyInstaller，在命名行窗口输入命令：

```
pyinstaller -F QuizGame.py
```

按 Enter 键后，就能看到处理进度和内容的提示信息。若是 Windows 11 系统，则需要用以下命令：

```
pyinstaller -windows -noconsole -F QuizGame.py
```

当出现 completed successfully 后，会在源代码文件的相同路径下生成可执行文件，如图 10-12 所示。

图 10-10　项目所在文件夹

图 10-11　命令行窗口调整目录

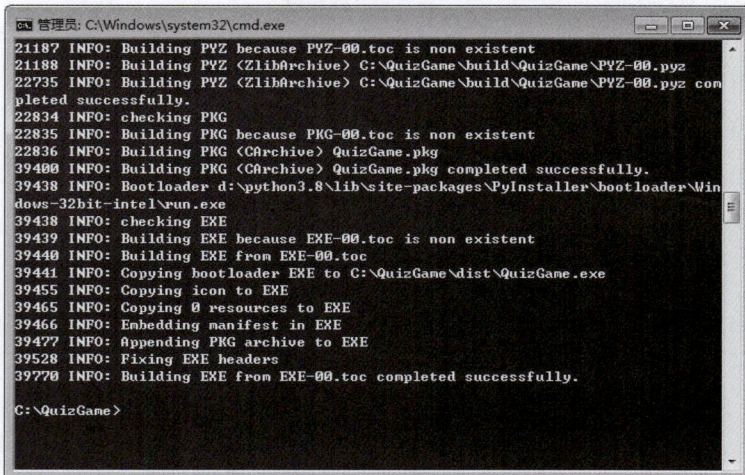

图 10-12　执行 pyinstaller 中 –F QuizGame.py 命令

此时,C:\QuizGame 文件夹中多出了两个子文件夹（ buid 和 dist ）以及一个 QuizGame.spec 文件（ 配置文件 ），如图 10-13 所示。.exe 文件就在 dist 文件夹中。

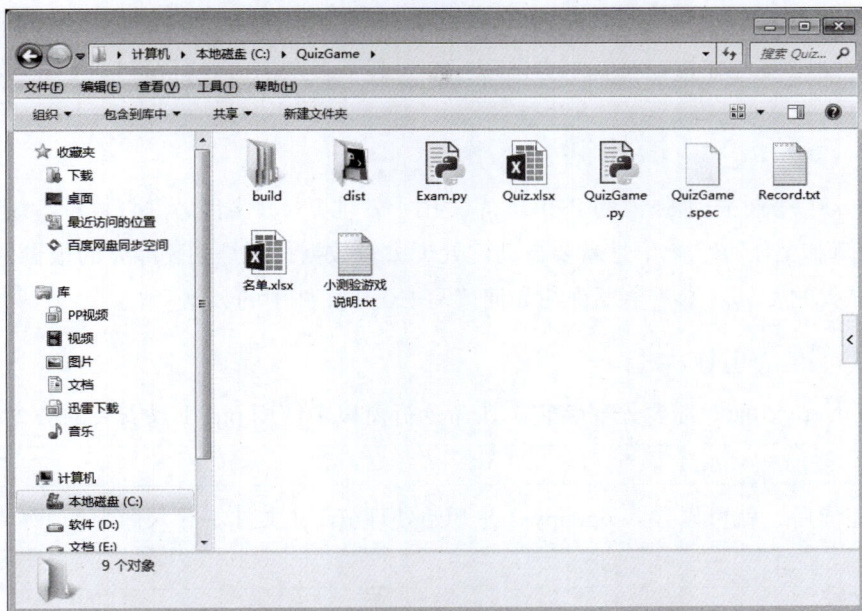

图 10-13　生成可执行文件后的项目文件内容

将 dist 中生成的 QuizGame.exe 剪切到 C:\QuizGame 目录下（ 和"小测验游戏说明 .txt"、"名单 .xlsx"、Quiz.xlsx、Record.txt 等文件在相同路径下，因为程序中读取这些文件都是使用的相对路径 ），双击 QuizGame.exe，即可运行该软件。运行后的效果如图 10-14 所示。

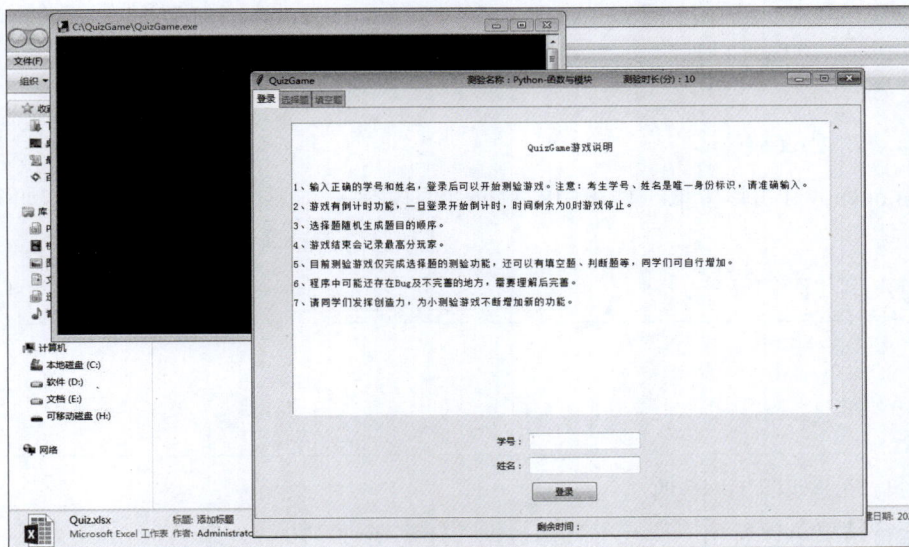

图 10-14　运行 QuizGame.exe 后的效果

此时，软件主界面的背后始终有一个命令行窗口（图 10-14 中的黑框）。如果需要隐藏该黑框，需要在打包生成 .exe 文件时加一个参数，其命令如下：

```
pyinstaller -F -w QuizGame.py
```

这样生成的 .exe 文件在执行时就不会出现一个看起来多余的命令行窗口。

10.4　openpyxl 模块简介

openpyxl 模块是一个强大的 Python 库，用于处理 Excel 文件，允许读取、编辑和创建 Excel 工作簿和工作表。无论是需要自动化处理大量数据，还是创建漂亮的报告，openpyxl 都是一个强大的工具。本节主要介绍如何读写 Excel 文件中的数据。

10.4.1　准备工作

使用 openpyxl 前，需要先安装它。在命令行窗口中使用 pip 工具安装的命令如下：

```
pip install openpyxl
```

安装完成后，就可以导入 openpyxl 并开始处理 Excel 文件。导入命令如下：

```
import openpyxl [as 别名 ]
```

开始使用之前，必须打开或新建一个工作簿，使用方法如下。

（1）打开现有工作簿。

```
openpyxl.load_workbook( 文件名 )
```

将打开指定的文件并返回工作簿对象。

（2）新建工作簿。

```
openpyxl.Workbook()
```

将新建并返回一个 Workbook（工作簿）对象，即 Excel 文件。

10.4.2　读取数据

使用 openpyxl 可以读取工作表中的数据。假设有一个 test.xlsx 文件，其内容如图 10-15 所示。

执行以下代码：

```
import openpyxl as px
data=px.load_workbook('test.xlsx')
print(type(data))
print(data)
```

其运行结果如图 10-16 所示。

从运行结果可以看出，要获得具体数据，还需要进一步做处理。

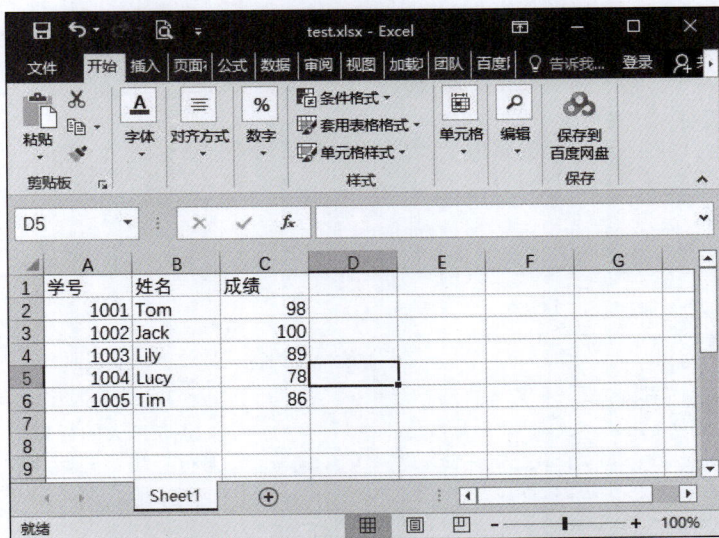

图 10-15　test.xlsx 文件的内容

图 10-16　打开 Excel 文件的运行结果

1. 从工作簿中取得工作表信息

获取 Excel 文件中工作表的相关信息，可以使用下列方法。

- 工作簿对象 .sheetnames：获取当前工作簿中所有表的名字。
- 工作簿对象 .active：获取当前活动表对应的 Worksheet 对象。
- 工作簿对象 [表名]：根据表名获取指定表对象。
- 表对象 .title：获取表对象的表名。
- 表对象 .max_row：获取表的最大有效行数。
- 表对象 .max_column：获取表的最大有效列数。

下面给出获取工作表相关信息的示例代码：

```
import openpyxl as px
data=px.load_workbock('test.xlsx')
#print(type(data))
#print(data)

# 获取所有表的表名
sheet_names=data.sheetnames
print(sheet_names)
# 根据表名获取工作簿指定的表
```

```
sheet1=data['Sheet1']
print(sheet1)

# 获取活动表对应的表对象
active_sheet=data.active
print(active_sheet)

# 获取表的名字
sheet_name1=active_sheet.title
sheet_name2=sheet1.title
print(sheet_name1,sheet_name2)

# 获取第二列的所有内容
row_num=sheet1.max_row                  # 获取最大的行数
for row in range(1,row_num+1):          # 行号从 1 开始计数
    cell=sheet1.cell(row,2)
    print(cell.value)
```

其运行结果如图 10-17 所示。

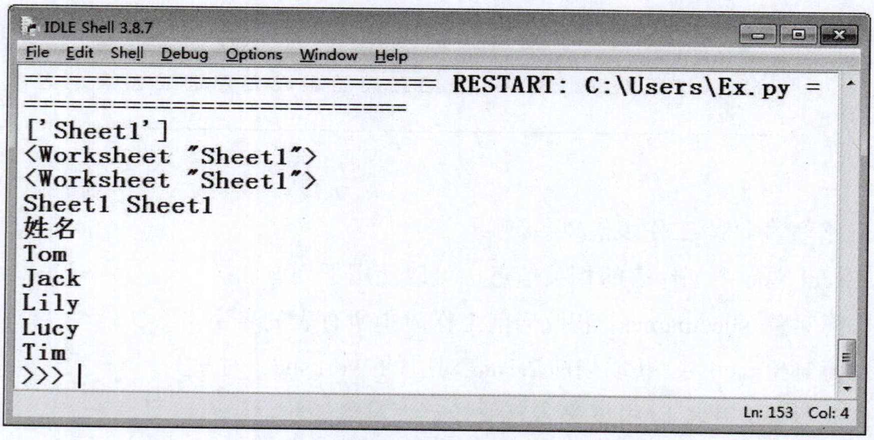

图 10-17　获取的工作表相关信息

2. 从工作表中取得单元格信息

获取工作表中单元格的相关信息，可使用以下方法。

（1）表对象 [' 列号行号 ']：获取指定列的指定行对应的单元格对象（单元格对象是 Cell 类的对象，列号从 A 开始，行号从 1 开始）。

（2）表对象 .cell(行号 , 列号)：获取指定行指定列对应的单元格（这里的行号和列号都可以用数字）。

（3）表对象 .iter_rows( )：一行一行地取。

（4）表对象 .iter_cols( )：一列一列地取。

（5）单元格对象 .value：获取单元格中的内容。

298

（6）单元格对象 .row：获取行号（从数字 1 开始）。

（7）单元格对象 .column：获取列号（从数字 1 开始）。

（8）单元格对象 .coordinate：获取位置（包括行号和列号）。

下面给出获取工作表单元格相关信息的示例代码：

```python
import openpyxl as px
data=px.load_workbook('test.xlsx')
sheet =data['Sheet1']

# 获取单元格对应的 cell 对象
a1=sheet['A1']
print(a1)
# 获取单元格内容
con=a1.value
print(con)
# 使用 cell() 方法获取单元格内容
con2=sheet.cell(2,2).value
print(con2)
# 获取单元格的行和列信息
row=a1.row
col=a1.column
print(row,col)
coor=a1.coordinate
print(coor)
```

运行结果如图 10-18 所示。

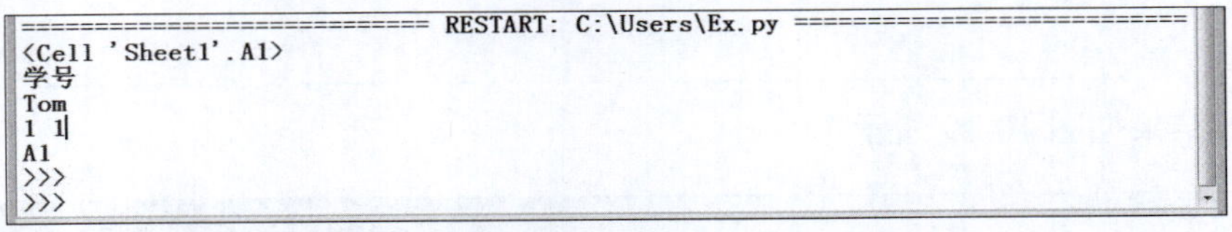

```
========================= RESTART: C:\Users\Ex.py =========================
<Cell 'Sheet1'.A1>
学号
Tom
1 1
A1
>>>
>>>
```

图 10-18　获取的工作表单元格相关信息

10.4.3　写入数据

写入数据并保存文件的常用方法如下。

（1）工作簿对象 .save(文件路径)：保存文件。

（2）工作簿对象 .create_sheet(title,index)：在指定工作簿中的指定位置（默认是最后）创建指定名字的表，并且返回表对象。

（3）工作簿对象 .remove(表对象)：删除工作簿中的指定表。

（4）表对象 [位置]= 值：在表中指定位置对应的单元格中写入指定的值，位置是字符串，例如 'A1' 表示第 1 列的第 1 行、'B1' 表示第 2 列的第 1 行。

下面给出创建一个 Workbook 对象并写入数据的示例代码：

```
import openpyxl as px
# 创建空的 Workbook 对象，默认只有一张名为 Sheet 的工作表
w_data=px.Workbook()
# 获取活动工作表
sheet=w_data.active

# 修改表的名字
sheet.title=" 学生信息表 "
# 保存文件
w_data.save("stu.xlsx")

# 新建表，从 Sheet、Sheet1 到 Sheetn
w_data.create_sheet()
w_data.create_sheet()
print(w_data.sheetnames)
w_data.create_sheet(" 成绩表 ",1)
print(w_data.sheetnames)
# 删除表
w_data.remove(w_data["Sheet"])
w_data.remove(w_data["Sheet1"])
w_data.save("stu.xlsx")
print(w_data.sheetnames)

# 写入数据
sheet=w_data[" 学生信息表 "]
sheet["A1"]=" 学号 "
sheet["B1"]=" 姓名 "
sheet["C1"]=" 成绩 "
w_data.save("stu.xlsx")
```

其运行结果如图 10-19 所示。

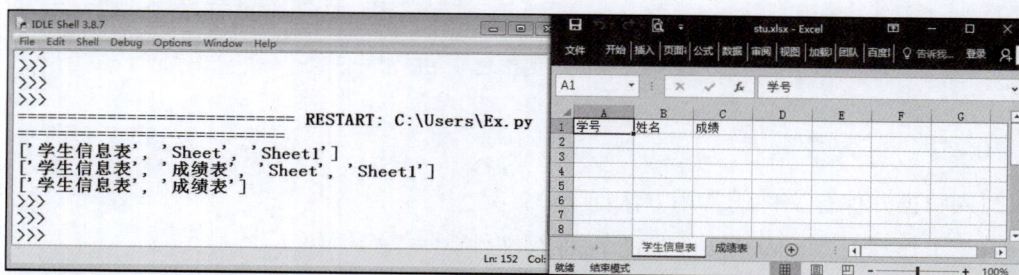

图 10-19　创建 Workbook 对象并写入数据的代码运行结果

10.5　习题

1. 扩充并完善本章案例。

2. 编写本章案例项目的使用手册，并完成项目汇报的 PPT 文档。

参 考 文 献

[1] HETLAND M L. Python 基础教程 [M]. 司维，曾军崴，谭颖华，译 .2 版 . 北京：人民邮电出版社，2010.

[2] 埃里克·马瑟斯 . Python 编程从入门到实践 [M]. 袁国忠，译 . 3 版 . 北京：人民邮电出版社，2023.

[3] 沙行勉 . 计算机科学导论：以 Python 为舟 [M]. 3 版 . 北京：清华大学出版社，2020.

[4] 江红，余青松 . Python 编程从入门到实战 [M]. 北京：清华大学出版社，2021.

[5] 江红，余青松 . Python 程序设计与算法基础教程 - 微课版 [M]. 2 版 . 北京：清华大学出版社，2019.

[6] 董付国 . Python 程序设计 [M]. 4 版 . 北京：清华大学出版社，2024.

[7] 金莹，孙艳红，李莉 . Python 程序设计应用教程 [M]. 上海：上海交通大学出版社，2024.

[8] 杨年华 . Python 程序设计教程 [M]. 2 版 . 北京：清华大学出版社，2017.

[9] 夏敏捷，杨关 . Python 程序设计：从基础到开发 [M]. 北京：清华大学出版社，2017.

[10] 戴歆，罗玉军 . Python 开发基础 [M]. 北京：人民邮电出版社，2018.

[11] 张思民 . Python 程序设计案例教程 [M]. 北京：清华大学出版社，2018.

[12] 张莉 . Python 程序设计实践教程 [M]. 北京：高等教育出版社，2018.

[13] 刘鹏，张燕 . Python 语言 [M]. 北京：清华大学出版社，2019.

[14] 赵璐 . Python 语言程序设计教程 [M]. 上海：上海交通大学出版社，2019.

[15] 王学军，胡畅霞，韩艳峰 . Python 程序设计 [M]. 北京：人民邮电出版社，2018.

[16] 陈东 . Python 语言程序设计实践教程 [M]. 上海：上海交通大学出版社，2019.

[17] 崔贯勋 . Python 程序设计基础 [M]. 北京：清华大学出版社，2021.

[18] 徐红云 . Python 程序设计教程 [M]. 北京：清华大学出版社，2023.

图书资源支持

感谢您一直以来对清华版图书的支持和爱护。为了配合本书的使用，本书提供配套的资源，有需求的读者请扫描下方的"书圈"微信公众号二维码，在图书专区下载，也可以拨打电话或发送电子邮件咨询。

如果您在使用本书的过程中遇到了什么问题，或者有相关图书出版计划，也请您发邮件告诉我们，以便我们更好地为您服务。

我们的联系方式：

清华大学出版社计算机与信息分社网站：https://www.shuimushuhui.com/

地　　址：北京市海淀区双清路学研大厦 A 座 714

邮　　编：100084

电　　话：010-83470236　010-83470237

客服邮箱：2301891038@qq.com

QQ：2301891038（请写明您的单位和姓名）

资源下载：关注公众号"书圈"下载配套资源。

资源下载、样书申请

图书案例

书 圈

清华计算机学堂

观看课程直播